Karsten Berns | Bernd Schürmann | Mario Trapp

Eingebettete Systeme

Karsten Berns | Bernd Schürmann | Mario Trapp

Eingebettete Systeme

Systemgrundlagen und Entwicklung
eingebetteter Software

Mit 219 Abbildungen und 12 Tabellen

STUDIUM

**VIEWEG+
TEUBNER**

Bibliografische Information der Deutschen Nationalbibliothek
Die Deutsche Nationalbibliothek verzeichnet diese Publikation in der
Deutschen Nationalbibliografie; detaillierte bibliografische Daten sind im Internet über
<http://dnb.d-nb.de> abrufbar.

Das in diesem Werk enthaltene Programm-Material ist mit keiner Verpflichtung oder Garantie irgendeiner Art verbunden. Der Autor übernimmt infolgedessen keine Verantwortung und wird keine daraus folgende oder sonstige Haftung übernehmen, die auf irgendeine Art aus der Benutzung dieses Programm-Materials oder Teilen davon entsteht.

Höchste inhaltliche und technische Qualität unserer Produkte ist unser Ziel. Bei der Produktion und Auslieferung unserer Bücher wollen wir die Umwelt schonen: Dieses Buch ist auf säurefreiem und chlorfrei gebleichtem Papier gedruckt. Die Einschweißfolie besteht aus Polyäthylen und damit aus organischen Grundstoffen, die weder bei der Herstellung noch bei der Verbrennung Schadstoffe freisetzen.

1. Auflage 2010

Alle Rechte vorbehalten
© Vieweg+Teubner Verlag | Springer Fachmedien Wiesbaden GmbH 2010

Lektorat: Christel Roß | Maren Mithöfer

Vieweg+Teubner Verlag ist eine Marke von Springer Fachmedien.
Springer Fachmedien ist Teil der Fachverlagsgruppe Springer Science+Business Media..
www.viewegteubner.de

Umschlaggestaltung: KünkelLopka Medienentwicklung, Heidelberg

Gedruckt auf säurefreiem und chlorfrei gebleichtem Papier.

ISBN 978-3-8348-0422-8

Vorwort

Eingebettete Systeme agieren als unsichtbare Helfer in vielen komplexen technischen Systemen wie beispielsweise in modernen Kraftfahrzeugen. Um Kosten einzusparen und flexibler bezüglich Erweiterungen bzw. nachträglichen Korrekturen von Fehlern zu sein, wurde die Realisierung eingebetteter Systeme in den letzten 20 Jahren von Analog- auf Digitaltechnik umgestellt. Dadurch müssen die Entwickler eingebetteter Systeme nicht nur umfangreiche Kenntnisse in der Elektrotechnik - speziell in der Systemtheorie - haben, sondern vielmehr auch Wissen in der Entwicklung spezieller Softwaresysteme mitbringen. Aus dieser Motivation heraus ist dieses Lehrbuch entstanden.

Das Buch fasst die Inhalte der Vorlesungen *Grundlagen eingebetteter Systeme* und *Entwicklung eingebetteter Systeme* zusammen, die an der Technischen Universität Kaiserslautern im Fachbereich Informatik angeboten werden. Es richtet sich an Studierende nach dem Vordiplom bzw. als Vertiefungsveranstaltung in einem Bachelorstudiengang, sowie an Ingenieure, die sich vor allem bezüglich der Softwareentwicklung fortbilden möchten. Um wesentliche Grundlagen für Entwickler eingebetteter Softwaresysteme aufzubereiten, ist das Buch in zwei Teile untergliedert. Der erste Teil beschäftigt sich zunächst mit den systemtechnischen Grundlagen. Hierbei werden Grundbegriffe und Grundmethoden so aufbereitet, dass die Studierenden ohne umfangreiche Grundkenntnisse der Elektrotechnik einen leichten Zugang zu eingebetteten Systemen finden. Im zweiten Teil des Buches wird diskutiert, wie man zuverlässige komplexe eingebettete Softwaresysteme systematisch entwickelt. Hierzu werden einige Modellierungstechniken eingeführt und anhand von Beispielen deren Anwendung beschrieben.

Dieses Lehrbuch ist unter Mitwirkung einiger Mitarbeiter der AG Robotersysteme entstanden, denen wir an dieser Stelle besonders danken möchten: Rita Broschart und Martin Proetzsch für das Korrekturlesen und die Formatierung des Manuskriptes. Besonderer Dank gilt Thomas Wahl, der vor allem wichtige Beiträge für die Kapitel "Aufbau eingebetteter Systeme" sowie "Steuerung und Regelung" erbracht hat.

Wir hoffen, mit diesem Buch einen wesentlichen Beitrag zum Verständnis eingebetteter Systeme geleistet zu haben. Softwareentwickler verstehen nach der Lektüre des Buchs das technische Umfeld und dessen Anforderungen besser. Umgekehrt besitzen Ingenieure tiefere Kenntnisse in die Komplexität der Entwicklung eingebetteter Software.

Kaiserslautern, im Februar 2010
Karsten Berns, Bernd Schürmann, Mario Trapp

Inhaltsverzeichnis

Einleitung

Eingebettete Systeme sind aus unserer modernen Welt nicht mehr wegzudenken. Sie treten überall dort auf, wo eine direkte Interaktion technischer Systeme mit der Umwelt stattfinden soll. Sie finden Anwendung in verschiedensten Bereichen wie der Luft- und Raumfahrttechnik bis hin zu Konsumgütern wie Fernseher, DVD-Spieler etc. (Abb. 1). Kaum ein heute verfügbares technisches Gerät wäre ohne den Einsatz eingebetteter Hard- und Softwaresysteme realisierbar.

Bei der Gebäudeautomatisierung werden beispielsweise eingebettete Systeme zur Klima- und Lichtsteuerung, Einbruchsicherung, moderne Klingelanlagen eingesetzt. In jüngster Zeit wurden unterschiedliche Forschungsaktivitäten im Bereich des Assisted Living durchgeführt um vor allem ältere Personen in ihrer Wohnung bei unterschiedlichen Aufgaben zu unterstützen. Zukünftig werden diese Systeme nicht nur für die Gebäudesteuerung eingesetzt werden, sondern auch für Kommunikationsdienste, Notfallerkennung, Gerätesteuerung aller Art oder zur Bestimmung von Vitalfunktionen.

Ein weiteres großes Anwendungsgebiet für eingebettete Systeme stellt die Automobiltechnik dar (Abb. 2). Schätzungen gehen davon aus, dass ca. 40% der Fahrzeugkosten für heutige Neuwagen durch Software und Elektronik bestimmt werden. 90% aller Innovationen liegen im Bereich der Elektronik und der Software. Betrachtet man die Entwicklungskosten, so entfallen etwa 50% - 70% auf die Softwareentwicklung. Mehr als 1 Million Codezeilen (Lines of Codes, LoC) umfassen die Softwarepakete, die für die unterschiedlichen eingebetteten Systeme implementiert wurden. Man geht davon aus, dass in den nächsten Jahren diese Komplexität noch deutlich zunehmen wird, wobei starke Systemabhängigkeiten zu beobachten sind.

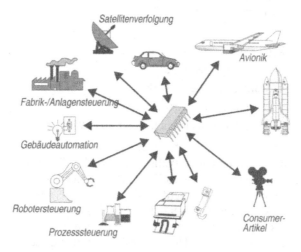

Abb. 1:   Eingebettete Systeme findet man heute in allen Anwendungsfeldern.

Dies gilt insbesondere, da in heutigen Fahrzeugen bis zu 100 eingebettete, miteinander vernetzte Rechnersysteme verbaut werden. Diese Rechnerknoten werden über unterschiedliche Bussysteme miteinander gekoppelt, wie LIN, CAN, und Flex-Ray, die für Steuerungsaufgaben wie Fensterheber, Sitz- und Schiebedachverstellung u.s.w. eingesetzt werden. Zusätzlich wird für Multimediaanwendungen das MOST-Bussystem verwendet. Bei den Rechnerknoten handelt es sich meist um digitale Signalprozessoren und Mikroprozessoren. Ohne die digitale, softwarebasierte Verarbeitung von Steuerungs- und Regelungsproblemen oder der Signalverarbeitung wären heutige Systeme wie ABS, ESP oder Notbremsassistenten undenkbar.

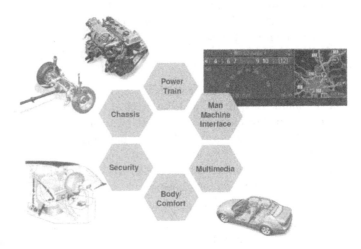

Abb. 2:   Beispiele für eingebettete Software im Kfz-Bereich.

Im Allgemeinen nehmen eingebettete Systeme interne Zustände sowie Informationen über die Umwelt über Sensorsysteme auf. Diese Messdaten werden zunächst durch analoge Hardware aufbereitet und anschließend auf digitalen Rechnerknoten weiterverarbeitet. Eine spezielle Software muss entwickelt werden, die neben den funktionalen Anforderungen auch nichtfunktionale Eigenschaften berücksichtigen muss.

Hierzu zählen

- Echtzeitanforderungen,
- Gewicht, Baugröße, Energieverbrauch,
- Zuverlässigkeit, Wartbarkeit, Verfügbarkeit,
- verlässliche echtzeitfähige Kommunikation,
- Verbindungen von digitalen, analogen und hybriden Wirkprinzipien.

Im Gegensatz zu Softwaresystemen wie beispielsweise in Office-Anwendungen werden bei eingebetteten Systemen die Programme zyklisch abgearbeitet (Endlosschleife) und sind anwendungsspezifisch optimiert. Eingebettete Systeme können entweder als reaktive oder als transformierende Systeme aufgebaut werden. Bei reaktiven Systemen wird die Umwelt durch die Ansteuerung von Aktuatoren verändert, beispielsweise wird über eine Ventilsteuerung eines Heizkessels die Temperatur nach oben bzw. nach unten korrigiert. Transformierende Systeme nehmen Daten aus der Umwelt auf, verarbeiten diese digital und stellen sie anschließend in modifizierter Form auf einem Ausgabegerät dar. Ein Beispiel für transformierende Systeme stellt ein modernes TV-Gerät dar, bei dem zunächst elektromagnetische Wellen mittels Satellitenschüssel und Receiver in elektrische Signale umgewandelt werden, anschließend digital modelliert und gefiltert und danach als Video- und Audiodaten auf dem TV-Gerät ausgegeben werden.

Unabhängig von ihrem Einsatzgebiet sind eingebettete Systeme also vor allem auch durch das intensive Zusammenspiel zwischen Mechnanik, Hardware und Software geprägt. Erst das effektive Zusammenspiel zwischen Sensoren, Aktuatoren und der Software, die auf Mikrokontrollern oder spezieller Hardware ausgeführt wird, ermöglicht die Realisierung der heute verfügbaren komplexen Funktionalitäten. Einerseits implementiert dabei die Software steuerungs- und regelungstechnische Aufgaben, sodass deren Entwicklung ein Verständnis der steuerungs- und regelungstechnischen Grundlagen und der Systemtheorie voraussetzt. Andererseits hat eingebettete Software mittlerweile eine Komplexität erreicht, die sich ohne systematische Softwareentwicklungsmethoden nicht mehr beherrschen lässt. Die Entwicklung softwareintensiver eingebetteter Systeme erfordert daher sowohl Wissen aus der Elektrotechnik, wie beispielsweise zur eingesetzten Hardware, zur Systemtheorie und Regelungstechnik, als auch Wissen zur systematischen Softwareentwicklung komplexer Systeme aus der Informatik.

Aus diesem Grund ist dieses Buch in zwei Teile aufgeteilt, die diese beiden relevanten Facetten der Entwicklung eingebetteter Systeme abdecken. Zunächst werden im ersten Teil die elektrotechnischen und systemtheoretischen Grundlagen eingeführt, die als Grundlage zur Entwicklung eingebetteter Systeme unerlässlich sind. Dazu werden Aspekte wie die Digitalisierung, Signalverarbeitung und Regelung näher erläutert.

Der zweite Teil des Buches beschäftigt sich dann mit der systematischen Entwicklung von eingebetteter Software. Aufgrund der rasant wachsenden Komplexität eingebetteter Softwaresysteme und der damit einhergegangen Qualitätsprobleme - die vielen Firmen einen immensen wirtschaftlichen Schaden verursacht haben - vollzieht sich seit einigen Jahren auch bei der Entwicklung eingebetteter Software ein Wandel von der ad-hoc Programmierung zur ingenieurmäßigen Softwareentwicklung. Ein technologischer Ansatz, der sich dabei insbesondere durchgesetzt hat, ist die sogenannte modellbasierte Entwicklung, die auch im Fokus dieses Buches liegt. Dazu wird der zweite des Buchs zunächst eine Einführung in die modellbasierte Entwicklung eingebetteter Software geben, bevor die einzelnen Modellierungstechniken eingeführt werden, die zur Entwicklung eingebetteter Systeme von Bedeutung sind. Zudem geben wir anhand eines einfachen Fallbeispiels einen Abriss, wie die Modellierungstechniken methodisch in den einzelnen Entwicklungsphasen von der Anforderungserhebung bis zur Implementierung eingesetzt werden können.

Teil 1

Grundlagen eingebetteter Systeme

Im ersten Teil des Buches werden die elektronischen und systemtechnischen Grundlagen, die für die Entwicklung eingebetteter Systeme notwendig sind, beschrieben.

Ausgehend von grundlegenden Definitionen und elektrischen Zusammenhängen werden in Kapitel 1 Halbleiterbausteine und Operationsverstärker eingeführt, die vor allem bei der Wandlung von analogen in digitale Signale und umgekehrt oft Verwendung finden.

Kapitel 2 handelt von dynamischen Systemen. Hierbei werden zunächst die unterschiedlichen Formen von Signalen diskutiert und Übertragungssysteme vorgestellt, speziell die linearen, zeitinvarianten Übertragungssysteme. Das Kapitel endet mit der Einführung in die Fourier- und Laplace Transformationen, die für die Analyse und Modellierung von Signalen und technischen Systemen bzw. für die Regelungsprozesse genutzt werden.

In Kapitel 3 wird der Aufbau eingebetteter Systeme im Einzelnen vorgestellt. Zunächst wird der Signalverarbeitungsprozess erläutert. Anschließend wird in die Sensordatenverarbeitung eingeführt. Hierbei werden exemplarisch einige Sensoren beschrieben, die oft in eingebetteten Systemen vorkommenden. Darüber hinaus wird die Modellierung von Messfehlern erklärt. Der zweite Teil des Kapitels stellt unterschiedliche Aktuatorsysteme vor, die zur Beeinflussung des Prozesses durch das eingebettete System verwendet werden können. Der Schwerpunkt der Darstellung liegt auf den meistens verwendeten elektrischen Antrieben. Hierzu wird auch noch speziell auf die Leistungs- und Steuerungselektronik eingegangen, die zur Ansteuerung dieser Aktuatoren benötigt wird. Das Kapitel endet mit einem Ausblick auf alternative Aktuatoren, die vor allem in kompakten eingebetteten Systemen Verwendung finden.

Um die unterschiedlichen Sensordaten verarbeiten zu können, werden in Kapitel 4 zunächst Filtereigenschaften sowie analoge und digitale Filter vorgestellt. Der Schwerpunkt des Kapitels liegt auf der Steuerung und Regelung. Hierzu werden neben einfachen linearen Reglern auch Fuzzy-Regelungsstrategien beschrieben.

Da komplexe eingebettete Systeme oft verteilt aufgebaut sind, ist eine geeignete Kommunikation zwischen den Einheiten von hoher Wichtigkeit. In Kapitel 5 werden daher unterschiedliche Bussysteme und deren Eigenschaften vorgestellt. Der Fokus liegt dabei nicht in einer vollständigen Darstellung, sondern in einer Einführung der wichtigsten Bussysteme im Automobilbereich und in der Automatisierungstechnik. Teil 1 endet mit diesem Kapitel.

1 Elektronische Grundlagen

Software-Entwickler, die im Bereich eingebetteter Systeme tätig sind, benötigen vertiefte Kenntnis des technischen Systems für das sie ihre eingebettete Software konstruieren. Bei den eingebetteten Systemen handelt es sich überwiegend um (erweiterte) Steuerungs- und Regelungssysteme. Auch wenn die eigentlichen Regelalgorithmen komplexer Systeme von ausgebildeten Elektrotechnikern entwickelt werden, benötigen die Softwarekonstrukteure ebenfalls Kenntnisse dieses Bereichs.

Dieses Kapitel beschreibt die grundlegenden elektrotechnischen und elektronischen Zusammenhänge, die für das Verständnis der Steuerungs- und Regelungstechnik der folgenden Kapitel, aber auch die Schnittstellen zwischen einem Steuergerät (eingebetteter Prozessor) und dem zu beeinflussenden technischen System notwendig sind.

1.1 Grundlagen der Elektrotechnik

1.1.1 Strom und Spannung

Alle elektrisch geladenen Körper sind von einem *elektrischen Feld* umgeben. Als Kraftfeld wirkt dieses auf Ladungen.

Die Anziehungskraft $\overrightarrow{F_{12}}$ zwischen zwei Punktladungen Q_1 und Q_2 im Abstand r beträgt

$$\overrightarrow{F_{12}} = \frac{Q_1 \cdot Q_2}{4\pi\varepsilon_0 r^2} \tag{1-1}$$

wobei die Dielektrizitätskonstante $\varepsilon_0 = 0,885 \cdot 10^{-11} \frac{As}{Vm}$ die Gegebenheit der Natur an das SI-Maßsystem anpasst.

Bewegt man eine Ladung Q in einem elektrischen Feld der Ladung Q_1 vom Punkt P_1 nach P_2, so wird eine mechanische Arbeit W_m geleistet.

$$W_m = Q \cdot \int_{P_1}^{P_2} \frac{Q_1}{4\pi\varepsilon_0 r^2} \, ds \tag{1-2}$$

Die elektrische Spannung (s.u.) zwischen den beiden Punkten P_1 und P_2 ist die Differenz des Arbeitsvermögens des elektrischen Felds an der Einheitsladung in P_1 und P_2. Wir sprechen hierbei von einer Potentialdifferenz.

Unter dem elektrischen Strom versteht man die gerichtete Bewegung von Ladungen. Dies können Elektronen oder Ionen sein. Transportiert werden die Ladungen über (Halb-) Leiter, welche Stoffe sind, die viele bewegliche Ladungsträger besitzen.

Bei den *Leitern* unterscheiden wir zwischen Elektronenleitern, im Wesentlichen Metalle, und Ionenleitern. Metalle besitzen auf ihrer äußersten Elektronenschale wenige locker sitzende Valenzelektronen, die sich im Atomgitter frei bewegen können, ohne dass sich das Material ändert. Dagegen haben wir bei Ionenleitern einen Stofftransport durch die gerichtete Bewegung von Ionen.

Nichtleiter bzw. *Isolatoren* wie beispielsweise Kunststoffe, Glas und Vakuum besitzen dagegen keine frei beweglichen Valenzelektronen, sodass hier kein Ladungstransport möglich ist.

In der Elektronik spielt eine dritte Materialgruppe, die *Halbleiter*, ebenfalls eine wichtige Rolle. Zu diesen Stoffen gehören Silizium, Selen, Germanium u.a. Bei ihnen werden die Valenzelektronen erst durch äußere Einflüsse wie Wärme und Licht frei, wodurch auch sie leitfähig werden.

Die *elektrische Stromstärke I*, häufig auch einfach "Strom" genannt, ist die *Ladungsmenge Q*, die pro Zeiteinheit t durch einen festen Querschnitt fließt. Die Einheit der Stromstärke ist Ampere (A). Bei der Stromstärke handelt sich um eine gerichtete Größe, wobei die technische Stromrichtung per Definition die Flussrichtung der positiven Ladungsträger ist. Negativ geladene Elektronen fließen demnach entgegen der technischen Stromrichtung.

Für einen zeitlich konstanten Strom gilt

$$I = \frac{Q}{t} \text{ bzw. } Q = I \cdot t \tag{1-3}$$

Für einen zeitlich variablen Strom kommt man über die Näherung von N Zeitintervallen der Länge Δt, in denen $I(t)$ konstant ist

$$Q = \sum_{i=1}^{N} I(t_i) \cdot \Delta t \tag{1-4}$$

beim Übergang von $N \rightarrow \infty$ bzw. $\Delta t \rightarrow 0$ zum Integral

$$Q_{1,2} = \int_{t_1}^{t_2} I(t) dt \tag{1-5}$$

für den Ladungsträgertransport im Zeitintervall t_1 bis t_2.

Mit einer Anfangsladung Q_0 beträgt die Ladung, die zum Zeitpunkt T geflossen ist

$$Q(T) = \int_{t=0}^{T} I(t) dt + Q_0 \tag{1-6}$$

Umgekehrt ergibt sich die momentane Stromstärke aus dem Ladungstransport als Funktion der Zeit

$$I(t) = \frac{dQ(t)}{dt} \tag{1-7}$$

Wie wir weiter oben schon gesehen haben, ist die *elektrische Spannung* eng mit den Begriffen *Potential* und *Arbeit* verbunden. Das Potential φ_P an einem Punkt P entspricht der Arbeit W_P die aufgewendet werden muss, um eine Ladung Q von $r = \infty$ nach P zu bringen:

$$W_p = Q \cdot \int_{\infty}^{P} E ds \text{ mit } E = \frac{Q_1}{4\pi\varepsilon_0 r^2} \tag{1-8}$$

(r = Abstand von P zur Ladung Q_1, die für das elektrische Feld verantwortlich ist)

$$\varphi_P = \frac{W_P}{Q} = \int_{\infty}^{P} E ds \tag{1-9}$$

Die *elektrische Spannung* U zwischen zwei Punkten P_1 und P_2 ist die Potentialdifferenz zwischen diesen Punkten, d.h. die Spannung besteht immer zwischen zwei Punkten und ist gerichtet.

$$U = \varphi_2 - \varphi_1 = \frac{W_{P_1,P_2}}{Q} = \int_{P_1}^{P_2} E ds \tag{1-10}$$

Die Einheit der Spannung U ist Volt [V].

1.1.2 Elektrischer Widerstand

Bei der Bewegung von Elektronen in einem Leiter stoßen diese immer wieder mit dem Metallgitter zusammen, wodurch die Energie in Form von Wärme abgegeben wird. Der *elektrische Widerstand R* beschreibt, wie leicht bzw. schwer sich Elektronen in einem Leitder bewegen können. Die Einheit des Widerstands ist Ohm [Ω] mit $1 \Omega = 1 V/A$.

Der elektrische Widerstand wächst proportional mit der Länge l und umgekehrt proportional mit den Querschnitt q des Leiters. Darüber hinaus hängt der Widerstand vom Material des Leiters ab, was durch den spezifischen Widerstand ρ beschrieben ist.

$$R = \rho \cdot \frac{l}{q} \tag{1-11}$$

Der spezifische Widerstand ρ eines Kupferdrahts liegt bei $\rho \approx 18 \cdot 10^{-9} \Omega m$, während Isolatoren wie Quarz mit $\rho \approx 5 \cdot 10^{16} \Omega m$ einen um viele Größenordnungen höheren spezifischen Widerstand aufweisen.

Eine vierte Einflussgröße auf den Widerstand ist die Temperatur. Der temperaturabhängige spezifische Widerstands eines Leiters beträgt

$$\rho_T = \rho_{20}(1 + \alpha(T - 20°C)) \tag{1-12}$$

wobei ρ_{20} der materialabhängige spezifische Widerstand bei 20°C und α ein materialabhängiger Temperaturkoeffizient sind. Es gibt Materialien wie Wolfram, die mit

$\alpha = 4,5 \cdot 10^{-3}(1/°C)$ stark temperaturabhängig sind, und Materialien wie Konstantan, deren Widerstand sich mit $\alpha = -3 \cdot 10^{-5}(1/°C)$ weniger temperaturabhängig ändert.

1.1.3   Elektrischer Stromkreis

Strom fließt nur in einem geschlossenen Stromkreis. In einer Quelle (Spannungs- oder Stromquelle) werden immer gleich viele positive wie negative Ladungen erzeugt, wobei die beweglichen Ladungsträger durch den Stromkreis fließen. Ist der Stromkreis nicht verzweigt, ist die Stromstärke an jedem Punkt gleich groß.

Abb. 1-1 zeigt einen einfachen Stromkreis, bestehend aus einer Spannungsquelle U_B und zwei Widerständen R_1 und R_2. Die Spannung U_a, die über dem Widerstand R_2 abfällt, ist zwischen zwei Klemmen eingezeichnet.

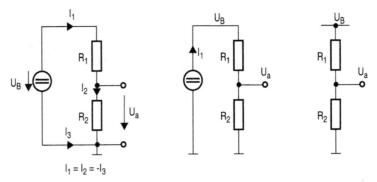

Abb. 1-1:   Einfacher Stromkreis. Alle drei Diagramme beschreiben den gleichen Stromkreis, sind jedoch von links nach rechts verstärkt vereinfachte Darstellungen durch die Verwendung der gemeinsamen Masse.

Die beiden rechten Diagramme in Abb. 1-1 sind vereinfachte Darstellungen der selben Schaltung. Hier wird die Ausgangsspannung U_a nur an einem Punkt dargestellt. Dies ist durch die Einführung eines gemeinsamen Bezugspunkts für die gesamte Schaltung möglich, den wir *Masse* nennen und der durch einen (waagrechten) Strich symbolisiert wird $\perp$. Bei Spannungsangaben U_P in einem Punkt P, wird die Masse immer als zweiter Punkt angenommen, d.h. U_P ist die Spannung zwischen dem Punkt P und der Masse. Sind in einer Schaltung mehrere Massepunkte eingezeichnet, so sind diese miteinander verbunden.

Ohmsches Gesetz

Den Zusammenhang zwischen Stromstärke I und Spannung U an einem Widerstand R beschreibt das *Ohmsche Gesetz*, das 1826 vom Physiker Georg Simon Ohm aufgestellt wurde:

$$U = R \cdot I \tag{1-13}$$

Beispiel. Mit unseren bisherigen Kenntnissen lässt sich bereits eine einfache Temperaturmessung mithilfe eines Strommessgeräts durchführen. Die entsprechende Schaltung ist in Abb. 1-2 dargestellt. Der Widerstand R sei bei 20°C gleich 100 Ω und bei 40°C gleich 110 Ω. Damit würde das Strommessgerät in Abb. 1-2 bei 20°C 0,1 A und bei 40°C 0,09 A anzeigen. Zur Temperaturmessung müssen wir nun lediglich die Skala des Strommessgeräts umschreiben.

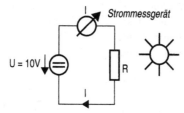

Abb. 1-2:   Einfache Temperaturmessung

1.1.4   Energie und Leistung

Energieerhaltungssatz. In einem abgeschlossenen System ist die Gesamtenergie immer gleich. Es geht keine Energie verloren und es kann keine erzeugt werden. Es erfolgt lediglich eine Umwandlung zwischen verschiedenen Energieformen, z.B. von elektrischer in mechanische Energie und umgekehrt.

Wie Gleichung 1-10 zeigt, entspricht die Spannung zwischen zwei Punkten P_1 und P_2 der Arbeit bzw. Energie, die aufgebracht werden muss, um eine Ladung Q von P_1 nach P_2 zu bringen:

$$W = U \cdot Q \qquad (1\text{-}14)$$

$$W = \int_{t=0}^{T} U(t) \cdot I(t) dt. \qquad (1\text{-}15)$$

bzw. $W = U \cdot I \cdot t$ bei zeitlich konstanter Spannung und Strom.

Die Einheit der Energie bzw. Arbeit W ist Joule [J] mit $1\ J = 1\ VAs$, unabhängig von der Energieform.

Die (elektrische) Leistung ist die (elektrische) Arbeit, die pro Zeiteinheit t aufgebracht wird:

$$P(t) = \frac{dW(t)}{dt} \Rightarrow P(t) = U(t) \cdot I(t) \qquad (1\text{-}16)$$

Die elektrische Leistung wird in Watt [W] angegeben, mit $1\ W = 1\ VA$. Die elektrische Energie wird in der Regel entsprechend in [Ws] angegeben und nicht in der o.g. allgemeinen Energieeinheit [J], die bei der Wärmeenergie üblich ist.

Mit Hilfe des Ohmschen Gesetzes lässt sich die Leistung eines Widerstands berechnen

$$P = U \cdot I = \frac{U^2}{R} = I^2 \cdot R. \qquad (1\text{-}17)$$

1.1.5   Zeitlicher Verlauf von Strömen und Spannungen

In den bisherigen Abschnitten haben wir im Wesentlichen zeitlich konstante Ströme und Spannungen betrachtet. Die meisten elektrischen Signale in eingebetteten Systemen sind jedoch zeitlich variabel. Wir unterscheiden zwischen drei Strom- bzw. Spannungsarten: Gleich-, Wechsel- und Mischstrom/-spannung (Abb. 1-3).

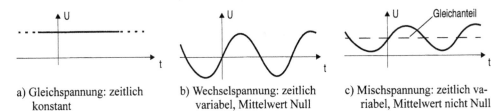

a) Gleichspannung: zeitlich   b) Wechselspannung: zeitlich   c) Mischspannung: zeitlich va-
   konstant   variabel, Mittelwert Null   riabel, Mittelwert nicht Null

Abb. 1-3:   Spannungsarten

Reine Gleichströme/-spannungen werden durch einen einzigen Wert vollständig beschrieben. Periodische Wechselströme/-spannungen können durch Überlagerung von Sinusfunktionen mit verschiedenen Frequenzen beschrieben werden. Dies werden wir in Kapitel 2 näher erläutern. An dieser Stelle wollen wir nun einige Eigenschaften der zugrunde liegenden Sinusströme und -spannungen betrachten.

Sinusförmige Wechselspannung

Als Beispiel für eine Sinusspannung soll unser 230 V-Stromnetz herangezogen werden (Abb. 1-4). Die Sinusspannung wird durch zwei Größen beschrieben:

- Scheitelwert bzw. Amplitude U_m.
- Periodendauer T in Sekunden [s] bzw. Frequenz $f = \dfrac{1}{T}$ mit der Einheit Hertz [Hz]:
  $U(t+T) = U(t)$.

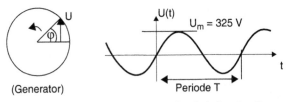

(Generator)   Periode T

Abb. 1-4:   Sinusförmige Netzspannung durch drehenden Generator.

Die Phase bzw. der Winkel φ der Sinusspannung ist proportional zur Zeit t, d.h. $\varphi = \omega \cdot t$. Der Proportionalitätsfaktor ω wird Winkelgeschwindigkeit genannt und ist abhängig von der Periodendauer bzw. Frequenz:

$$\omega = \frac{360°}{T} = \frac{2\pi}{T} = 2\pi \cdot f$$

Damit berechnet sich die Spannung zum Zeitpunkt t nach folgender Gleichung:

$$U(t) = U_m \cdot sin\varphi = U_m \cdot sin(2\pi f \cdot t) \qquad (1\text{-}18)$$

Wie in Abb. 1-4 leicht zu sehen ist, ist der Mittelwert der Netz- bzw. Sinusspannung gleich Null. Andererseits erleben wir, dass Glühlampen, Heizplatten etc. beim Wechselstrom das gleiche Verhalten zeigen wie bei Gleichstrom. Um anzugeben, welcher Gleichstrom die gleiche Wirkung bzw. den gleichen Effekt hat wie ein Wechselstrom, wird der so genannte Effektivwert eingeführt.

Der *Effektivwert* eines Wechselstroms (bzw. Wechselspannung) ist der Wert, der in einem Widerstand die gleiche Wärmewirkung hat wie ein gleich großer Gleichstrom (bzw. Gleichspannung).

Zur Berechnung des Effektivwerts eines Wechselstroms müssen wir demnach die Wärmewirkung, d.h. die elektrische Energie, in einem Widerstand betrachten. Diese ist für einen Wechselstrom $I(t) = I_m \cdot \sin \omega t$ gleich

$$W(t) = R \cdot \int_0^t I(\tau)^2 d\tau = R \cdot \int_0^t I_m^2 \cdot (\sin \omega \tau)^2 d\tau \qquad (1\text{-}19)$$

Nach obiger Definition muss dieser Wert gleich der Energie des Effektivstroms, eines Gleichstroms, sein.

$$W(t) = I_{eff}^2 \cdot R \cdot t \quad (I_{eff}\text{: Effektivstrom})$$

$$\Rightarrow \int_0^t I_m^2 \cdot (\sin \omega \tau)^2 d\tau = I_{eff}^2 \cdot t \qquad (1\text{-}20)$$

Aufgrund des periodischen Verhaltens des Wechselstroms, ist die Betrachtung für $t = T$ identisch zur Betrachtung für $t = \infty$.[1]

$$(t = T):\ I_{eff}^2 = \frac{I_m^2}{T} \cdot \int_0^T (\sin \omega \tau)^2 d\tau = \frac{I_m^2}{T} \cdot \frac{T}{2}$$

$$\Rightarrow I_{eff} = \frac{1}{\sqrt{2}} \cdot I_m \qquad (1\text{-}21)$$

Analog lässt sich die Effektivspannung berechnen.

$$U_{eff} = \frac{1}{\sqrt{2}} \cdot U_m \qquad (1\text{-}22)$$

Im Falle unserer Netzspannung beträgt der Effektivwert

$$U_{eff} = \frac{325\ V}{\sqrt{2}} = 230\ V$$

d.h. bei Haushaltsgeräten wird in der Regel die Effektivspannung von 230 V angegeben.

---

[1] $(\sin \omega t)^2 d\tau = \frac{1}{2}t - \frac{1}{4\omega} \sin 2\omega t$

1.2   Elektrische Netzwerke

EIn elektrisches Netzwerk realisiert eine Übertragungsfunktion f, die n Eingangsvariablen auf m Ausgangsvariablen abbildet (Abb. 1-5).

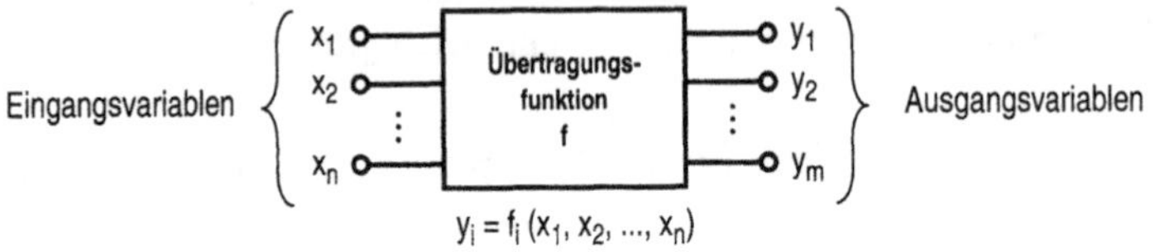

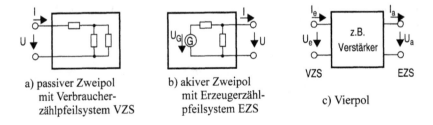

Abb. 1-5:   Elektrische Netzwerke realisieren Übertragungsfunktionen.

In der Praxis unterscheiden wir zwischen linearen Netzwerken, die lineare Übertragungsfunktionen ($y_i = a \cdot x_j + b$) realisieren, und nichtlinearen Netzwerken. Zu den linearen Netzwerken gehören beliebige Verschaltungen von Widerständen, Kapazitäten und Induktivitäten. Transistoren und Dioden (Abschnitt 1.3) haben dagegen nichtlineare Kennlinien und führen zu nichtlinearen Netzwerken.

Zwei- und Vierpole

Häufig verwendete Spezialfälle elektrischer Netzwerke sind Zwei- bzw. Vierpole, d.h. Netzwerke mit zwei Anschlüssen (z.B. Widerstand) bzw. einem Eingangs- und einem Ausgangspaar. Zwei- bzw. Vierpole heißen *aktiv*, wenn Sie eine Energiequelle enthalten, sonst *passiv*. Abb. 1-6 zeigt einen passiven und einen aktiven Zweipol sowie einen Vierpol.

a) passiver Zweipol
mit Verbraucher-
zählpfeilsystem VZS

b) akiver Zweipol
mit Erzeugerzähl-
pfeilsystem EZS

c) Vierpol

Abb. 1-6:   Zwei- und Vierpol

Bei passiven Zweipolen findet in der Regel das Verbraucherzählpfeilsystem (VZS) Anwendung, wogegen der aktive Zweipol meist ein Erzeugerzählpfeilsystem (EZS) verwendet. Positive Ströme und Spannungen verlaufen hierbei wie in Abb. 1-6 dargestellt. Bei Vierpolen findet man auf der Eingangsseite ein Verbraucher- und auf der Ausgangsseite ein Erzeugerzählpfeilsystem. Der in Abb. 1-6 dargestellte Vierpol ist eingangsseitig an einen Generator angeschlossen und wirkt hier als Verbraucher ($\rightarrow$ VZS). Am Ausgang ist dagegen ein weiterer Verbraucher angeschlossen, für den der Verstärker als Erzeuger/Generator wirkt ($\rightarrow$ EZS).

Die Eigenschaften von Zwei- und Vierpolen werden häufig grafisch in Form von Kennlinien dargestellt. Diese zeigen, wie eine Größe von einer anderen abhängt. Hängt eine Größe von mehreren Parametern ab, so verwendet man Kennlinienscharen, bei denen mehrere Kennli-

nien die Abhängigkeit der Ausgangsgröße von einem Parameter darstellen, wobei für eine
der Kennlinien alle anderen Parameter konstant gelassen werden.

Passive Netzwerke, die beispielsweise nur Widerstände und Strom-/Spannungsquellen enthalten, haben eine lineare Kennlinie (Abb. 1-7).

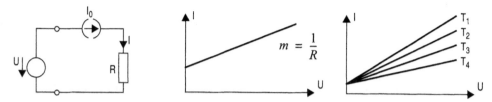

Abb. 1-7:   Beispiel einer linearen Kennlinie (links) bzw. einer Kennlinienschar, die den U-I-Zu-
             sammenhang für verschiedenen Temperaturen darstellt (rechts).

Nichtlineare Netzwerke mit Transistoren und Dioden haben auch nichtlineare Kennlinien.
Bei nichtlinearen U-I-Kennlinien wird zwischen einem Gleichstromwiderstand R_A und einem differentiellen Wechselstromwiderstand r_A in einem gegebenen Arbeitspunkt A unterschieden (Abb. 1-8).

Als Beispiel für eine solche nichtlineare Kennlinie soll die Kennlinie einer Diode, die wir
weiter unten noch genauer betrachten werden, dienen. Die U-I-Kennlinie einer Diode entspricht in etwa einer e-Funktion, die ab einer gewissen (Knick-) Spannung fast senkrecht ansteigt, d.h. die Diode lässt in diesem Bereich einen beliebig großen Strom passieren, ohne
dass sich die Spannung über die Diode merklich ändert.

Abb. 1-8 zeigt die inverse I-U-Kennlinie der Diode. Der Arbeitspunkt A ergibt sich durch
die Vorgabe des aktuellen Stroms I_A. Mittels der Kennlinie lässt sich die Spannung über der
Diode in diesem Arbeitspunkt ablesen.

Statischer Gleichstrom-Widerstand. Der statische Gleichstromwiderstand $R_A = U_A/I_A$
ist der aktuelle Ohmsche Widerstand, der durch den Arbeitspunkt gegeben ist. Im I-U-Dia-
gramm wird dieser über eine Gerade durch den Ursprung und den Arbeitspunkt A dargestellt. Ändert sich der Arbeitspunkt, so ändert sich auch Gleichstromwiderstand R_A.

Differenzieller Wechselstromwiderstand. In vielen Fällen liegt an den Bauelementen eine
Mischspannung an, die einen größeren Gleichanteil und einen kleineren Wechselanteil enthält. Der Gleichanteil bestimmt hierbei den Arbeitspunkt. Die Ein- und Ausgangssignale
schwanken um diesen. Je nach Steigung der Kennlinie im Arbeitspunkt kann sich der diffe-
rentielle Wechselstromwiderstand $r_A = \dfrac{dU}{dI}\bigg|_{Arbeitspunkt}$ wesentlich vom statischen Wi-
derstand R_A unterscheiden. Der differentielle Widerstand wird durch die Tangete an die
Kennline im Arbeitspunkt dargestellt.

1.2.1   Spannungsteiler

Ein einfaches, aber immer wieder benötigtes elektrisches Netzwerk ist der *Spannungsteiler*.
Dieser ist eine Reihenschaltung von Widerständen.

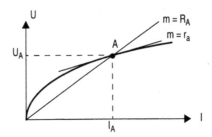

Abb. 1-8:   Nichtlineare Kennlinie.
             Im Arbeitspunkt A ist der differentielle Widerstand r_A kleiner als der statische Wider-
             stand R_A.

Bei einer Reihenschaltung von n Widerständen berechnet sich der Gesamtwiderstand und
die Gesamtspannung aus der Summe der Einzelwiderständen und -spannungen (Abb. 1-9).

$$R_{ges} = \sum R_i$$

$$U = I \cdot R_{ges} = I \cdot \sum R_i \tag{1-23}$$

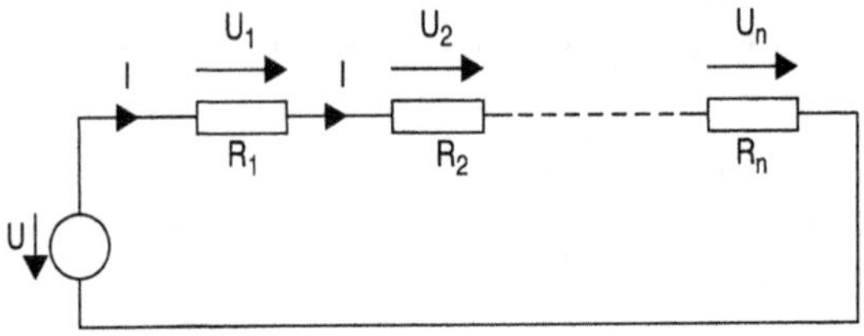

Abb. 1-9:   Reihenschaltung von Widerständen

Da die Stromstärke an jeder Stelle einer Reihenschaltung gleich ist, gilt damit

$$U_i = I \cdot R_i \text{ und } U = \sum U_i.$$

Für zwei Widerstände R_1 und R_2 gilt entsprechend

$$I = \frac{U}{R_{ges}} = \frac{U}{R_1 + R_2} = \frac{U_1}{R_1} = \frac{U_2}{R_2}$$

$$\Rightarrow U_1 = U \cdot \frac{R_1}{R_1 + R_2} \text{ und } U_2 = U \cdot \frac{R_2}{R_1 + R_2}. \tag{1-24}$$

Für eine Reihenschaltung gilt ganz allgemein, dass sich die Spannungen über den Einzelwiderständen wie die Widerstände selbst verhalten:

$$\frac{U_1}{U_2} = \frac{R_1}{R_2}. \tag{1-25}$$

1.2.2   Strom- und Spannungsquellen

In Abb. 1-7 hatten wir bereits eine Strom- und eine Spannungsquelle als Energiequellen kennen gelernt. Ideale Stromquellen liefern spannungsunabhängige Ströme, während ideale Spannungsquellen feste Spannungen bereit stellen, die nicht von den Stromstärken abhängen. Reale Quellen verhalten sich wie ideale Quellen, die mit einem Innenwiderstand gekoppelt sind.

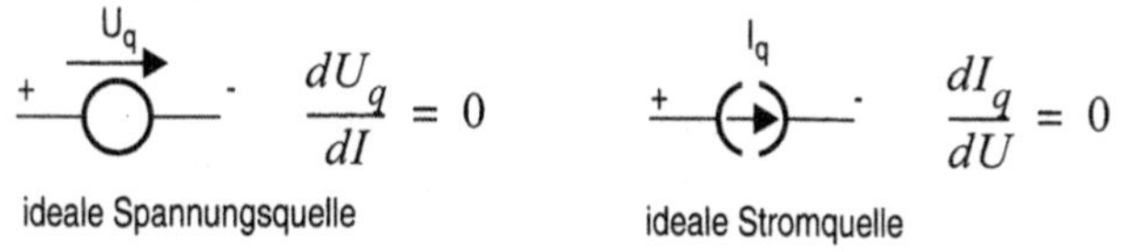

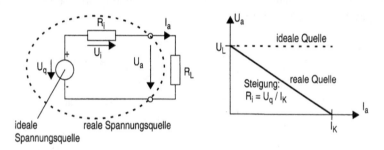

$$\frac{dU_q}{dI} = 0 \qquad\qquad \frac{dI_q}{dU} = 0$$

ideale Spannungsquelle   ideale Stromquelle

Abb. 1-10:   Ideale Spannungs- und Stromquelle.

Abb. 1-11 zeigt eine reale Spannungsquelle, die mit einem Lastwiderstand R_L verbunden ist. Diese reale Spannungsquelle besteht aus einer idealen Spannungsquelle U_q in Reihe mit einem Innenwiderstand R_i. Daneben ist die Kennlinie der beschalteten Spannungsquelle dargestellt.

Abb. 1-11:   Belastete reale Spannungsquelle.
U_L: Leerlaufspannung. I_K: Kurzschlussstrom.

Durch die Serienschaltung von R_i und R_L ist die Spannung U_q der idealen Spannungsquelle gleich der Summe der Spannungen U_i und U_a. Mit $U_i = I_a \cdot R_i$ ergibt sich für die Ausgangsspannung der realen Spannungsquelle:

$$U_a = U_q - I_a \cdot R_i \tag{1-26}$$

Aus dieser Gleichung ist leicht zu ersehen, dass die Ausgangsspannung U_a der realen Spannungsquelle Strom- bzw. Last-abhängig ist. Dies ist auch aus der Kennline in Abb. 1-11 zu ersehen. Bei offenen Klemmen ($R_L = \infty$) ist die Ausgangsspannung U_a gleich der Leerlaufspannung $U_L = U_q$. Im Falle eines Kurzschlusses ($R_L = 0$) ist der Kurzschlussstrom $I_K = U_q/R_i$.

Um den Innenwiderstand einer realen Spannungsquelle zu bestimmen, könnte man theoretisch die Leerlaufspannung U_L und den Kurzschlussstrom I_K messen. Der Innenwiderstand R_i entspricht der Steigung der Kennlinie $R_i = U_q/I_K$. Dies ist in der Praxis jedoch nicht möglich, da im Falle des Kurzschlusses die Spannungsquelle und/oder der Innenwiderstand des Strommessgeräts zerstört würde.

Nach Gleichung 1-25 gilt jedoch

$$\frac{dU_a}{dI_a} = \frac{d(U_q - I_a \cdot R_i)}{dI_a} .$$

Da die Ausgangsspannung der idealen Spannungsquelle U_q immer konstant ist, ergibt sich für diese Ableitung

$$U_q \text{ konstant: } \frac{dU_a}{dI_a} = \frac{dU_q}{dI_a} - \frac{I_a \cdot R_i}{dI_a} = -R_i$$

Abgeleitet nach R_i gilt:

$$R_i = -\frac{dU_a}{dI_a} = -\frac{\Delta U_a}{\Delta I_a} \text{ bei einer linearen Kennlinie.}$$

Zur Bestimmung des Innenwiderstands R_i müssen lediglich U_a und I_a für zwei beliebige Lastwiderstände R_L gemessen werden.

Eine reale Stromquelle besteht aus einer idealen Stromquelle I_q, die parallel zum Innenwiderstand R_i geschaltet ist (Abb. 1-12).

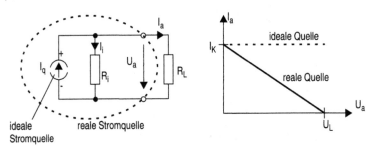

Abb. 1-12:   Belastete reale Stromquelle.
              U_L: Leerlaufspannung. I_K: Kurzschlussstrom.

Analog zur Betrachtung der Spannungsquelle von oben gilt:

$$I_q = I_i + I_a \text{ und } I_i = \frac{U_a}{R_i}$$

$$\Rightarrow I_a = I_q - \frac{U_a}{R_i}$$

Auch der Innenwiderstand der realen Stromquelle lässt sich wie oben berechnen:

$$\frac{dI_a}{dU_a} = \frac{d\left(I_q - \frac{U_a}{R_i}\right)}{dU_a} = -\frac{1}{R_i} \text{, da } I_q \text{ für beliebige Spannungen gleich ist.}$$

Wie wir gesehen haben, verhalten sich Stromquellen äquivalent zu Spannungsquellen, wenn man in den Gleichungen die Ströme und Spannungen vertauscht.

Primärquellen sind immer Spannungsquellen. Will man eine Stromquelle haben, so muss bzw. kann eine Spannungsquelle in eine Stromquelle gewandelt werden. Die Äquivalenz von Strom- und Spannungsquellen lässt sich leicht aus den Kennlinien ablesen. Zeichnet man die I-U-Kennlinie der Stromquelle aus Abb. 1-12 in eine U-I-Kennlinie um, so ist diese identisch zu der Kennlinie der Spannungsquelle in Abb. 1-11.

Eine Strom- und eine Spannungsquelle sind äquivalent, wenn sie sich bzgl. der Ausgangsspannung U_a gleich verhalten. Für die (reale) Stromquelle gilt:

$$U_a = R_i \cdot I_i = R_i \cdot (I_q - I_a) = I_q \cdot R_i - I_a \cdot R_i$$

Im Falle der Spannungsquelle hatten wir emittelt (vgl. Gl. 1-26)

$$U_a = U_q - I_a \cdot R_i$$

Setzt man nun diese beiden Formeln gleich und kürzt die Gleichung um den Term $I_a \cdot R_i$ auf beiden Seiten, so sind eine reale Strom- und eine reale Spannungsquelle mit dem Innenwiderstand R_i äquivalent, falls

$$U_q = I_q \cdot R_i \text{ bzw. } I_q = \frac{U_q}{R_i}.$$

1.2.3   Widerstandsnetzwerke

Widerstandsnetzwerke sind beliebig komplexe Schaltungen, die ausschließlich aus Widerständen, Stromquellen und Spannungsquellen bestehen. Ein Beispiel ist in Abb. 1-13 dargestellt. Die Analyse solcher Netzwerke, d.h. die Berechnung aller Ströme und Spannungen, erfolgt auf Basis zweier Kirchhoffschen Regeln, der Knoten- und der Maschenregel.

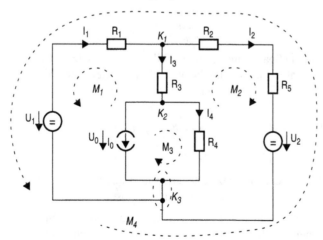

Abb. 1-13:   Beispiel eines Widerstandsnetzwerks

Knotenregel (erste Kirchhoffsche Regel)

In Parallelschaltungen ergeben sich Verzweigungen, so genannte Knoten. Hierbei können alle Verzweigungen, zwischen denen sich keine Bauelemente befinden, zu einem Knoten zusammengefasst werden (vgl. Knoten K_3 in Abb. 1-13). Da sich in diesen Knoten die Ströme verzweigen, aber keine Ladung von außerhalb der angeschlossenen Zweige hinzukommt bzw. abfließt, gilt:

In jedem Knoten einer Schaltung ist die Summe der einfließenden Ströme gleich der Summe der abfließenden Ströme. Da hierbei die Strompfeilrichtung zu beachten ist, entspricht dies der Aussage: *Die Summe aller Ströme, die in einen Knoten einfließen, ist Null.*

$$\sum_{i=1}^{N} I_i = 0 \quad \text{(N: Anzahl der über den Knoten verbundenen Zweige)}$$

Für das Beispiel in Abb. 1-13 gelten folgende Knotengleichungen.

$$K_1: \qquad I_1 - I_3 - I_2 = 0$$
$$K_2: \qquad I_3 - I_4 - I_0 = 0$$
$$K_3: \qquad -I_1 + I_0 + I_4 + I_2 = 0$$

Hierbei ist auf die Strompfeilrichtung zu achten. Die Richtung kann für alle Zweige beliebig gewählt werden, muss dann aber in allen Knotengleichungen beibehalten werden.

Maschenregel (zweite Kirchhoffsche Regel)

Ein geschlossener Stromkreis in einem Nezwerk nennt man Masche. Eine solche Masche kann ein beliebiger Durchlauf durch das Netzwerk sein, wobei der Endpunkt mit dem Anfang zusammenfällt.

In einer solchen Masche muss die Summe aller Quellspannungen gleich der Summe aller Spannungsabfälle sein. Anders ausgedrückt, *ist die Summe aller Spannungen in einer Masche Null.*

$$\sum_{Masche} U_i = 0$$

Auch hier gilt, dass die Spannungsrichtungspfeile in einem Netzwerk beliebig eingezeichnet werden dürfen, dann aber für alle Maschengleichungen beibehalten werden müssen. In unserem Beispiel in Abb. 1-13 sind vier Maschen eingezeichnet:

$$M_1: \qquad U_1 - U_0 - I_3 R_3 - I_1 R_1 = 0$$
$$M_2: \qquad I_2 R_2 + I_2 R_5 + U_2 - I_4 R_4 - I_3 R_3 = 0$$
$$M_3: \qquad I_4 R_4 - U_0 = 0$$
$$M_4: \qquad U_1 - U_2 - I_2 R_5 - I_2 R_2 - I_1 R_1 = 0$$

Zur Analyse eines Widerstandsnetzwerks stellt man aus den (unabhängigen) Knoten- und Maschengleichungen ein Gleichungssystem auf und löst dieses.

i)   Zunächst bestimmt man alle unabhängigen Maschen. Jede Spannung muss (mindestens) in einer Masche enthalten sein, andererseits dürfen nicht alle Spannungen einer Masche in anderen Maschen bereits auftreten.

ii) Danach werden so viele Knotengleichungen hinzugefügt, bis die Anzahl von Gleichungen gleich der Anzahl von unbekannten Strömen und Spannungen ist.

In dem Beispiel von Abb. 1-13 gibt es fünf Unbekannte: I_1, I_2, I_3, I_4, U_0. Diese lassen sich über die Gleichungen M_1, M_2, M_3, K_1 und K_2 lösen.

Dieser Ansatz zur Bestimmung von Strömen und Spannungen in einem Netzwerk lässt sich auch auf allgemeinere Netzwerke mit nichtlinearen Bauteilen, z.B. Dioden und Transistoren, anwenden.

Reihenschaltung von Widerständen

Aus den Kirchhoffschen Regeln lassen sich auch die Gesamtwiderstände von Reihen- und Parallelschaltungen herleiten. Für die Reihenschaltung, die weiter oben schon betrachtet wurde, lässt sich eine Maschengleichung aufstellen (Abb. 1-9):

$$M_1: \quad U = U_1 + U_2 + \ldots + U_n$$
$$= I{\cdot}R_1 + I{\cdot}R_2 + \ldots + I{\cdot}R_n = I{\cdot}(R_1 + R_2 + \ldots + R_n) = I{\cdot}\Sigma R_i$$

Daraus ergibt sich für den Ersatzwiderstand R_{ges}:

$$U = I{\cdot}R_{ges}$$
$$\Rightarrow R_{ges} = \Sigma R_i$$

Die Parallelschaltung in Abb. 1-14 lässt sich entsprechend über die Knotengleichung K_1 analysieren.

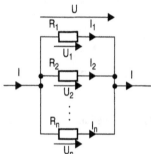

Abb. 1-14:   Parallelschaltung von Widerständen

$$K_1: \qquad I = I_1 + I_2 + \ldots + I_n = \Sigma I_i$$

Weiter gilt: $U_i = U \Rightarrow I_i{\cdot}R_i = I{\cdot}R_{ges}$
$$\Rightarrow I_i = I{\cdot} (R_{ges}/R_i)$$

Fügen wir dies für die Teilströme in Gleichung K_1 ein, ergibt sich

$$I = \sum I_i = \sum I \cdot \frac{R_{ges}}{R_i} = I \cdot R_{ges} \sum \frac{1}{R_i}$$

Nach Division der linken und rechten Seiten durch $I \cdot R_{ges}$ ergibt sich für eine Parallelschaltung, dass sich die Kehrwerte der Einzelwiderstände addieren (bzw. die Leitwerte $G_i = 1/R_i$ addieren):

$$\frac{1}{R_{ges}} = \sum \frac{1}{R_i}.$$

Für den Spezialfall der Parallelschaltung von zwei Widerständen gilt damit:

$$R_{ges} = R_1 \parallel R_2 = \frac{R_1 \cdot R_2}{R_1 + R_2}$$

Stromteiler. Die Verzweigung einer Parallelschaltung führt zu einer Aufteilung des Stroms auf die einzelnen Zweige. Wir sprechen deshalb auch von einem Stromteiler (im Gegensatz zur Serienschaltung, die einen Spannungsteiler realisiert). Bei einer Parallelschaltung von zwei Widerständen teilt sich der Strom folgendermaßen auf:

$$\frac{I_1}{I_2} = \frac{U_1/R_1}{U_2/R_2} = \frac{R_2}{R_1}.$$

Mit unserem bisherigen Wissen wollen wir nun die Größe eines unbekannten Widerstands mithilfe einer Brückenschaltung experimentell bestimmen. Die Brückenschaltung ist in Abb. 1-15 dargestellt. Die Widerstände R_1, R_2 und R_5 sind bekannt, der Widerstand R_2 variabel (z.B. Potentiometer). Die Größe des Widerstands R_4 soll über diese Schaltung bestimmt werden, indem R_2 so eingestellt wird, dass der Strom über R_5 Null ist. Wir sprechen dann von einer abgeglichenen Brücke.

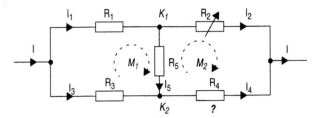

Abb. 1-15:   Brückenschaltung.
             Bestimmung von R_4 durch Einstellung von R_2, so dass $I_5 = 0$.

Die Analyse der Brückenschaltung erfolgt über die Maschengleichungen M_1 und M_2 sowie die Knotengleichungen K_1 und K_2.

$\quad$ M$_1$: $I_1R_1 + I_5R_5 - I_3R_3 = 0$ falls $I_5 = 0$: $I_1R_2 = I_3R_3$ (1)

$\quad$ M$_2$: $I_2R_2 - I_4R_4 - I_5R_5 = 0$ falls $I_5 = 0$: $I_2R_2 = I_4R_4$ (2)

K_1, K_2 mit $I_5 = 0$: $I_1 = I_2$, $I_3 = I_4$
Setzt man dies in (2) ein, ergibt sich $I_1R_2 = I_3R_4$ (3)

Nun dividieren wir (1)/(3): $\dfrac{R_1}{R_2} = \dfrac{R_3}{R_4}$

Durch Auflösung dieser Gleichung nach R_4 ergibt sich für den unbekannten Widerstand bei einer ausgeglichenen Brücke:

$$R_4 = \frac{R_2 \cdot R_3}{R_1}$$

1.2.4 Widerstands-Kondensator-Netzwerke

In der Elektrotechnik gibt es neben dem bisher betrachteten Widerstand noch zwei weitere wichtige passive Bauelemente: der *Kondensator* (Kapazität) und die *Spule* (Induktivität). Diese dienen im Wesentlichen der Energiespeicherung und der Filterung bestimmter Frequenzen in Wechselsignalen.

An dieser Stelle sollen lediglich die Kondensatoren im Zeitbereich, stellvertretend für beide Bauelemente vorgestellt werden. Die Spule verhält sich für die meisten Phänomene spiegelbildlich und soll deshalb aus Platzgründen hier nicht weiter betrachtet werden.

Ein Kondensator besteht aus zwei Metallplatten, die durch einen Isolator getrennt sind. Die Metallplatten können elektrische Ladungen, d.h. eletrische Energie speichern. Die Kapazität C eines Kondensators sagt aus, wie viele Ladungsträger der Kondensator aufnehmen kann. Dies hängt von der Fläche A und dem Abstand d der Metallplatten sowie dem Isolationsmaterial ab. Da sich die Ladungsträger auf der Metalloberfläche ansammeln, ist die Kapazität unabhängig von der Dicke der Metallplatten. Die Einheit der Kapazität ist Farad [F] mit *1 F = 1 As/V*.

$$C = \varepsilon_0 \cdot \varepsilon_r \cdot \frac{A}{d}. \tag{1-27}$$

Die relative Dielektrizitätskonstante ε_r beschreibt hierbei das Isolationsmaterial. Bei Vakuum ist $\varepsilon_r = 1$, bei Luft ist $\varepsilon_r = 1,006$ und bei SiO_2, einem häufig verwendeten Isolationsmaterial in der Mikroelektronik, ist $\varepsilon_r = 3,9$. ε_0 ist der Proportionalitätsfaktor, der die Kapazitätsgleichung an das SI-Größensystem anpasst ($\varepsilon_0 = 8,8 \cdot 10^{-12}$ *F/m*). Die in der Elektronik verwendeten Kapazitäten sind in der Regel sehr klein. Sie liegen in den Größenordnungen *pF* bis *mF*.

Um eine Ladung Q auf einen Kondensator zu bringen, benötigt man eine Spannung, die an den Kondensator angelegt ist. Durch diese Spannung fließen Ladungsträger auf den Kondensator. Diese formen im Kondensator ein elektrisches Feld, das der angelegten Spannung entgegen wirkt und mit der Zeit den Ladevorgang beendet. Je größer die Kapazität eines Kondensator bzw. die angelegte Spannung ist, desto größer ist die Ladung auf dem Kondensator:

$$Q = C \cdot U. \tag{1-28}$$

Bei einer *Parallelschaltung* von Kondensatoren vergrößert sich die Oberfläche. Die Gesamtkapazität ergibt sich hierbei aus der Summe der Einzelkapazitäten.

$$C_{ges} = \sum C_i$$

Bei der *Serienschaltung* vergrößert sich dagegen faktisch der Abstand der Platten, ohne dass sich die Plattenoberfläche ändert. Alle Kondensatoren haben die gleiche Ladung. Je mehr Kondensatoren in Reihe geschaltet werden, desto kleiner wird die Gesamtkapazität.

$$U_{ges} = \frac{Q}{C_{ges}} = \sum \frac{Q_i}{C_i} = \sum \frac{Q}{C_i}, \text{ da } Q = Q_1 = Q_2 = ... = Q_n.$$

$$\Rightarrow \frac{1}{C_{ges}} = \sum \frac{1}{C_i} \tag{1-29}$$

Reihen- und Parallelschaltungen von Kondensatoren verhalten demnach spiegelbildlich zu denen von Widerständen.

Für die Praxis sind Schaltungen, die aus Kondensatoren *und* Widerständen (und Spulen) bestehen, interessant. Die einfachsten solcher Vierpole sind der Tief- und Hochpass erster Ordnung, die aus jeweils einem Kondensator und einem Widerstand bestehen.

Wir wollen nun das Verhalten von Tief- und Hochpass bei Schaltvorgängen, wie sie in der Digitaltechnik von Interesse sind, betrachten. Das Verhalten bei Wechselsignalen, für die sich die Analogtechnik interessiert, wird im Kapitel 2 betrachtet.

Die Sprungfunktion, mit der wir den Tief- bzw. Hochpass anregen werden, ist definiert zu

$$U(t) = \begin{cases} U_1 \textit{ für } t < t_0 \\ U_2 \textit{ für } t > t_0 \end{cases}$$

Einschaltvorgang beim Tiefpass

Gegeben sei das RC-Glied aus Abb. 1-16. Zum Zeitung $t_0 = 0$ wird der Schalter umgelegt, sodass die Eingangsspannung U_e von $U_1 = 0$ nach $U_2 = U_0$ springt.

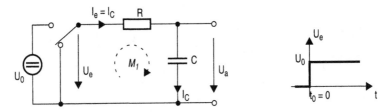

Abb. 1-16:   Einfache Tiefpassschaltung. Das Umlegen des Schalters erzeugt eine Sprungfunktion (rechts).

Für die eingezeichnete Masche gilt:

$$M_1: \ U_e(t) = I_C(t)R + U_a = I_C(t)R + \frac{Q}{C} = I_C(t)R + \frac{1}{C} \cdot \int_0^t I_C(\tau)d\tau \ \text{ mit } Q_0 = 0.$$

Wir wollen nun diese Gleichung differenzieren, wobei $U_e = U_0$ für alle $t \geq 0$, d.h.

$$\frac{d}{dt}U_e(t) = 0:$$

$$0 = R \cdot \frac{d}{dt}I_C(t) + \frac{1}{C} \cdot I_C(t) \Rightarrow \frac{d}{dt}I_C(t) = -\frac{1}{RC} \cdot I_C(t)$$

Die hier vorliegende Differentialgleichung vom Typ $\frac{dy}{dt} = k \cdot y$ besitzt eine Lösung $y = y_0 \cdot e^{kt}$ und $k = -\frac{1}{RC}$, d.h.

$$I_C(t) = I_0 \cdot e^{-\frac{t}{RC}}, \text{ wobei } I_0 \text{ noch unbekannt ist.}$$

Zum Zeitpunkt $t = 0$ ist die Ladung auf dem Kondensator $Q_0 = 0$ und die Eingangsspannung $U_e = U_0$, sodass nach obiger Formel M_1

$$U_0 = I_C(t)R + 0 = I_0 \cdot R \cdot e^{-\frac{t}{RC}}\Big|_{t=0} = I_0 \cdot R$$

$$\Rightarrow I_0 = \frac{U_0}{R}$$

Zum Zeitpunkt t_0 hat demnach der Kondensator kurzzeitig keinen Widerstand und verhält sich wie ein Kurzschluss.

Für den Einschaltvorgang bei einem Tiefpass ergibt sich nach obiger Berechnung folgender Zusammenhang (Abb. 1-17):

$$I_C(t) = \frac{U_0}{R} \cdot e^{-\frac{t}{RC}}$$

$$U_a(t) = U_0 - I_C(t)R = U_0 - U_0 \cdot e^{-\frac{t}{RC}} = U_0\left(1 - e^{-\frac{t}{RC}}\right) \qquad (1\text{-}30)$$

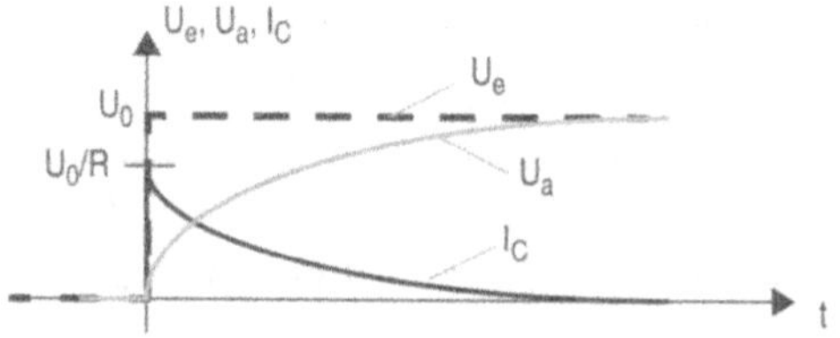

Abb. 1-17:   Ströme und Spannungen beim Einschaltvorgang eines Tiefpasses

Umschaltvorgang beim Tiefpass

Nach dem Einschalten des Tiefpasses wollen wir nun das Umschalten betrachten, was das Ausschalten als Spezialfall umfasst. Hierzu sei der Kondensator geladen und die Eingangsspannung wechsele zum Zeitpunkt t_0 von U_1 nach U_2. U_2 kann kleiner oder größer als U_1 sein.

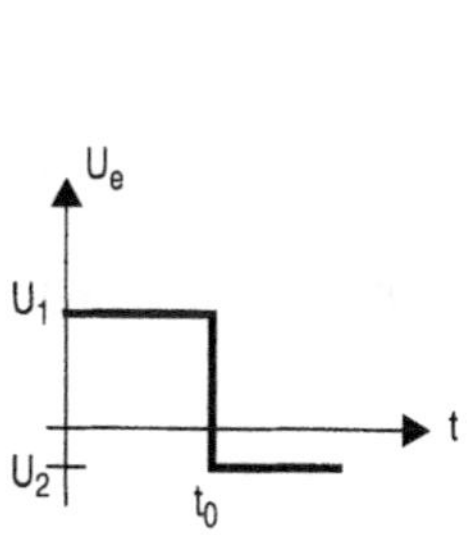

Zum (Umschalt-) Zeitpunkt t_0 sei der Kondensator mit der Ladung Q_0 geladen. Die Ausgangsspannung beträgt $U_{a0} = Q_0/C$. Nach dem Umschalten ändert sich die Ladung auf dem Kondensator zu $Q(t) = Q_0 + Q'(t)$, wobei $Q'(t)$ beim Aufladen positiv und beim Entladen negativ ist.

$$U_a(t) = \frac{Q(t)}{C} = U_{a0} + \frac{1}{C} \cdot \int_{t_0}^{t} I_C(\tau)d\tau$$

Nach der Maschengleichung M_1 in Abb. 1-16 berechnet sich die Eingangsspannung U_e als Summe der Spannungen über dem Widerstand ($I_C \cdot R$) und über dem Kondensator (U_a).

$$U_e(t) = I_C(t) \cdot R + \frac{1}{C} \cdot \int_{t_0}^{t} I_C(\tau) d\tau + U_{a0}$$

Durch ein Verschieben des Koordinatenursprungs in t_0 ($t^* = t - t_0$) verschieben sich entsprechend die Integrationsgrenzen:

$$t^* = t - t_0: \quad U_e(t^*) = U_2 = I_C(t^*) \cdot R + \frac{1}{C} \cdot \int_{0}^{t^*} I_C(\tau) d\tau + U_{a0}$$

Ähnlich wie beim o.g. Einschaltvorgang erhalten wir durch Ableiten dieser Gleichung

$$0 = \frac{I_C(t^*)}{dt^*} \cdot R + \frac{1}{C} \cdot I_C(t^*)$$

mit folgender Lösung der Differentialgleichung:

$$I_C(t) = I_0 \cdot e^{-\frac{t^*}{RC}} = I_0 \cdot e^{-\frac{t-t_0}{RC}}$$

Auch zur Bestimmung des Anfangsstroms I_0 gehen wir wie oben vor. Für die Maschengleichung M_1 mit der Anfangsspannung $U_a(t) = U_{a0}$ gilt:

$$M_1: \quad U_2 = I_0 \cdot R + U_{a0} \Rightarrow I_0 = \frac{U_2 - U_{a0}}{R}$$

Zusammenfassend berechnen sich der Strom $I_C(t)$ und die Ausgangsspannung $U_a(t)$ beim Umschaltvorgang zu

$$I_C(t) = \frac{U_2 - U_{a0}}{R} \cdot e^{-\frac{t-t_0}{RC}} \tag{1-31}$$

$$M_1: \quad U_a(t) = U_e(t) - I_C(t) \cdot R = U_2 - (U_2 - U_{a0}) \cdot e^{-\frac{t-t_0}{RC}}$$

und für den Spezialfall des Ausschaltvorgangs zu:

$$I_C(t) = \frac{-U_0}{R} \cdot e^{-\frac{t-t_0}{RC}} \tag{1-32}$$

$$U_a(t) = U_0 \cdot e^{-\frac{t-t_0}{RC}} \tag{1-33}$$

Der Auf- und Entladevorgang beim Tiefpass ist in folgendem Diagramm (Abb. 1-18) dargestellt, wobei angenommen wird, dass der Kondensator zu Beginn bei $t = 0$ entladen sei.

Das Produkt aus R und C nennt man Zeitkonstante τ. Nach dieser Zeit $\tau = R \cdot C$ beträgt der Exponent der e-Funktion -1, was beim Aufladevorgang bedeutet, dass nach dieser Zeit der

Strom auf etwa 37% gefallen und die Ausgangsspannung auf etwa 63% gestiegen sind. Je größer τ ist, desto langsamer steigen bzw. fallen Strom und Spannung.

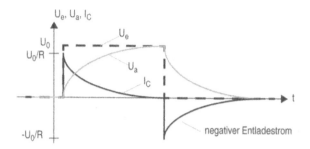

Abb. 1-18:   Ströme und Spannungen beim Ein- und Ausschaltvorgang eines Tiefpasses

Wie wir Abb. 1-18 entnehmen können, nähert sich bei kleinem τ die Ausgangsspannung recht schnell der Eingangsspannung. Wechselt die Eingangsspannung nur selten, so ist der kurzzeitige Unterschied zwischen U_e und U_a vernachlässigbar. Tiefe Frequenzen werden also durchgelassen. Bei sehr schnell wechselnder Eingangsspannung bleibt U_a dagegen klein, d.h. hohe Frequenzen werden ausgefiltert. Wir sprechen deshalb bei dieser Schaltung von einem *Tiefpass*.

Umschaltvorgang beim Hochpass

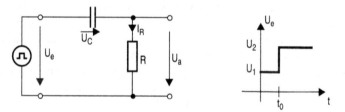

Abb. 1-19:   Einfache Hochpassschaltung. Die Eingangsspannung wird von U_1 nach U_2 umgeschaltet (rechts).

Abb. 1-19 stellt einen einfachen Hochpass dar. Hier sind die Verhältnisse gerade umgekehrt zu denen des Tiefpasses. Da die Spannung über dem Widerstand gleich $U_e - U_C$ ist, folgt U_a bei hohen Frequenzen der Eingangsspannung U_e, da hier U_C sehr klein ist. Für die Ausgangsspannung und den Strom gelten beim Umschaltvorgang nach Abb. 1-19:

$$U_a(t) = U_e(t) - U_C(t) = (U_2 - U_{C0}) \cdot e^{-\frac{t-t_0}{RC}} \qquad (1\text{-}34)$$

$$I_R(t) = \frac{U_a(t)}{R} = \frac{1}{R} \cdot (U_2 - U_{C0}) \cdot e^{-\frac{t-t_0}{RC}} \qquad (1\text{-}35)$$

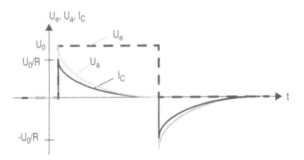

Abb. 1-20:   Ströme und Spannungen beim Ein- und Ausschaltvorgang eines Hochpasses.

1.3   Halbleiterbauelemente

Grundlage der wichtigsten Elektronikbauteile sind Halbleitermaterialien. Auf ihnen basieren u.a. die im Weiteren betrachteten Dioden und Transistoren und darauf aufbauend integrierte Schaltungen (ICs).

Halbleiter sind Materialien mit einem spezifischen Widerstand zwischen Metallen und Isolatoren. Hierunter fallen Stoffe wie Silizium (Si), Germanium (Ge) und Gallium-Arsenid (GaAs). Während beim absoluten Nullpunkt ($T = 0\,K$) alle Valenzelektronen kovalent gebunden sind[2] und sich Halbleiter damit wie Isolatoren verhalten, besitzen Halbleiter bei Raumtemperatur aufgrund der Wärmebewegung freie Elektronen. Mit jedem freien Elektron entsteht auch ein "Loch", das sich wie ein positiver Ladungsträger verhält, auch wenn keine echte Ionenleitung vorliegt. Die "Löcherleitung" entsteht dadurch, dass Löcher benachbarte Elektronen einfangen und dadurch in der Nachbarschaft neue Löcher erzeugen. Der Gesamtstrom eines Halbleiters setzt sich aus dem Elektronenstrom I_n und dem Löcherstrom I_p zusammen (Abb. 1-21). I_n ist etwas dreimal so groß wie I_p.

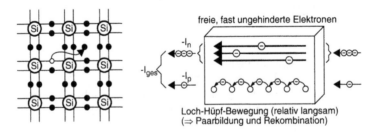

Abb. 1-21:   Durch Wärmebewegung brechen Bindungen des Si-Gitters auf. Es werden damit freie
             Ladungsträger erzeugt. Zurück bleiben Löcher (Defektelektronen).
             Rekombination: Ein Loch fängt ein freies Elektron wieder ein.

---

[2]   Auf das Atommodell kann aus Platzgründen leider nicht näher eingegangen werden. Hier sei auf
      die entsprechende Literatur verwiesen.

Neben der oben angesprochenen Eigenleitung eines Halbleiters gibt es künstlich verursachte Störstellenleitung durch das Einbringen (Dotieren) von Fremdatomen in den reinen Halbleiterkristall. Das Dotieren erfolgt typischerweise im Verhältnis von $1:10^4$ bis $1:10^8$ und erhöht die Leitfähigkeit in starkem Maße.

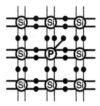

Abb. 1-22:   Mit fünfwertigem Phosphor dotiertes Silizium.

Bei Silizium, einem Element der Gruppe 4 des Periodensystems (4 Valenzelektronen), verwendet man zum Dotieren Elemente der Gruppe 3 bzw. Gruppe 5. Im ersten Fall erzeugt man ein künstliches Loch ($\rightarrow$ P-Leiter). Bei Elementen der Gruppe 5 ist das fünfte Elektron nur schwach gebunden und bei Raumtemperatur bereits frei ($\rightarrow$ N-Leiter).

PN-Übergang

Ein P- und ein N-Leiter (Abb. 1-23) sollen nun durch Anschmelzen flächig zusammengefügt werden. Vor dem Verbinden sind beide Seiten jeweils elektrisch neutral. Die N-Seite hat durch die 5-wertige Dotierung eine hohe Konzentration an Elektronen und die P-Seite durch 3-wertige Dotierung eine hohe Konzentration an Löchern, d.h. eine niedrige Konzentration an Elektronen.

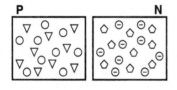
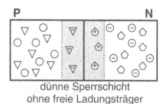

dünne Sperrschicht
ohne freie Ladungsträger

Abb. 1-23:   Verbinden eine P- und N-Leiters.
   $\triangledown$ 3-wertiges Atom (z.B. Bor)
   $\diamond$ 5-wertiges Atom (z.B. Phosphor)
   $\bigcirc$ Loch
   $\ominus$ freies Elektron

Aufgrund von Wärmebewegung versuchen sich unterschiedliche Konzentrationen auszugleichen ($\rightarrow$ Diffusion). Dies passiert nun beim Verbinden der N- und P-Leiter (Abb. 1-23, rechts). Beim Verbinden fließt zunächst ein Diffusionsstrom aus Elektronen vom N- in den P-Leiter. Der Diffusionsstrom kommt rasch zum Erliegen, da sich die Grenzschicht elektrisch auflädt. Auf der N-Seite bleiben positive Ionen ($\oplus$) zurück. Die duffundierten Elektronen werden auf der P-Seite in den Löchern relativ fest eingebaut, wodurch eine negative Überschussladung ($\triangledown$) entsteht. Deren elektrisches Feld drängt weitere aus der N-Seite diffundierende Elektronen zurück. Es entsteht eine für Elektronen "unüberwindbare" Sperrschicht ohne frei bewegliche Ladungsträger. Alle freien Elektronen und Löcher sind rekombiniert.

Auf beiden Seiten der Sperrschicht stehen sich getrennte Ladungen wie bei einem Kondensator gegenüber. Die Ladungen erzeugen ein elektrisches Feld und somit eine Spannung U_D. Diese Diffusionsspannung ist relativ klein und hängt von der Dotierung und der Temperatur ab. Sie beträgt bei Silizium etwa *0,7 V* und bei Germanium etwa *0,3 V*.

Diode

Das elektronische Bauteil, das aus den zusammengefügten P- und N-Leitern besteht, nennt man *Diode*. Wie wir gleich sehen werden, verhält sich diese wie ein Stromventil.

In Abb. 1-24 ist eine Diode mit einer Spannungsquelle und einer Lampe elektrisch verbunden. Im linken Teil der Abbildung ist der PN-Übergang in Durchlassrichtung beschaltet. Die äußere Spannung U_F "drückt" die Elektronen des N-Leiters zunächst in die Sperrschicht und dann über die Sperrschicht, sodass sie über den P-Leiter abfließen können. Es entsteht ein Stromfluss, der die Lampe zum Leuchten bringt.

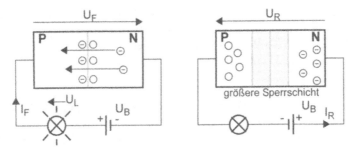

Abb. 1-24:   Einfacher Stromkreis mit einer Diode als "elektrisches Ventil".
               Links: Beschaltung in Durchlassrichtung. Die Diode leitet.
               Rechts: Beschaltung in Sperrrichtung. Die Diode sperrt.

Die Diodenspannung U_F beträgt bei Beschaltung in Durchlassrichtung in etwa der Diffusionsspannung, da die äußeren Zonen der Diode einen vernachlässigbaren Widerstand darstellen. Sie ist (fast) unabhängig von der Batteriespannung, d.h. der größte Teil der Batteriespannung fällt über der Lampe ab: $U_L = U_B - U_F$. Der elektrische Strom durch die Diode wächst exponentiell mit der angelegten Spannung U_F, was aus Platzgründen hier nicht hergeleitet werden kann: $I_F \sim e^{U_F}$.

Wird die Diode in Sperrrichtung beschaltet (Abb. 1-24, rechte Seite), werden die freien Ladungsträger von der Grenzschicht weggezogen. Dadurch wird die ladungsträgerfreie Zone, d.h. die Sperrschicht breiter. Die Diode sperrt ($U_R = U_B$). Es fließt nur noch ein vernachlässigbar kleiner Sperrstrom I_R aufgrund thermisch bedingter Paarbildung. Bei Silizium beträgt dieser etwa *1 nA* und bei Germanium etwa *10 μA*.

Abb. 1-25 zeigt das beschriebene Verhalten einer Silizium-Diode quantitativ in Form einer Diodenkennlinie. Diese zeigt den Diodenstrom in Abhängigkeit von der anliegenden Spannung sowohl für die Durchlassrichtung als auch für die Sperrrichtung. Zu beachten ist, dass sich der Strom in Durchlassrichtung im *mA*-Bereich und in Sperrrichtung im *nA*-Bereich bewegt. Wird die Sperrspannung über eine Grenzsperrspannung hinaus vergrößert, so wird die Sperrschicht durchbrochen und die Diode wird wieder leitend oder aber zerstört.

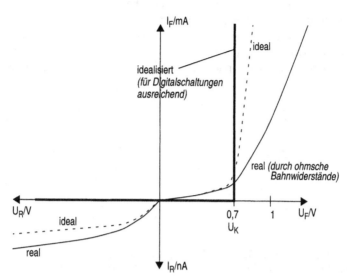

Abb. 1-25:   Kennlinie einer Silizium-Diode

Beispiel. Im Bereich der eingebetteten Systeme werden Dioden häufig zum Aufbau von Hüllkurvendetektoren und Glättungsfiltern verwendet, die hochfrequente Signalanteile (z.B. Störungen) aus einem Signal herausfiltern. Abb. 1-26 zeigt einen ganz einfachen Hüllkurvendetektor für amplitudenmodulierte Mittelwellenrundfunksignale. Ist das amplitudenmodulierte Eingangssignal u_{AM} größer als das Ausgangssignal u_a, so ist die Diode in Durchlassrichtung geschaltet und der Kondensator lädt sich über den kleinen Innenwiderstand der Diode auf. In Sperrrichtung entlädt sich der Kondensator über R nur langsam, falls R groß genug ist.

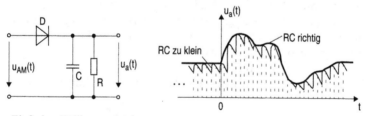

Abb. 1-26:   Einfacher Hüllkurvendetektor

Bipolarer Transistor

Das zweite wichtige Halbleiterbauteil ist der *Transistor*. Dieser bildet die Grundlage von Verstärkerschaltungen in der Analogtechnik und als Schalter die Grundlage der Digitaltechnik. Während in der Digitaltechnik heute leistungslos steuerbare Feldeffekttransistoren (MOSFETs) verwendet werden, finden sich im analogen Bereich eingebetteter Systeme meist bipolare Transistoren, die mit größeren Strömen belastet werden können. Wir wollen zunächst auf diese bipolaren Transistoren eingehen, bevor dieser Abschnitt mit dem Aufbau und der Funktionsweise von MOSFETs abgeschlossen wird.

Im Unterschied zur Diode, die aus zwei unterschiedlichen Dotierungsschichten besteht, setzt sich der Bipolartransistor aus drei abwechselnden Dotierungsschichten zusammen. Dies können N-P-N-Schichten oder aber P-N-P-Schichten sein (Abb. 1-27). Entsprechend bezeichnet man diese Transistoren npn- oder pnp-Transistoren. Aus Platzgründen wollen wir nur auf den npn-Typ eingehen. der pnp-Transistor funktioniert analog bei umgekehrter Polung.

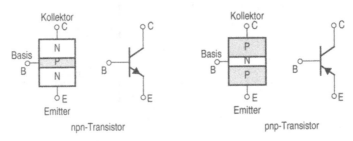

Abb. 1-27:   Aufbau und Schaltzeichen von Bipolartransistoren.
              Der Pfeil deutet die BE-Diode und damit die Stromrichtung an.

Der npn-Transistor besteht aus einer stark N-dotierten Emitterschicht, einer dünnen und schwach P-dotierten Basisschicht und einer schwach N-dotierten Kollektorschicht. Wird der Kollektor gegenüber der Basis und dem Emitter positiv gepolt, so sperrt die BC-Diode. Auch die BE-Diode bleibt gesperrt, solange die BE-Spannung unter dem Schwellwert liegt. Wird die BE-Spannung über den Schwellwert erhöht, so fließen Elektronen vom Emitter in die dünne Basis. Aufgrund der starken N-Dotierung des Emitters werden viele Elektronen durch die BE-Spannung in die Basis "gezogen", von denen nur wenige über die dünne Basis abfließen können. Die meisten Elektronen diffundieren in den BC-Sperrbereich und fließen durch die positive CE-Spannung zum Kollektor ab.

Wir haben also zwei Stromkreise (Abb. 1-28). Ein kleiner Basisstrom (Eingangsstromkreis) beeinflusst oder steuert einen viel größeren Kollektorstrom (Ausgangsstromkreis). Man spricht deshalb davon, dass der Transistor den Basisstrom verstärkt. Der Kollektorstrom verändert sich ungefähr proportional zum Basisstrom

$$I_C = B \cdot I_B,$$

wobei der Verstärkungsfaktor B typischerweise bei etwa 250 (zwischen 50 und 1.000) liegt.

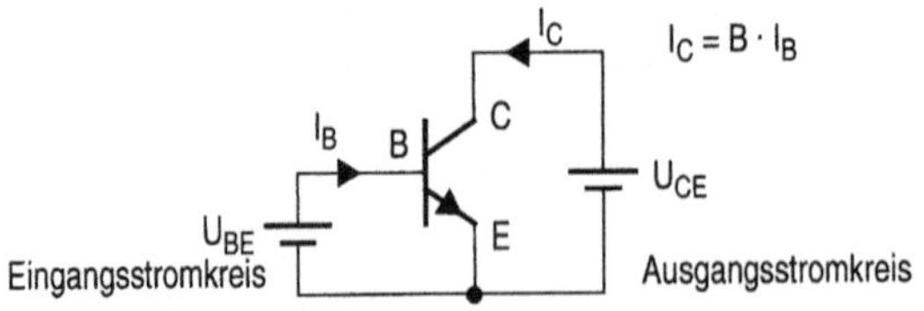

Abb. 1-28:   Transistor als Stromverstärker

Die BE-Diode im Eingangsstromkreis verhält sich wie die oben beschriebene Diode. Der Basisstrom I_B - und damit auch der Kollektorstrom I_C - steigt etwa exponentiell mit der Eingangsspannung U_{BE}.

Wird der Transistor in der Digitaltechnik als Schalter verwendet, kann man wieder idealisiert eine Knickspannung von etwa *0,7 V* bei Silizium annehmen. Unterhalb dieser Knickspannung sperrt der Transistor, darüber leitet er.

Abb. 1-29 zeigt das Ausgangskennlinienfeld des Bipolartransistors:

$$I_C = f(U_{CE}, I_B).$$

Die (fast) äquidistanten Abstände der Kennlinien zeigen den (fast) linearen Zusammenhang zwischen dem Basisstrom I_B und dem Kollektorstrom I_C. Der rechte Bereich des Kennlinienfelds ② ist der so genannte Arbeitsbereich. Hier hängt I_C im Wesentlichen von I_B und kaum von U_{CE} ab (horizontaler Kennlinienverlauf). Der linke Bereich ① ist der Sättigungsbereich. Hier ist $U_{CB} < 0$, wodurch der Kollektor nicht mehr als "Elektronensammler" fungiert. Die Basis ist in diesem Bereich mit Ladungsträgern gesättigt. Die Vergrößerung von I_B erhöht I_C nicht. Nur der Diffusionsdruck bewirkt eine Leitfähigkeit der *BC*-Diode.

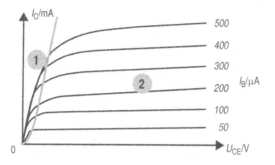

Abb. 1-29:   Ausgangskennlinienfeld eines Bipolartransistors.

①: Sättigungsbereich

②: Arbeitsbereich.

MOSFET

Neben den bisher erläuterten stromgesteuerten Bipolartransistoren gibt es die Klasse der spannungsgesteuerten *Feldeffekttransistoren (FET)*. Diese ist in der Digitaltechnik vorherrschend, da sie ein fast leistungsloses Schalten ermöglicht. Der Bipolartransistor wird dagegen durch sein lineares Übertragungsverhalten und ein größeres elektrisches Leistungsvermögen in der Analogtechnik zum Aufbau von beispielsweise Verstärkern und Bustreibern verwendet.

Aus der Klasse der Feldeffekttransistoren soll hier der selbstsperrende n-Kanal-MOSFET stellvertretend für weitere FET-Typen (selbstleitend, p-Kanal) vorgestellt werden. Er verhält sich nach außen analog zum oben betrachteten npn-Transistor.

Abb. 1-30 zeigt den Querschnitt durch einen selbstsperrenden n-Kanal-MOSFET. "MOS" steht für "metal oxide semiconductor". Der Transistor hat wieder drei Anschlüsse, die hier Source (*S*), Drain (*D*) und Gate (*G*) heißen. Hinzu kommt ein Substratanschluss Bulk (*B*), der dafür sorgen muss, dass keine Ladungsträger über das P-dotierte Substrat, in das der Transistor eingebettet ist, abfließen kann. In diesem P-dotierten Träger sind zwei stark N-dotierte Bereiche, Source und Drain, eingesetzt. Über dem Verbindungsbereich von Source und Drain befindet sich der dritte Anschluss, das Gate. Dieses ist eine Metallplatte (→ *me-*

tal), die durch eine Isolationsschicht (SiO$_2$ → *oxide*) vom Halbleiter-Substrat (→ *semiconductor*) getrennt ist. Substrat und Gate-Anschluss bilden eine Art Kondensator.

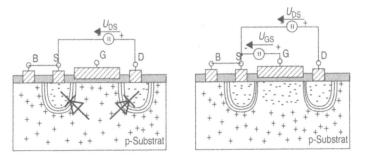

Abb. 1-30:   n-Kanal MOSFET

Durch den PN-Übergang zwischen dem Substrat und den Source-/Drain-Gebieten bilden sich die im linken Teil von Abb. 1-30 gezeigten Dioden. Hat darüber hinaus der Substratanschluss (*B*) das niedrigste elektrische Potential, so sind die Dioden in Sperrrichtung gepolt und es bilden sich die in der Abbildung dargestellten Sperrschichten. Es besteht damit keine leitende Verbindung zwischen Source und Drain. Auch beim Anlegen einer Spannung U_{DS} fließt kein Strom.

Das Verhalten des Transistors ändert sich, wenn das Gate positiv gegenüber dem Substrat beschaltet wird. Durch die positive Gate-Substrat-Spannung werden Elektronen aus dem Substrat in Richtung Gate gezogen. Es bildet sich ein Elektronenkanal (n-Kanal), der dem Transistor seinen Namen gibt (Abb. 1-30, rechte Hälfte). Nun besteht eine leitende Verbindung zwischen Source und Drain, sodass bei Anlegen einer Spannung U_{DS} ein Strom über den Kanal fließen kann. Im Gegensatz zu o.g. Bipolartransistor sprechen wir hier von einem unipolaren Transistor, da für den Kanal nur ein Halbleitermaterial benötigt wird.

Das Kennlinienfeld des MOSFET (Abb. 1-31) sieht auf den ersten Blick identisch zu dem des Bipolartransistors aus. Der wesentliche Unterschied liegt darin, dass der MOSFET spannungs- und nicht stromgesteuert wird. Auch verlaufen die Kennlinien nicht ganz so horizontal und auch nicht im äquidistanten Abstand. Dieses nichtlineare Verhalten ist für einen Analogverstärker weniger geeignet, spielt aber in der Digitaltechnik keine Rolle.

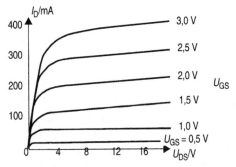

Abb. 1-31:   Kennlinienfeld eines n-Kanal MOSFET

1.3.1 Grundlegende Transistorschaltungen

Transistoren bilden die Grundlage aller (mikro-) elektronischen Schaltungen. An dieser Stelle soll auf zwei Grundschaltungen eingegangen werden. Zunächst wollen wir den grundlegenden Aufbau eines Verstärkers betrachten. Dieser wird später zu einem Differenzverstärker und dem im Abschnitt 1.4 ausführlich erläuterten Operationsverstärker erweitert. Letzterer ist in fast allen analog-digitalen Schnittstellen eingebetteter Systeme zu finden. Nach der grundlegenden Verstärkerschaltung soll jedoch zunächst noch der Inverter, die einfachste digitaltechnische Schaltung, eingeschoben werden.

Transistor als Verstärker

Der einfachste Verstärker von kleinen Wechselspannungen ist in Abb. 1-32 dargestellt. Der Verstärker ist durch zwei Kondensatoren vom Ein- und Ausgang getrennt. Die Kondensatoren filtern mögliche äußere Gleichspannungsanteile heraus. Durch den Spannungsteiler R_1-R_2 wird ein Arbeitspunkt eingestellt.

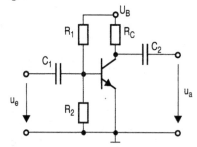

Abb. 1-32: Wechselspannungsverstärker.

Am Eingang des Verstärker liege eine kleine Wechselspannung im Millivolt-Bereich an, wie sie beispielsweise bei einem demodulierten Radiosignal vorliegen könnte. Diese soll verstärkt werden, um einen Lautsprecher anzusteuern. Die Eingangsspannung u_e ist zu klein, um den Transistor direkt anzusteuern, da dieser bei Spannungen unter $0,7\ V$ sperrt[3]. Die Spannung muss deshalb um einen Gleichanteil auf einen Arbeitspunkt AP erhöht werden, was durch den Spannungsteiler R_1-R_2 passiert. Die Eingangsspannung des Transistors schwankt nun mit u_e um die Spannung $U_B \cdot R_2 / (R_1 + R_2)$. Mögliche Gleichanteile in u_e werden durch C_1 herausgefiltert.

Der Transistor verstärkt nun das Mischsignal. Wenn der Arbeitspunkt AP geeignet gewählt ist, ist der Kollektorstrom I_C nicht von U_{CE}, sondern nur von I_B linear abhängig. Da I_C durch den Kollektorwiderstand R_C fließt, gilt auch $U_{RC} \sim I_B$ und $U_{CE} = U_B - U_{RC} \sim I_B$. Der Kondensator C_2 filtert aus dieser Spannung den Gleichanteil wieder aus, sodass die Ausgangsspannung u_a proportional zu u_e ist, jedoch um den Verstärkungsfaktor des Transistors größer und um 180° gedreht. Diese Phasenumkehr ist typisch für diesen Schaltungstyp.

Transistor als Inverter

Die geschilderte Phasenumkehr beim Wechselspannungsverstärker lässt sich auch im Bereich der Digitaltechnik zur Invertierung digitaler Signale verwenden. Der Aufbau eines

---

[3] Dies würde auch bei größeren Eingangsspannungen bei der negativen Halbwelle passieren.

Schalters bzw. Inverters (Abb. 1-33) sieht deshalb ganz ähnlich zu dem Wechselspannungsverstärker aus, jedoch kann auf die Arbeitspunkteinstellung verzichtet werden, da die Ein-
und Ausgangssignale gleich groß sind und keine negativen Spannungen auftreten.

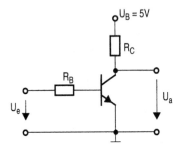

Abb. 1-33:   Transistor als Inverter bzw. Schalter.

Ist die Eingangsspannung U_e niedrig, genauer gesagt, kleiner als $0,7\,V$ (logisch 0), sperrt der
Transistor. Damit ist $I_C = 0$ und $U_a = U_B = 5\,V$ (logisch 1). Bei hoher Eingangsspannung
(logisch 1) leitet der Transistor und I_C steigt damit auf einen hohen Wert an. Dadurch wird
auch U_{RC} hoch und $U_a = U_B - U_{RC}$ niedrig (logisch 0). Das binäre Eingangssignal wird also
invertiert.

Wichtig bei der Verwendung des Transistors als Schalter ist, dass der Transistor nicht im
Verstärkungsbereich eingesetzt wird. Der Transistor sollte entweder definitiv sperren, d.h.
$U_e << 0,7\,V$ oder weit offen sein (z.B. $U_e >> 2\,V$), damit die Ausgangsspannung wieder
klein genug ist, damit sie für ein folgendes Logikgatter wieder definitiv logisch 0 ist. Damit
diese Spannungsintervalle auch bei gestörten Signalen eingehalten werden, muss zusätzlich
ein minimaler Störabstand festgelegt werden.

Differenzverstärker

Obige einfache Verstärkerschaltung wollen wir nun zu einem Differenzverstärker erweitern,
der das Herz des im folgenden Abschnitt beschriebenen Operationsverstärker bildet. Wie
sein Name ausdrückt, findet beim Differenzverstärker eine große Verstärkung der Differenz
zweier Eingangssignale statt. Werden diese beiden Eingangsspannungen gleichmäßig verändert, so ändert sich der Ausgang des Verstärkers nicht. Im Idealfall ist die Gleichtaktverstärkung Null.

Abb. 1-34 zeigt den grundsätzlichen Aufbau eines Differenzverstärkers. Es handelt sich
hierbei um zwei Transistoren, die über ihren Emitter gekoppelt und mit einer Konstantstromquelle verbunden sind. Die Stromquelle kann in der Praxis durch eine einfache Transistorschaltung oder sogar nur durch einen gemeinsamen Emitterwiderstand mehr oder weniger gut angenähert werden, wodurch sich jedoch die Qualität des Verstärkers reduziert. Für
unsere Analyse betrachten wir der Einfachheit halber eine ideale Stromquelle.

Wichtig für unsere Analyse und den Aufbau eines Differenzverstärkers ist die Symmetrie
der Bauteile. Die beiden Transistoren T_1 und T_2 müssen einheitliche Kenndaten und die gleiche Temperatur haben. Hierfür waren früher sehr hochwertige, ausgesuchte und teure Bauteile notwendig. Die Einführung integrierter Schaltungen hat dieses Problem stark reduziert.

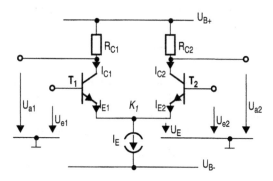

Abb. 1-34:   Differenzverstärker

Wir wollen zunächst den Arbeitspunkt AP der Schaltung bei $U_{e1} = U_{e2} = 0\ V$ betrachten. Duch die zweite Spannungsquelle $U_B < 0\ V$ ist auch in diesem Fall die BE-Diode der beiden Transistoren leitend und es gilt:

$$\left. \begin{array}{l} U_{a1} = U_{B+} - I_{C1} \cdot R_{C1} \\ U_{a2} = U_{B+} - I_{C2} \cdot R_{C2} \end{array} \right\} \rightarrow U_{a1_{AP}} = U_{a2_{AP}} = U_{B+} - I_{C_{AP}} \cdot R_C$$

(Aufgrund der Symmetrie ist $R_{C1} = R_{C2} = R_C$ und $I_{C1} = I_{C2} = I_C$).

Im Knoten K_1 setzt sich der Emitterstrom I_E aus den beiden Teilströmen I_{E1} und I_{E2} zusammen. Da I_E konstant ist, müssen sich I_{E1} und I_{E2} immer gegenläufig ändern:

$$\Delta I_{E1} = -\Delta I_{E2}$$

Da $I_{E1/2} \approx I_{C1/2}$, gilt für die Ausgangsspannungen:

$$\Delta U_{a1} \approx -\Delta I_{E1} \cdot R_C \text{ und}$$

$$\Delta U_{a2} \approx -\Delta I_{E2} \cdot R_C = \Delta I_{E1} \cdot R_C$$

und damit: $\Delta U_{a1} \approx -\Delta U_{a2}$.

Wie die Ströme, so ändern sich auch die Ausgangsspannungen symmetrisch.

Wir wollen nun die Eingangsspannungen U_{e1} und U_{e2} gleichmäßig auf eine Spannung U_e, die von Null verschieden ist, erhöhen. Da der Spannungsabfall über die BE-Dioden der beiden Transistoren unverändert gleich der Knickspannung bleibt, erhöht sich mit U_e auch die Spannung über der Stromquelle:

$$U_E = U_e - U_{BE}$$

Aufgrund der Konstantstromquelle und der Symmetrie der beiden Transistoren bleiben I_E sowie $I_{E1} = I_{E2} = I_E/2$ unverändert. Damit bleiben aber auch die Kollektorströme I_{C1} und I_{C2} und letztendlich auch die Ausgangsspannungen $U_{a1} = U_{a2} = U_{B+} - I_C \cdot R_C$ unverändert. Für die Gleichtaktverstärkung gilt demnach:

$$A_{Gl} = 0.\ ^{4}$$

Was passiert aber, wenn U_{E1} und U_{E2} verschieden sind? Der Einfachheit halber wollen wir annehmen, dass die Spannungsänderungen $\Delta U_{e1} = -\Delta U_{e2}$ klein sind, sodass wir die Transistorkennlinien als linear betrachten können und damit auch $\Delta I_{C1} = -\Delta I_{C2}$ ist, da I_E aufgrund der Stromquelle weiterhin konstant bleibt.

Für eine einfache Transistorschaltung kann man zeigen, dass die Spannungsverstärkung

$$A = \frac{dU_a}{dU_e} = \frac{U_B - U_a}{U_T}$$

von der aktuellen Ausgangsspannung U_a im Arbeitspunkt und einer Transistor-abhängigen Temperaturspannung U_T abhängt, wobei U_a im Volt-Bereich und U_T im Millivolt-Bereich liegen[5]. Da wir oben annahmen, dass $\Delta U_{e1} = -\Delta U_{e2}$, gilt für die Differenzspannung ΔU_D und nach obiger Formel für die Differenzspannungsverstärkung A_D:

$$\Delta U_D = 2 \cdot \Delta U_{e1}$$

$$A_D = \frac{dU_{a1/2}}{dU_D} = \frac{1}{2} \cdot \frac{U_{B+} - U_{a1/2, AP}}{U_T}$$

Bei typischen Transistoren und Widerständen liegt A_D im Bereich von etwa 100. Damit ist die Differenzverstärkung A_D wesentlich größer als die Gleichtaktverstärkung A_{Gl}. Durch Hintereinanderschalten mehrerer solcher Differenzverstärker lassen sich diese Faktoren weiter erhöhen, was schlussendlich zu den im Folgenden beschriebenen Operationsverstärkern führt, die eine große Rolle in der A/D-Schnittstelle eingebetteter Systeme spielen.

1.4   Operationsverstärker

Der Operationsverstärker, im Folgenden mit OV abgekürzt, ist ein Differenzverstärker mit theoretisch unendlicher Verstärkung. Er erhielt seinen Namen aus seinem ursprünglichen Einsatzgebiet, der Ausführung von Rechenoperationen in Analogrechnern. Der OV bildet die Grundlage von Operationen wie Addition, Subtraktion und Integration. Im Wesentlichen wurde er zur "experimentellen" Lösung von Differentialgleichungen eingesetzt. Heute ist er beispielsweise Kernstück von A/D-Wandlern (vgl. Abschnitt 3.1.2).

1.4.1   Eigenschaften

Der OV ist ein mehrstufig aufgebauter Differenzverstärker mit zwei Eingängen (Abb. 1-35), die mit "+" und "-" bezeichnet werden. Signale am Pluseingang werden nicht invertiert und mit dem Faktor $+A$ verstärkt. Dagegen werden die Signale am Minuseingang invertiert (Verstärkung $-A$). Die Bezeichnungen "+" und "-" der Eingänge bezeichnen damit das Vorzeichen der Verstärkung und nicht die Polarität der anliegenden Spannungen.

---

4   Da in der Praxis keine ideale Stromquelle realisierbar ist, ist die Gleichtaktverstärkung abhängig vom Innenwiderstand r_i der angenäherten Stromquelle ($A_{Gl} = -0{,}5 \cdot R_C/r_i$). Die Gleichtaktverstärkung erhöht sich auf etwa 1, wenn die Stromquelle durch einen einfachen Widerstand der gleichen Größe wie R_C ersetzt wird, und auf etwa 10^{-4} für eine hier nicht näher erläuterte einfache Transistorschaltung.

5   Aus Platzgründen müssen wir auf die Herleitung der Formel verzichten.

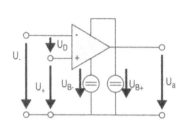 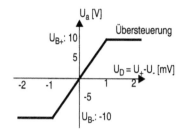

Abb. 1-35:   Anschlüsse und Kennlinie eines OV

Verstärkt wird die Differenz der Eingangsspannungen $U_D = U_+ - U_-$. Eine minimale Differenz zwischen diesen beiden Spannungen bewirkt bereits eine maximale Ausgangsspannung $U_a = \pm U_B$. Abb. 1-35 zeigt die typische Kennlinie eines OV.

Für die Analyse von Schaltungen mit OV kann man mit einer unendlichen Verstärkung A rechnen, die in der Praxis im Bereich von *10.000* bis mehreren *100.000* liegt. Die Gleichtaktverstärkung ist etwa um den Faktot *10^6* kleiner und damit vernachlässigbar.

$$U_a = V_0 \cdot (U_+ - U_-)$$

Auch der Eingangswiderstand kann als unendlich groß betrachtet werden. Er liegt typischerweise im Bereich von *1 MΩ* bis *10^6 MΩ*. Dadurch werden die Eingangsströme vernachlässigbar (typ. *0,1 μA*) und die Ansteuerung des OV erfolgt praktisch leistungslos. Frequenzen bis etwa *10 kHz* werden linear, d.h. verzerrungsfrei verstärkt. Folgende Tabelle fast die wichtigsten Größen eines OV zusammen.

	ideal	typisch
Verstärkung A	∞	10^4 bis 10^6
Eingangswiderstand	∞	$> 10^6 \, \Omega$
Ausgangswiderstand	0	$< 10 \, \Omega$
Grenzfrequenz	∞	> 10 kHz

In der Praxis werden OV meist auf eine dieser Größen optimiert und die übrigen Größen vernachlässigt.

Schwellwertschalter, Vergleicher

Die einfachste Beschaltung eines OV ist die eines Schwellwertschalters bzw. Vergleichers. Mit Hilfe eines Spannungsteilers wird eine Vergleichsspannung U_{ref} am Minuseingang angelegt (Abb. 1-36). Durch den hohen Eingangswiderstand wird der Spannungsteiler nicht belastet, sodass sich die Referenzspannung direkt aus dem Verhältnis der zwei Widerstände ergibt.

Ist nun die eigentliche Eingangsspannung U_e größer als die Referenzspannung U_{ref}, so ist die Differenz $U_D = U_+ - U_-$ positiv und der Ausgang des OV durch die große Verstärkung sofort im Bereich der Übersteuerung ($U_a = min \{U_{B+}, A \cdot (U_e - U_{ref})\} = U_{B+}$). Abb. 1-36 zeigt eine solche Vergleicherschaltung für $U_B = 10 \, V$, eine Referenzspannung $U_{ref} = 1 \, V$ und ein etwa sinusförmiges Eingangssignal u_e. Sobald das Eingangssignal größer als *1 V* ist, liegt am Ausgang $U_a = 10 \, V$ an. Fällt U_e unter die Referenzspannung $U_{ref} = 1 \, V$, springt die Ausgangsspannung nach $U_{B-} = -10 \, V$.

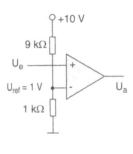
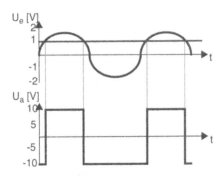

Abb. 1-36:   Vergleicherschaltung

1.4.2   Rückkopplung

Die Wirkungsweise des OV wird in der Regel durch seine äußere Beschaltung bestimmt. Im vorangegangenen Beispiel wurde eine einfache Vergleicherschaltung realisiert. Durch den hohen Verstärkungsfaktor sprang der Ausgang des OV zwischen den beiden Übersteuerungsbereichen hin und her.

In der Regel wird der Ausgang des OV auf den Eingang zurückgeführt. Wir sprechen hierbei von einer *Rückkopplung* (Abb. 1-37). Erfolgt die Rückführung gleichphasig, spricht man von *Mitkopplung*, was das System meist übersteuern bzw. instabil werden lässt. Durch eine gegenphasige Rückkopplung, auch *Gegenkopplung* genannt, regelt sich der OV jedoch auf folgendes Gleichgewicht ein.

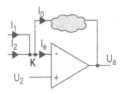

Abb. 1-37:   Rückgekoppelter OV

- Eingangswiderstand = ∞: $I_e = 0$
    $\Rightarrow$ (Knoten K) $I_0 = I_1 + I_2$
    $\Rightarrow I_0$ „kompensiert" Eingangsströme

- Verstärkung = ∞: U_K regelt sich auf U_2 ein
    $\Rightarrow U_K = U_2$.

Dass sich U_K auf U_2 einregelt, kann man sich so vorstellen:
Wäre $U_K < U_2$, dann würde der OV aufgrund der großen Verstärkung übersteuern: $U_a \rightarrow + U_B$. Durch die teilweise Rückkopplung von U_a steigt dann aber auch U_K und zwar so lange, bis $U_K = U_2$. Die gleiche Überlegung gilt für $U_K > U_2$.

Mit Hilfe einer solchen Rückkopplung lassen sich invertierende und nicht invertierende Verstärker sowie komplexere Rechenoperatoren realisieren. Bevor wir diese vorstellen, soll ein einfaches Beispiel der Mitkopplung vorgestellt werden. Es handelt sich hierbei um eine Variante des Vergleichers.

Vergleicher mit Hysterese (Schmitt-Trigger)

In Abb. 1-38 wird ein Widerstand R_2 in den Rückkopplungszweig gesetzt. Dieser bewirkt, dass ein Teil der Ausgangsspannung zurück zum Eingang des OV gelangt (diesmal jedoch auf den Pluseingang).

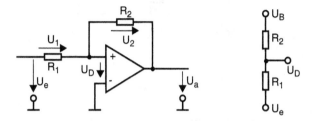

Abb. 1-38:   Über R_2 rückgekoppelter OV. Rechts: Modell der Mitkopplung.

Ist die Differenzspannung U_D am Eingang des OV positiv, da die Eingangsspannung U_e positiv ist, springt der Ausgang schnell in den Übersteuerungsbereich, sodass $U_a = U_{B+}$. Am positiven Eingang des OV liegt jetzt praktisch ein Spannungsteiler, der die Spannung $U_{B+} - U_e$ im Verhältnis der Widerstände R_1 und R_2 aufteilt (vgl. rechte Seite von Abb. 1-38):

$$U_D = U_e + (U_B - U_e) \cdot \frac{R_2}{R_1 + R_2} \tag{1-36}$$

Der Ausgang des OV springt nach U_{B-}, wenn $U_D < 0\ V$. Hierfür muss U_e kleiner als $-U_B \cdot R_2/R_1$ sein:

$$0 > U_e \cdot \left(1 - \frac{R_2}{R_1 + R_2}\right) + U_B \cdot \frac{R_2}{R_1 + R_2} = U_e \cdot \frac{R_1}{R_1 + R_2} + U_B \cdot \frac{R_2}{R_1 + R_2}$$

$$\Rightarrow U_e < -U_B \cdot \frac{R_2}{R_1} \tag{1-37}$$

Umgekehrt springt U_a erst dann wieder von U_{B-} nach U_{B+}, wenn U_e größer als $U_B \cdot R_2/R_1$ geworden ist. Wir haben hier also einen Schwellwertschalter mit einer Hysterese von $2 \cdot U_B \cdot R_2/R_1$ vorliegen. Ein solches Bauteil nennt man Schmitt-Trigger.

1.4.3   Verstärkerschaltungen

Funktionsweise von Verstärkerschaltungen

In Abschnitt 1.3.1 betrachteten wir die Grundlagen von Verstärkern, zum einen eine einfache Transistorschaltung und zum anderen den Differenzverstärker. Die in der Praxis eingesetzten Verstärkerschaltungen beruhen auf einem gegengekoppelten OV. Die Ausgangsspannung U_a wird in diesem Fall auf den Minuseingang zurückgeführt. Dies führt dazu, dass sich die Differenzspannung U_D auf Null einregelt (s.o.). Je nach externer Beschaltung lassen sich mithilfe eines OV invertierende und nicht-invertierende Verstärker realisieren.

Invertierender Verstärker

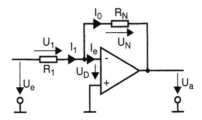

Abb. 1-39:   Invertierender Verstärker

Die Grundschaltung des invertierenden Verstärkers ist in Abb. 1-39 dargestellt. Nehmen wir an, dass $U_a = 0\ V$. Beim Anlegen einer konstanten Eingangsspannung U_e springt U_D kurzzeitig auf den Wert:

$$U_D = -U_N = -\frac{R_N}{R_N + R_1} \cdot U_e \qquad (1\text{-}38)$$

Wegen der hohen Verstärkung springt nun der Ausgang U_a auf einen negativen Wert, was wieder auf den OV-Eingang zurückgeführt wird. Die Ausgangsspannung wirkt über die Gegenkopplung solange der positiven Eingangsspannung entgegen, bis U_D etwa $0\ V$ wird.

Bei einem unendlich hohem Eingangswiderstand des OV und $U_D = 0V$ gilt:

$$I_1 - I_0 = \frac{U_e}{R_1} + \frac{U_a}{R_N} = 0 \qquad (1\text{-}39)$$

Verstärkung A. Durch Umstellen der Gleichung 1-39 ergibt sich folgende Spannungsverstärkung

$$A = -\frac{U_a}{U_e} = -\frac{R_N}{R_1} \cdot \qquad (1\text{-}40)$$

Eingangswiderstand R_e. Da der Minuseingang des OV wegen $U_D \approx 0$ praktisch auf Massepotential liegt, ist der Eingangswiderstand des Verstärkers:

$$R_e = \frac{U_e}{I_e} = R_1 \qquad (1\text{-}41)$$

Ausgangswiderstand R_a. Die Ausgangsspannung U_a hängt nicht von Beschaltung des Ausgangs ab, da der OV (nahezu) unabhängig von der Ausgangslast für $U_D = 0$ sorgt. Deshalb gilt für einen idealen OV:

$$r_a = \frac{dU_a}{dI_a} = 0 \qquad (1\text{-}42)$$

Elektrometerverstärker (nicht-invertierender Verstärker)

Ein Nachteil des invertierenden Verstärkers ist sein niedriger Eingangswiderstand. Damit belastet er den Ausgang einer vorangegangenen Schaltung und ist insbesondere ungeeignet, um als Messverstärker für Spannungsmessungen eingesetzt zu werden. Um Spannungen verlustfrei messen zu können, wird deshalb ein nicht-invertierender Elektrometerverstärker eingesetzt (Abb. 1-40).

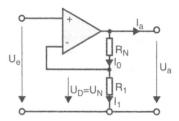

Abb. 1-40:   Nicht-invertierender (Elektrometer-) Verstärker

Verstärkung A. Wie beim invertierenden Verstärker bewirkt auch hier die Gegenkopplung des Operationsverstärkers, dass gilt:

$$U_N \approx U_e = U_P$$

Damit gilt für die Spannungsverstärkung nach der Spannungsteilerregel:

$$A = \frac{U_a}{U_e} \approx \frac{U_a}{U_N} = \frac{R_1 + R_N}{R_1} = 1 + \frac{R_N}{R_1} \tag{1-43}$$

Wie beim invertierenden Verstärker lässt sich auch hier die Spannungsverstärkung durch die Widerstände R_1 und R_N einstellen.

Eingangswiderstand R_e. Anhand von Abb. 1-40 lässt sich sehr leicht erkennen, dass der Eingangswiderstand des nicht-invertierenden Verstärkers den sehr hohen Eingangswiderstand eines Operationsverstärkers besitzt:

$$r_e \Rightarrow \infty \tag{1-44}$$

Ausgangswiderstand R_a. Hinsichtlich des Ausgangswiderstands ändert sich beim nicht-invertierenden Verstärker nichts. Die Ausgangsspannung U_a hängt auch hier nicht von Beschaltung des Ausgangs ab, da der OV (nahezu) unabhängig von der Ausgangslast für $U_D = 0$ sorgt.

$$r_a = \frac{dU_a}{dI_a} = 0 \tag{1-45}$$

Im Vergleich zum invertierenden Verstärker wird beim nicht-invertierenden Verstärker der Ausgang des Operationsverstärkers innerhalb der Verstärkerschaltung durch den Spannungsteiler stärker belastet.

Durch die beiden Eigenschaften, dass der nicht-invertierende Verstärker einen praktisch unendlich großen Eingangswiderstand besitzt und ihm ein sehr großer Ausgangsstrom entnommen werden kann ($r_a = 0$), wird dieser Verstärker überall dort eingesetzt, wo eine Quelle nicht belastet werden soll, aber ggf. zur Weiterverarbeitung des Eingangssignals viel Strom benötigt wird. Die Schaltung kann deshalb auch als Impedanzwandler (Trennverstärker) eingesetzt werden. Hierbei wird häufig ein Verstärkungsfaktor $A = 1$ eingestellt, um lediglich den Eingang vom Ausgang zu trennen.

1.4.4   Funktionsglieder

Im Folgenden werden drei Schaltungsvarianten des OV vorgestellt: *Analog-Summierer, -Subtrahierer* und *-Integrierer*. Alle drei Schaltungen waren wesentliche Rechenglieder der Analogrechner, werden aber auch heute noch in Analog-Digital-Wandlern verwendet, weshalb wir sie hier näher ansehen wollen.

Analog-Addierer

Der typische Aufbau eines Analog-Addierers bzw. Summierers ist in Abb. 1-41 dargestellt. Im Knoten K (Minuseingang des OV) werden die Eingangsströme I_1, I_2, ... der Eingänge E_1, E_2, ... aufsummiert, was der Schaltung ihren Namen gibt.

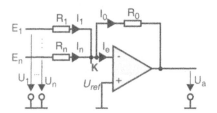

Abb. 1-41:   Schaltung eines Analog-Addierers bzw. Summierers

Aufgrund des sehr hohen Eingangswiderstands des OV kann dessen Eingangsstrom I_e zu Null angenommen werden. Damit gilt für den Knoten K:

$$I_0 = I_1 + I_2 + ... + I_n$$

Desweiteren können wir wieder die Differenzspannung am OV-Eingang zu Null annehmen, sodass gilt: $U_K = U_{ref} = 0V$. Mit Hilfe des Ohmschen Gesetzes lässt sich obige Knotenpunktgleichung umformen:

$$I_0 = -\frac{U_a}{R_0} = \frac{U_1}{R_1} + \frac{U_2}{R_2} + ... + \frac{U_n}{R_n}$$

Löst man diese Gleichung nach U_a auf, erhält man die Ausgangsspannung als gewichtete Summe der Eingangsspannungen:

$$U_a = -\left(\frac{R_0}{R_1}U_1 + \frac{R_0}{R_2}U_2 + ... + \frac{R_0}{R_n}U_n\right)$$

Für den Fall, dass alle Eingangswiderstände gleich R_0 sind, kürzen sich die Gewichte zu Eins und es gilt:

$$U_a = -(U_1 + U_2 + ... + U_n) = \sum_{i=1}^{n} U_i .$$ (1-46)

Analog-Subtrahierer

Für die analoge Subtraktion wird die Grundfunktion des OV, die Differenzverstärkung genutzt. Die Beschaltung des OV ist in Abb. 1-42 dargestellt. Dass diese Schaltung tatsächlich die Differenz der beiden Eingänge E_1 und E_2 berechnet, soll nun schrittweise hergeleitet werden.

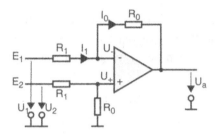

Abb. 1-42:   Schaltung des Analog-Subtrahierers.

Aufgrund des hohen Eingangswiderstands des OV können wir wieder I_+ zu Null annehmen, wodurch nach der Spannungsteilerformel gilt:

$$U_+ = k \cdot U_2 \text{ mit } k = \frac{R_0}{R_0 + R_1} .$$

Durch die Rückkopplung regelt der OV die Differenzspannung auf Null:

$$U_- = U_+ = k \cdot U_2 .$$

Die Spannung über dem Eingangswiderstand R_1 berechnet sich dann zu

$$U_{R1} = U_1 - U_- = U_1 - k \cdot U_2 .$$ (1-47)

Da auch der Eingangsstrom des Minuseingangs $I_- = 0$ angenommen werden kann, ist I_0 gleich I_1

$$I_0 = I_1 = \frac{U_{R1}}{R_1} = \frac{U_1 - k \cdot U_2}{R_1}$$

und $U_{R0} = I_0 \cdot R_0$.

Zusammenfassend berechnet sich die Ausgangsspannung U_a:

$$U_a = U_- - U_{R0} = k \cdot U_2 - I_0 \cdot R_0 = k \cdot U_2 - \frac{U_1 - k \cdot U_2}{R_1} \cdot R_0$$

Durch Umformung dieser Gleichung und anschließendes Einsetzen von k ergibt sich abschließend

$$U_a = -\frac{R_0}{R_1} \cdot U_1 + k \cdot U_2 \cdot \left(1 + \frac{R_0}{R_1}\right)$$

$$= -\frac{R_0}{R_1} \cdot U_1 + \frac{R_0}{R_0 + R_1} \cdot U_2 \cdot \left(\frac{R_0 + R_1}{R_1}\right)$$

d.h.

$$U_a = -\frac{R_0}{R_1} \cdot (U_1 - U_2) . \tag{1-48}$$

Die Ausgangsspannung U_a ist die gewichtete Differenz der Eingangsspannungen U_1 - U_2.

Wird keine Verstärkung für die Ausgangsspannung benötigt, wählt man alle Widerstände gleich groß. Dadurch ergibt sich ein Gewichtungsfaktor von Eins und die Gleichung vereinfacht sich zu:

$$U_a = U_2 - U_1 . \tag{1-49}$$

Integrierer

Die letzte Beispielschaltung soll der Integrierer sein. Einerseits zeigt diese Schaltung (Abb. 1-43), wie elegant einige aufwendige Rechenoperationen als Analogschaltungen realisiert werden können. Zum anderen ist der Integrierer neben dem Summierer die am häufigsten verwendtete OV-Schaltung für Analog-Digital-Wandler.

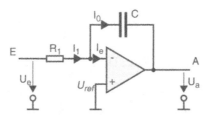

Abb. 1-43:   Schaltung eines einfachen Integrierers.

Der Integrierer unterscheidet sich von einem einfachen invertierenden Verstärker nur dadurch, dass der Widerstand im Rückkopplungszweig durch einen Kondensator C ersetzt wird. Dieser Kondensator lädt sich mit dem Eingangsstrom $I_1 = I_0$ auf. Da dieser Eingangsstrom proportional zur Eingangsspannung und die Ausgangsspannung proportional zur Ladung auf dem Kondensator sind, ist die Ausgangsspannung proportional zum Integral über die Eingangsspannung. Diesen Zusammenhang wollen wir nun herleiten.

Wie in den obigen Schaltungen auch, nehmen wir wieder $I_e = 0$ und $U_- = 0$ an, sodass

$$I_1 = I_0 = \frac{U_e}{R_1} . \tag{1-50}$$

Wir wollen nun zunächst weiterhin annehmen, dass die Eingangsspannung U_e konstant sei. Damit ergibt sich für die Ladung auf dem Kondensator

$$\Delta Q = I_0 \cdot \Delta t = I_1 \cdot \Delta t$$

und für die Spannung über dem Kondensator:

$$\Delta U_C = \frac{\Delta Q}{C} = \frac{I_1}{C} \cdot \Delta t = \frac{U_e}{R_1 \cdot C} \cdot \Delta t.$$

Mit der Annahme, dass $U_- = U_{ref}$, berechnet sich die Ausgangsspannung zu

$$\Delta U_a = -\Delta U_C = -\frac{U_e}{R_1 \cdot C} \cdot \Delta t.$$

Die gleiche Herleitung kann für eine variable Eingangsspannung herangezogen werden:

$$dU_a = -\frac{u_e(t)}{R_1 \cdot C} \cdot dt$$

und

$$U_a = -\frac{1}{R_1 \cdot C} \cdot \int u_e(t)dt + U_{a0}. \tag{1-51}$$

Wie wir sehen, ist die Ausgangsspannung proportional zum Integral über die Eingangsspannung.

2 Grundlagen dynamischer Systeme

Alle zu steuernden bzw. zu regelnden technischen Systeme fallen in die Klasse der *dynamischen Systeme*. Bevor wir das steuernde eingebettete System entwickeln können (vgl. Teil 2 dieses Buches), müssen wir das Verhalten dynamischer Systeme verstehen und beschreiben können. Dies ist eine Aufgabe der *Systemtheorie*, in die hier so weit wie notwendig eingeführt werden soll.

System

Unter dem Begriff eines *Systems* soll hier ein mathematisches Modell des betrachteten technischen Systems verstanden werden. Dieses Modell soll das Übertragungsverhalten, d.h. die Abbildung der Eingangssignale auf die Ausgangssignale beschreiben. Das technische System wird damit durch eine *Transformation* beschrieben bzw. idealisiert.

Der Systembegriff ist ganz bewusst universell gehalten und deckt damit die ganze Breite eingebetteter bzw. technischer Systeme ab. Dies können sein:

- Übertragungsverhalten eines Rechnernetzes
- Änderung der Temperatur einer Flüssigkeit in einem Heiztank
- Verhalten eines KFZ auf einen Wechsel des Fahrbahnbelags
- Reaktion eines Roboters auf Annäherung einer Person.

Da sich die Systemtheorie mit der Transformation von Eingangssignalen in Ausgangssignale befasst, sind hierbei im Wesentlichen die Signale und das Übertragungsverhalten des Systems zu betrachten (Abb. 2-1).

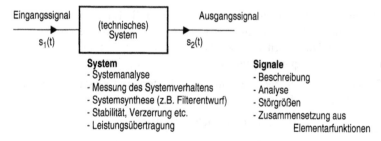

Abb. 2-1:   Aufgabe der Systemmodellierung

Bei den Eingangs- und Ausgangssignalen ist für uns deren *mathematische Beschreibung* interessant. Hierzu wollen wir sie in Abschnitt 2.1 klassifizieren. Im Abschnitt 2.3 betrachten wir dann, wie komplexe Signalformen aus Elementarfunktionen zusammengesetzt werden. Dies führt uns zur Fouriertransformation. Im Kapitel 3, das sich mit der Sensorik auseinander setzt, kommen wir auf Störgrößen bei Signalen zurück.

Bei technischen Systemen bzw. Übertragungssystemen stehen dagegen die *Analyse* und die *Synthese* der Systeme im Vordergrund. In Abschnitt 2.2 werden wir anhand einer wichtigen Teilklasse dynamischer Systeme, den *linearen und zeitinvarianten Systemen*, kennen lernen, wie wir das Systemverhalten mit dem *Faltungsintegral* modellieren können. Da diese Modelle im Zeitbereich in der Regel schon bei einfachen Systemen zu komplex werden, werden sie in der Systemtheorie meist im Frequenzbereich betrachtet. Dies führt uns zur Laplace-Transformation in Abschnitt 2.3.2. Die angesprochene Faltung stellt zusammen mit den Fourier- und Laplace-Transformationen die wichtigsten formalen Grundlagen zur Modellierung dynamischer Systeme dar.

Selbstverständlich kann das mathematische Modell eines technischen Systems beliebig komplex werden. Während der Aufladevorgang eines Kondensators beim Einschalten einer Eingangsspannung durch eine Differentialgleichung erster Ordung noch einfach zu beschreiben und analytisch lösbar ist, sind die oben genannten Systeme nur noch näherungsweise zu beschreiben und zu lösen.

2.1   Signale

Die Komponenten aller uns im Rahmen dieses Buchs interessierenden eingebetteten Systeme tauschen Signale aus. Diese können *analog* oder - wie bei der Rechnerkommunikation vorherrschend - *digital* sein. In diesem Abschnitt werden wir uns die Grundlagen der Signaltheorie und der Übertragungssysteme betrachten. Wir werden dabei die Theorie nur soweit behandeln, wie dies für ein allgemeines Verständnis und für die folgenden Abschnitte notwendig ist. Zur vertieften Betrachtung dieser wichtigen Themen sei auf die Grundlagenliteratur der Nachrichtentechnik, z. B. [HeL94, Pau95, StR82], verwiesen.

Die Kommunikationsstrukturen innerhalb eingebetteter Systeme dienen der Übertragung von Signalen. Während man im täglichen Leben unter dem Begriff *Signal* ganz allgemein einen Vorgang zur Erregung der Aufmerksamkeit (z. B. Lichtzeichen, Pfiff und Wink) versteht, wollen wir hier eine etwas eingeschränktere, präzisere Definition aus der Informationstechnik verwenden:

Definition. Unter einem *Signal* versteht man die Darstellung einer Information durch eine zeitveränderliche physikalische, insbesondere elektrische Größe, z. B. Strom, Spannung, Feldstärke. Die Information wird durch einen Parameter dieser Größe kodiert, z. B. Amplitude, Phase, Frequenz, Impulsdauer.

Signale lassen sich nach verschiedenen Kriterien in verschiedene Klassen einteilen. Mögliche Kriterien sind:

        a) stochastisch ↔ deterministisch,

        b) Signaldauer,

        c) kontinuierlich ↔ diskret,

        d) Energieverbrauch und Leistungsaufnahme.

Unter *stochastischen Signalen* versteht man alle nichtperiodischen, schwankenden Signale, wie sie typischerweise im täglichen Leben vorkommen. In diese Klasse fallen alle praxisrelevanten Signale, u. a. Video-, Sprach- und Nachrichtensignale. Dagegen fallen in die Klasse der *deterministischen Signale* all die Signale, deren Verlauf durch eine Formel, eine Tabelle oder einen Algorithmus eindeutig beschrieben werden können. Obwohl diese Signalklasse in der Praxis der Kommunikation nur eine untergeordnete Rolle spielt, ist sie zur Beschreibung von Kommunikationssystemen und für die Nachrichtentheorie von großer Wichtigkeit. Deterministische Signale untergliedern sich noch einmal in *transiente* oder *aperiodische Signale* von endlicher Dauer, deren Verlauf über den gesamten Zeitbereich darstellbar ist (z. B. Einschaltvorgang) und in *periodische Signale* von theoretisch unendlicher Dauer (z. B. Sinus- und Taktsignal).

Zeitfunktion und Amplitudenspektralfunktion

Ein deterministisches Signal wird vollständig durch seine Zeitfunktion $s(t)$ oder seine Amplitudenspektralfunktion $S(\omega)$ - kurz Amplitudenspektrum - im Frequenzbereich beschrieben. Beide Darstellungen sind mathematisch gleichwertig. Der Übergang zwischen Zeit- und Frequenzbereich erfolgt durch eine Transformation, z. B.

- (diskrete) Fouriertransformation oder
- Z- und Laplace-Transformation.

Diese werden am Ende dieses Kapitels noch näher erläutert.

2.1.1 Kontinuierliche und diskrete Signale

Wesentlich für die Nachrichtentechnik ist die Unterscheidung der Signale in *kontinuierliche* und in *diskrete* Signale. Die beiden Attribute „kontinuierlich" und „diskret" betreffen sowohl den Zeitverlauf als auch den Wertebereich des Signals:

- *zeitkontinuierlich*: der Signalwert ist für jeden Zeitpunkt eines (kontinuierlichen) Zeitintervalls definiert
- *zeitdiskret*: der Signalwert ist nur für diskrete, meist äquidistante Zeitpunkte definiert
- *wertkontinuierlich*: der Wertebereich des Signals umfasst alle Punkte eines Intervalls
- *wertdiskret*: der Wertebereich des Signals enthält nur diskrete Funktionswerte.

Da die Klassifizierung des Zeit- und des Wertebereichs unabhängig voneinander sind, gibt es insgesamt vier Kombinationsmöglichkeiten bzw. Signalklassen:

- *Zeit- und wertkontinuierlich*.
  Man spricht hierbei von einem *analogen* Signal.

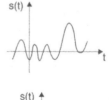

- *Zeitdiskret und wertkontinuierlich*.
  Man spricht hierbei von einem *Abtastsignal*.
  (Das Signal wird durch die Punkte, nicht durch die gestrichelte Linie beschrieben)

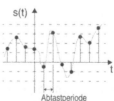

- *Zeitkontinuierlich und wertdiskret.*
  Man spricht hierbei von einem amplitudenquantisierten
  Signal.

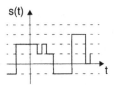

- *Zeitdiskret und wertdiskret.*
  Man spricht hierbei von einem *digitalen* Signal.
  (Das Signal wird durch die Punkte, nicht durch die gestrichelte
  Linie beschrieben)

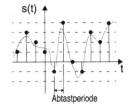

Abhängig von der Größe M der Wertemenge eines digitalen Signals unterscheiden wir in

- $M = 2$:   binäres Signal
- $M = 3$:   ternäres Signal
- $M = 4$:   quaternäres Signal
- $M = 8$:   okternäres Signal.

Bei der Signalübertragung ist es häufig notwendig, Signale aus einer der vier Klassen in Signale einer anderen Klasse umzuformen. Soll beispielsweise ein analoges Sprachsignal über einen Digitalkanal übertragen werden, muss das Analogsignal in ein Digitalsignal transformiert werden. Man spricht hierbei von einer Analog/Digital- bzw. *A/D-Wandlung.* Umgekehrt muss ein digitales Datensignal in ein Analogsignal gewandelt werden, bevor es über das analoge Telefonnetz übertragen werden kann. In diesem Fall spricht man von Digital/Analog- bzw. *D/A-Wandlung.* Tabelle 2-9 benennt die unterschiedlichen Transformationsarten. Bei den schwarz hinterlegten Feldern gibt es keinen eigenen Begriff, da diese Transformationen in der Praxis nicht vorkommen.

Tab. 2-1:   Signaltransformationen

		Ergebnissignal			
		zeitkontinuierlich wertkontinuierlich	zeitdiskret wertkontinuierlich	zeitkontinuierlich wertdiskret	zeitdiskret wertdiskret
Ausgangssignal	zeitkontinuierlich wertkontinuierlich		Abtastung	Quantisierung	A/D-Wandlung
	zeitdiskret wertkontinuierlich	Interpolation			Quantisierung
	zeitkontinuierlich wertdiskret	Glättung			Abtastung
	zeitdiskret wertdiskret	D/A-Wandlung	Quantisierung	Interpolation	

Aufgrund der physikalischen Eigenschaften lassen sich über reale Übertragungsmedien nur zeitkontinuierliche Signale übertragen. Zieht man weiterhin in Betracht, dass die realen Übertragungskanäle auch eine Tiefpasswirkung zeigen, so ist ein übertragenes Signal auch immer wertkontinuierlich. Aus diesen Überlegungen heraus folgt, dass ein *physisch übertragenes Signal immer ein Analogsignal* ist. Wir können daher die Probleme der analogen Signalübertragung auch bei der digitalen Datenübertragung nicht ganz außer Acht lassen. Wir werden uns deshalb im Weiteren auch noch etwas näher mit analogen Übertragungssystemen beschäftigen (müssen). Umgekehrt verarbeiten eingebettete Systeme heute in der Regel digitale Signale, sodass Analogsignale vor ihrer Verarbeitung digitalisiert werden müssen.

2.1.2   Energie- und Leistungssignale

Jede physikalische Übertragung von Information bzw. Signalen benötigt Energie bzw. Leistung. Daher ist für die Datenübertragung neben der Einteilung von Signalen in zeit-/wertkontinuierliche bzw. -diskrete Signale auch eine Klassifizierung in Energie- und Leistungssignale wichtig.

Zur Berechnung der Energie bzw. der mittleren Leistung bei der Signalübertragung über ein physikalisches Medium soll hier ein ganz einfaches Leitungsmodell verwendet werden, um die Mathematik und Elektrotechnik so einfach wie möglich zu halten. Wir betrachten lediglich, wie sich die elektrische Energie bzw. Leistung an einem ohmschen Widerstand berechnet. Unser einfaches Leitungsmodell sieht dann folgendermaßen aus:

Die in einem Zeitintervall t_1 bis t_2 am Widerstand R geleistete Energie E beträgt

$$E = \int_{t_1}^{t_2} u(t)i(t)dt = \frac{1}{R}\int_{t_1}^{t_2} u^2(t)dt = R\int_{t_1}^{t_2} i^2(t)dt \qquad (2\text{-}1)$$

Die am Widerstand R abgegebene elektrische Energie ist demnach proportional zum Integral über das Quadrat einer Zeitfunktion, in diesem Fall entweder der zeitlich veränderlichen Spannung $u(t)$ bzw. des Stromes $i(t)$.

Entsprechend definiert sich die am Widerstand R abgegebene mittlere Leistung P als

$$P = \frac{1}{2t}\int_{-t}^{t} u(t)i(t)dt = \frac{1}{R}\frac{1}{2t}\int_{-t}^{t} u^2(t)dt = R\frac{1}{2t}\int_{-t}^{t} i^2(t)dt \qquad (2\text{-}2)$$

Mit den beiden Formeln 2-1 und 2-2 lässt sich nun definieren, was ein Energie- bzw. ein Leistungssignal ist. Wir sprechen von einem Energiesignal, wenn die am Widerstand abgegebene Energie über einem unendlichen Zeitintervall endlich ist. Entsprechend ist ein Signal ein Leistungssignal, wenn die mittlere Leistung über dem gesamten Zeitbereich endlich ist.

Energiesignal $$\qquad\qquad 0 < E = \int_{-\infty}^{\infty} s^2(t)dt < \infty \qquad (2\text{-}3)$$

Leistungssignal
$$0 < P = \lim_{t \to \infty} \frac{1}{2t} \int_{-t}^{t} s^2(t)\,dt < \infty \qquad (2\text{-}4)$$

Es ist leicht zu zeigen, dass ein Leistungssignal kein Energiesignal sein kann, da in diesem Fall die im unendlichen Zeitintervall abgegebene Energie unendlich wäre. Umgekehrt gilt auch, dass jedes Energiesignal kein Leistungssignal ist, da dann die mittlere Leistung im unendlichen Zeitintervall Null wird.

Folgende Funktionen stellen einige Beispiele für Energie- und Leistungssignale dar. Prinzipiell gilt, dass Gleichsignale und periodische Signale in die Klasse der Leistungssignale fallen und dass transiente/aperiodische Signale (deterministische Signale endlicher Dauer) zu den Energiesignalen zu rechnen sind.

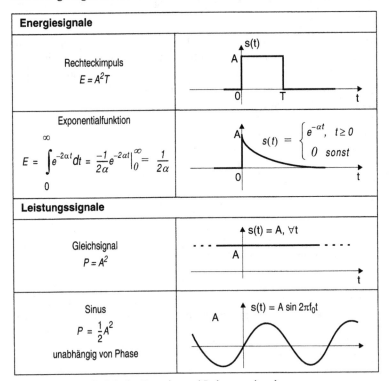

Abb. 2-2:   Beispiele für Energie- und Leistungssignale

Zeitdiskrete Signale, egal ob wertkontinuierlich oder wertdiskret (Letzteres sind die Digitalsignale), sind weder Energie- noch Leistungssignale, da sowohl die im unendlichen Zeitintervall abgegebene Energie als auch die Leistung Null sind. Da die physikalische Signalübertragung jedoch nur durch Energieeinsatz möglich ist, sehen wir, dass Digitalsignale nicht über physikalische Kanäle übertragbar sind.

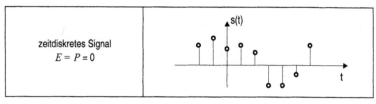

Ein für die Nachrichtentechnik wichtiges Signal endlicher Dauer ist der *Dirac-Impuls* δ(t).
Dieses Signal ist ein Rechteckimpuls beliebig kurzer Zeitspanne 2/τ mit einer Amplitude
von 0,5 τ:

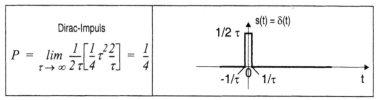

Das Zeitintervall [-1/τ, 1/τ] muss dabei als beliebig klein angesehen werden, d. h. τ → ∞.
Obwohl ein endliches Signal, gehört der Dirac-Impuls in die Klasse der Leistungssignale, da
(per Definition) die mittlere Leistung endlich ist. Wie wir weiter unten (Faltung in Abschnitt
2.2.1) noch sehen werden, ist der Dirac-Impuls wichtig zur Beschreibung und Analyse von
Übertragungssystemen, auch wenn er physikalisch nicht erzeugt werden kann.

2.2   Übertragungssysteme

Die Systemtheorie definiert ein (Übertragungs-) System als ein an der Wirklichkeit orien-
tiertes mathematisches Modell zur Beschreibung des Übertragungsverhaltens einer komplexen Anordnung. Das Modell ist eine mathematisch eindeutige Zuordnung eines Eingangssignals zu einem Ausgangssignal. Die Zuordnung wird meist als Transformation bezeichnet.
Mit dieser Definition haben wir die in Abb. 2-3 dargestellte Struktur.

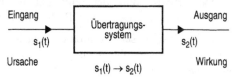

Abb. 2-3:   Übertragungssystem

Es wird nun für ein gegebenes reales System nach dem Zusammenhang zwischen *Systemer-
regung* (Eingangssignal, Ursache), dem *System* selbst und der *Wirkung* (Systemausgangs-
größe) gesucht. Während die Systemtheorie sich ganz allgemein für beliebig komplexe Systeme interessiert, werden wir uns auf passive Signalübertragungsme-dien wie Leitungen
und Funk sowie auf physikalische Systeme einschränken. Diese fallen in die auf Seite 57ff
beschriebene Klasse der linearen, zeitinvarianten Systeme.

Ein typisches Beispiel für ein solches (eingebettetes) System ist das Modell einer Doppeldrahtleitung, wie sie in der Praxis sehr häufig vorkommt. Beispiele im Nachrichtenaustausch wären verdrillte Zweidrahtleitungen (engl.: Twisted Pair) in der Telekommunikation und in lokalen Netzen (LANs). Ein einfaches Modell einer solchen Doppeldrahtleitung ist in Abb. 2-4 dargestellt. Dieses kompakte Modell beschreibt eine Leitung recht genau, solange die Leitung im Vergleich zur Wellenlänge des übertragenen Signals kurz ist.

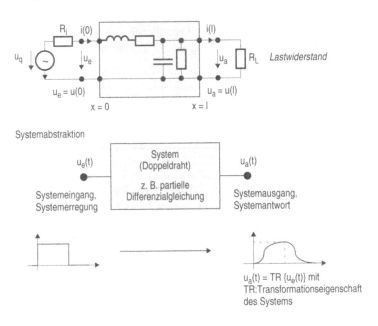

Abb. 2-4:   Physikalisches Modell einer Doppeldrahtleitung

Zur Analyse des Übertragungsverhaltens der Doppeldrahtleitung werden häufig einige Vereinfachungen angenommen. So wird zum Beispiel der Innenwiderstand der Signalquelle R_i mit Null angenommen und der Lastwiderstand R_L, der die Signalsenke modelliert, zu unendlich gesetzt. Als Eingangssignal wird meist ein Sprung oder ein Rechtecksignal verwendet. Je nach Frequenz des Signals und der Ausbildung der Leitung kann eventuell auch auf das eine oder andere Bauteil zur Modellierung der Leitung (z. B. die Spule) verzichtet werden.

Ein großer Vorteil bei der Systemanalyse dieser Zweidrahtleitung ist ihr lineares Übertragungsverhalten, das man auch bei den meisten physikalischen/technischen Systemen findet. Dies bedeutet, dass die Systemantwort auf ein zusammengesetztes Signal die Zusammensetzung der Systemantworten auf die Einzelsignale ist. Damit ist es vielfach möglich, lediglich die Systemeigenschaften für einfache Grundsignale zu studieren, um auch Kenntnisse über das Verhalten bei komplizierteren Signalen zu erlangen. Hierauf soll nun etwas präziser eingegangen werden.

2.2.1 Lineare, zeitinvariante Übertragungssysteme

Alle Systeme bestehend aus linearen, passiven Bauteilen wie Widerständen, Kondensatoren und Spulen (oder auch der Mechanik) sind linear und zeitinvariant. Was dies bedeutet, beschreiben die folgenden beiden Definitionen:

Definition. Ein (Übertragungs-) System heißt *zeitinvariant*, wenn für jeden festen Wert t_0 und jedes Signal $s_1(t)$ gilt:

$$\text{wenn} \quad s_1(t) \quad \rightarrow s_2(t)$$
$$\text{dann} \quad s_1(t+t_0) \quad \rightarrow s_2(t+t_0).$$

Diese Definition sagt im Prinzip nichts anderes aus, als dass sich ein zeitinvariantes Übertragungssystem zu jeder Zeit gleich verhält. Ist die Systemantwort auf ein Erregersignal s_1 zum Zeitpunkt t gleich s_2, dann ist die Systemantwort auf s_1 zu jedem anderen Zeitpunkt $t+t_0$ auch gleich s_2.

Definition. Ein (Übertragungs-) System heißt *linear*, wenn für jede Konstante a und beliebige Signale $u_1(t)$, $v_1(t)$ gilt:

$$\text{wenn} \quad u_1(t) \rightarrow u_2(t) = G\{u_1(t)\}$$
$$\text{und} \quad v_1(t) \rightarrow v_2(t) = G\{v_1(t)\}$$

dann gelten:

$$G\{u_1(t) + v_1(t)\} = G\{u_1(t)\} + G\{v_1(t)\}$$
$$\text{Überlagerungsprinzip}$$

und

$$G\{a \cdot u_1(t)\} = a \cdot G\{u_1(t)\}$$
$$\text{Proportionalitätsprinzip.}$$

Mit dieser Definition wird das oben beschriebene Verhalten ausgedrückt. Besteht ein komplexes Signal $s(t)$ aus der Überlagerung von einfacheren Signalen $s(t) = u_1(t) + v_1(t)$, dann ist die Systemantwort G auf $s(t)$ gleich der Überlagerung der Systemantworten auf die Signale $u_1(t)$ und $v_1(t)$, d. h.

$$G\{s(t)\} = G\{u_1(t)\} + G\{v_1(t)\}.$$

Ähnliches gilt auch für ein Signal $s(t) = a \cdot u_1(t)$.

Diese Eigenschaften linearer, zeitinvarianter Übertragungssysteme wollen wir nun ausnutzen, um die Systemantwort auf ein beliebiges Erregersignal zu berechnen. Hierzu hat die Elektrotechnik gezeigt, dass das Übertragungsverhalten eines *linearen, zeitinvarianten Übertragungssystems* durch seine *Impulsantwort h(t)*, d. h. durch die Systemantwort auf einen Dirac-Impuls $\delta(t)$, vollständig beschrieben ist. Der Zusammenhang zwischen Eingangssignal $s_1(t)$ und Ausgangssignal $s_2(t)$ führt zum so genannten *Faltungsintegral*, das hier kurz und auf anschauliche Weise hergeleitet werden soll.

Herleitung des Faltungsintegrals

Zur Herleitung des Faltungsintegrals betrachten wir zunächst die Systemantwort $g^{(n)}(t)$ auf einen einzelnen *Rechteckimpuls* $r^{(n)}(t)$ mit der Fläche 1 (Abb. 2-5):

$$r^{(n)}(t) = \begin{cases} \dfrac{n}{T}, & 0 \leq t < \dfrac{T}{n} \\[2mm] 0 & sonst \end{cases} \qquad (2\text{-}5)$$

Wie die Definition des Rechteckimpulses $r^{(n)}(t)$ zeigt, wird die Impulsdauer mit steigendem n immer kleiner, wobei die Fläche des Rechtecks konstant bleibt. Für $n \to \infty$ geht demnach der Rechteckimpuls in den *Dirac-Impuls* über.

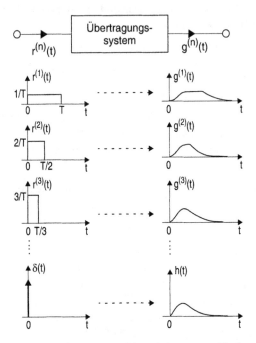

Abb. 2-5:   Systemantwort auf einen Rechteckimpuls konstanter Fläche mit schrinkender Impulsbreite

Wir berechnen nun die Antwort $s_2(t)$ auf ein *allgemeines Eingangssignal* $s_1(t)$. Hierzu approximieren wir das Signal $s_1(t)$ durch Rechteckimpulse, deren Impulsbreiten wir wie oben immer schmaler werden lassen, bis wir vom Rechteck zum Dirac-Impuls kommen.

Nehmen wir an, $s_1(t)$ habe eine Länge (Dauer) von $L \cdot T$. $s_1(t)$ werde durch die Summe von verschobenen, gewichteten Rechteckimpulsen $r^{(n)}(t)$ approximiert. $\tilde{s}_1^{(n)}(t)$ bezeichne die Signalapproximation von $s_1(t)$ (Abb. 2-6).

Rufen wir uns die Formel 2-5 von oben in Erinnerung, so stellen wir fest, dass $r^{(n)}\left(t - k\dfrac{T}{n}\right)$

nur im Intervall $k\dfrac{T}{n} \le t < (k+1)\dfrac{T}{n}$ nicht Null ist. Entsprechend lässt sich nun das Signal $s_1(t)$ durch folgende Summe einzelner Rechtecke approximieren:

$$\tilde{s}_1^{(n)}(t) = \sum_{k=1}^{nL} s_1\left(k\frac{T}{n}\right) \cdot \frac{T}{n} \cdot r^{(n)}\left(t - k\frac{T}{n}\right)$$

Mit der Impulsantwort $g^{(n)}(t)$ auf den Rechteckimpuls $r^{(n)}(t)$ gilt dann für beliebiges n:

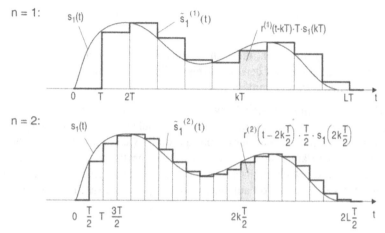

Abb. 2-6: Entwicklung des Faltungsintegrals

$$\tilde{s}_1^{(n)}(t) = \sum_{k=1}^{nL} s_1\left(k\frac{T}{n}\right) \cdot \frac{T}{n} \cdot r^{(n)}\left(t - k\frac{T}{n}\right) \rightarrow$$

$$\tilde{s}_2^{(n)}(t) = \sum_{k=1}^{nL} s_1\left(k\frac{T}{n}\right) \cdot \frac{T}{n} \cdot g^{(n)}\left(t - k\frac{T}{n}\right)$$

Nun lassen wir n beliebig groß werden, d. h. die Impulsbreite der Rechteckimpulse wird beliebig schmal. Für $n \rightarrow \infty$ wird aus dem Rechteckimpuls der Dirac-Impuls. Insbesondere gilt für $n \rightarrow \infty$:

- $$\frac{T}{n} = d\tau; \quad k\frac{T}{n} = \tau$$

- $r^{(n)}(t) \rightarrow \delta(t)$ (Dirac-Impuls)
- $g^{(n)}(t) \rightarrow h(t)$ (Signalantwort auf Dirac-Impuls)

Mit $n \rightarrow \infty$ konvergieren die Signalapproximationen $\tilde{s}_1^{(n)}(t)$ und $\tilde{s}_2^{(n)}(t)$ gegen die Signale $s_1(t)$ und $s_2(t)$, da die Fläche des um τ verschobenen Dirac-Impulses $\delta(t-\tau)$ gleich Eins ist:

$$\lim_{n \rightarrow \infty} \tilde{s}_1^{(n)}(t) = \int_0^{LT} s_1(\tau) \cdot \delta(t - \tau)d\tau = s_1(t) \cdot \int_0^{LT} \delta(t - \tau)d\tau = s_1(t)$$

$$\lim_{n \rightarrow \infty} \tilde{s}_2^{(n)}(t) = \int_0^{LT} s_1(\tau) \cdot h(t - \tau)d\tau = s_2(t).$$

Für nicht zeitbegrenzte Signale gilt dann:

$$s_2(t) = \int_{-\infty}^{\infty} s_1(\tau) \cdot h(t - \tau)d\tau = s_1(t) * h(t) \,. \tag{2-6}$$

Mit Hilfe dieser Integralfunktion, die man *Faltungsintegral* nennt, ist es nun möglich, bei Kenntnis der Systemantwort auf den Dirac-Impuls $\delta(t) \rightarrow h(t)$ auch die Systemantwort $s_2(t)$ auf das Erregersignal $s_1(t)$ zu ermitteln.

Beispiel. Die Bestimmung der Signalantwort auf ein beliebiges Erregersignal soll nun anhand eines Beispiels dargestellt werden. Um das Beispiel einfach und verständlich zu gestalten, wird als Erregersignal ein Rechteckimpuls gewählt, wie er für die digitale Datenübertragung typisch ist. Zur Erläuterung der Faltung wird eine grafische Darstellung gewählt.

Abb. 2-7 zeigt einen Rechteckimpuls der Dauer T_1 als Erregersignal $s_1(t)$ und eine Exponentialfunktion $h(t)$ als Systemantwort auf einen Dirac-Impuls, wie sie für passive Leitungen typisch ist.

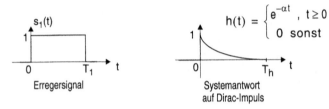

Abb. 2-7:   Erregersignal und Systemantwort auf Dirac-Stoß für ein Beispiel

Zur Berechnung des Faltungsintegrals mit der Integrationsvariablen τ werden die beiden Funktionen $s_1(t)$ und $h(t)$ auf der τ-Achse aufgetragen. Für $t = 0$ ergibt sich $h(-\tau)$. Die Impulsantwort erscheint gespiegelt oder gefaltet (daher auch der Name *Faltung*). Für $t > 0$ wird die zeitinverse Impulsantwort nach rechts verschoben. Für jede Position ist das Integral über das Produkt $s_1(\tau) \cdot h(t-\tau)$ zu bilden (siehe Formel 2-6).

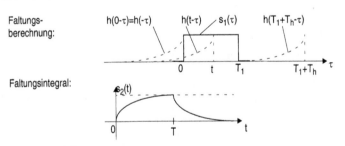

Abb. 2-8:   Faltungsbeispiel.
              Grafische Erläuterung des Faltungsintegrals.

2.3 Fourier- und Laplace-Transformationen

Einfache technische Systeme wie beispielsweise Feder-Masse-Dämpfer-Systeme, elektrische Schwingkreise oder o. g. Doppeldrahtleitung werden durch lineare Differentialgleichungen mit festen Koeffizienten beschrieben:

$$b_n^{(n)} x_a(t) + \ldots + b_1 \dot{x}_a(t) + b_0 x_a(t) = a_0 x_e(t) + a_1 \dot{x}_e(t) + \ldots + a_n^{(m)} x_e(t)$$

Die Lösung solcher Differentialgleichungen ist im Allgemeinen sehr aufwändig. Deshalb greift die Elektrotechnik hier zu einem Trick.

Zur Analyse komplexerer Übertragungssysteme wird eine Transformation aus dem Zeitbereich in den Frequenzbereich durchgeführt. Hierzu werden Transformationen wie zum Beispiel die im Folgenden vorgestellten *Fourier-* und *Laplace*-Transformationen[6] ausgeführt. Mit dem Übergang vom Zeit- in den Frequenzbereich gehen komplexe Operationen der Differentiation und Integration (z. B. die eben beschriebene Faltung) in einfachere algebraische Operationen (z. B. Multiplikation und Division) mit komplexen Variablen über. Aus komplexen Differentialgleichungssystemen werden dann relativ einfach zu lösende lineare Gleichungssysteme. Nach Analyse des Übertragungssystems im Frequenzbereich muss jedoch das Ergebnis wieder in den Zeitbereich zurücktransformiert werden. Auch wenn die beiden Transformationen zu Beginn und am Ende der Systemanalyse einen gewissen Aufwand bedeuten, so ist doch meist die gesamte Systemanalyse im Frequenzbereich einfacher als direkt im Zeitbereich.

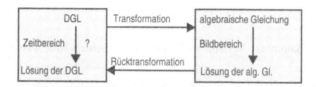

Beispiel. Als einfaches Beispiel für eine solche Transformation soll der Logarithmus dienen. Mit seiner Hilfe lässt sich eine Multiplikation auf eine einfachere Addition im Bildbereich abbilden. Diese Eigenschaft wurde bis in die 1980er Jahre beim Arbeiten mit dem Rechenschieber ausgenutzt, bevor dieser durch den heutigen Taschenrechner abgelöst wurde.

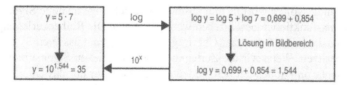

In diesem einfachen Beispiel ist bereits deutlich zu sehen, dass die vereinfachte Arithmetik im Bildbereich (hier: Addition statt Multiplikation) durch den Aufwand der Transformation

---

[6] Die Anwendung der Fouriertransformation verlangt einige mathematische Voraussetzungen, die von vielen praxisrelevanten Funktionen nicht gegeben sind. Um dies zu umgehen, verwendet man einen leicht modifizierten Exponenten im Transformationsintegral. Man spricht dann von der Laplace-Transformation. Interessierte Leser seien an dieser Stelle auf die Literatur, z. B. [Pau95], verwiesen.

(Logarithmus und Exponentialfunktion) mehr als ausgeglichen werden kann. Trotzdem kann sich das Verfahren lohnen. Im Fall des Rechenschiebers wurde die Transformation einmalig durch eine logarithmische Skala auf den Rechenschieber aufgedruckt und musste nicht mehr vom Anwender ausgeführt werden.

Zur Modellierung technischer Systeme verwendet die Elektrotechnik so genannte Integraltransformationen:

$$F(s) \ = \ \int_{t_1}^{t_2} f(t) \cdot \underbrace{K(s, t)}_{Kern} \, dt \qquad f(t) \ \multimap \ F(s)$$

Der Term K(s,t) innerhalb des Integrals nennt man den *Kern*. Dieser unterscheidet sich bei den verschiedenen Transformationen. Bei der Fourier- und Laplace-Transformation sieht der Kern des Transformationsintegrals folgendermaßen aus:

Fourier-Transformation: $\qquad K(\omega, t) \ = \ e^{-j\omega t} \qquad\qquad \omega = 2\pi f$

$$F(\omega) \ = \ \int_{-\infty}^{\infty} f(t) \cdot e^{-j\omega t} dt$$

Laplace-Transformation: $\qquad K(s, t) \ = \ e^{-st} \qquad\qquad s = \alpha + j\omega$

$$F(s) \ = \ \int_{0}^{\infty} f(t) \cdot e^{-st} dt$$

$s = \alpha + j\omega$ ist eine komplexe Variable und wird häufig auch als *komplexe Frequenz* bezeichnet.

Diese Fourier- und Laplace-Transformationen werden nun etwas näher diskutiert.

2.3.1   Fouriertransformation

Approximation von Signalen mit Elementarfunktionen

In diesem Abschnitt wollen wir uns nun ansehen, wie beliebige analoge Signale durch Reihen von Elementarfunktionen beschrieben werden können. Die Reihenzerlegung ist deshalb von Interesse, da die in der Praxis zur Übertragung verwendeten passiven Systeme ein lineares Verhalten besitzen. Wenn wir die Zerlegung eines komplexen Signals in eine Überlagerung von Elementarfunktionen kennen, bedeutet dies, dass wir nur das Übertragungsverhalten für die (einfachen) Elementarfunktionen ermitteln müssen, um auch das Übertragungsverhalten für das komplexe Signal berechnen zu können (vgl. Abschnitt 2.2).

Sei $s(t)$ ein beliebiges zeitkontinuierliches Signal. $s(t)$ kann durch die Überlagerung von Elementarfunktionen $\Phi_k(t)$ approximiert werden, wobei der Approximationsfehler umso kleiner wird, je mehr Elementarfunktionen zur Approximation herangezogen werden. Umgekehrt kann man damit das zeitkontinuierliche Signal als Überlagerung dieser Elementarfunktionen betrachten.

$$\tilde{s}(t) = \sum_{k} c_k \cdot \Phi_k(t) \text{ mit} \quad \tilde{s}(t): \text{Approximation von } s(t)$$

$$\Phi_k(t): \text{Elementarfunktion, } k = 0, 1, 2, \dots$$

$$c_k: \text{konstante Koeffizienten}$$

Zwei typische Elementarfunktionen sind die Rechteckfunktion, wie wir sie in Abschnitt 2.2 beim Faltungsintegral verwendeten, und die Sinusfunktion. Letztere führt uns zur Beschreibung von periodischen Signalen durch Fourierreihen bzw. zur Beschreibung von allgemeineren, in der Praxis meist auftretenden aperiodischen Signalen (endlicher Dauer) durch die Fourier-Transformation.

Fourierreihe

Die Fourierreihe beschreibt ein *periodisches Signal s(t)* entweder

- als Summe von Sinus- und Cosinusschwingungen verschiedener Frequenzen

$$s(t) = A_0 + \sum_{n=1}^{\infty} A_n \cos(n\omega_0 t) + \sum_{n=1}^{\infty} B_n \sin(n\omega_0 t) \text{ mit } \omega_0 = 2\pi f_0 \qquad (2\text{-}7)$$

- oder als Summe von Cosinusfunktionen verschiedener Frequenzen und Phasenlagen

$$s(t) = A_0 + \sum_{n=1}^{\infty} C_n \cos(n\omega_0 t - \varphi_n)$$

$$\text{mit} \quad C_n = \sqrt{A_n^2 + B_n^2}$$

$$\varphi_n = \arctan(B_n / A_n) \qquad (2\text{-}8)$$

Hierbei beschreiben:

- A_0 den Gleichanteil des Signals
- ω_0 die Grundschwingung bzw. erste Harmonische
- $n\omega_0$ die (n-1)-te Oberwellen bzw. n-te Harmonische.

Die Darstellung der Fourierreihe einer Zeitfunktion *s(t)* ist das Amplitudenspektrum für Sinus- und Cosinusfunktionen im ersten Fall bzw. Amplituden- und Phasenspektrum für die Cosinusfunktionen im zweiten Fall. Diese Spektren zeigen die Amplituden A_n und B_n (bzw. Amplitude C_n und Phase φ_n) für alle $n \in I\!N$. Abb. 2-9 zeigt das Amplituden- und das Phasenspektrum für ein gegebenes periodisches Signal *s(t)*.

Wie in dieser Abb. 2-9 auch zu sehen ist, haben periodische Signale ein Linienspektrum. Die Spektrallinien haben einen festen Frequenzabstand ω_0. Es ist leicht einzusehen, dass der Linienabstand im direkten Zusammenhang mit der Periodendauer T_P steht: $T_P = 1/\omega_0$. Einzelne Oberwellen lassen sich durch Bandfilter aus dem überlagerten Signal *s(t)* herausfiltern, wobei durch Weglassen von Oberwellen das Signal *s(t)* nur noch angenähert wird.

Je kürzer bzw. steiler ein Impuls in der Zeitfunktion *s(t)* ist, umso mehr Oberwellen treten im Spektrum auf. Dies ist gerade für die Digitaltechnik eine wichtige Feststellung, da ideale Rechteckimpulse senkrechte Flanken und damit ein unendlich breites Spektrum besitzen. Technische Systeme und reale Leitungen zeigen jedoch immer eine Tiefpasswirkung, d. h. sie dämpfen die Oberwellen mit steigendem Index immer mehr. Je drastischer diese Wirkung ist, umso mehr wird das Rechtecksignal, z. B. ein Taktsignal, verformt. Wir werden hierauf gleich noch einmal näher eingehen.

Fouriertransformation

Der Nachteil der Beschreibung von Signalen durch die Spektren der Fourierreihe liegt darin, dass wir mit der Fourierreihe nur periodische Signale beschreiben können. Sieht man vom eben angesprochenen Taktsignal ab, so sind die praxisrelevanten Signale der Informationstechnik jedoch aperiodisch und beginnen zu einem Zeitpunkt t_0. Hier ist der Ansatz der Fourierreihe nicht mehr anwendbar.

Zur Beschreibung von *aperiodischen, endlichen Signalen* wenden wir einen kleinen mathematischen Trick an. Wir betrachten einfach das endliche Signal als *eine* Periode eines periodischen Signals mit beliebig langer Periodendauer T_P. Für die Grenzwertbetrachtung $T_P \rightarrow \infty$ ergeben sich folgende Änderungen bei der Fourierreihenzerlegung:

- aus dem diskreten Linienspektrum wird ein kontinuierliches Spektrum (die Linien wachsen mit steigender Periodendauer T_P beliebig eng zusammen); wir erhalten damit eine kontinuierliche Spektralfunktion;

- die Summation der Reihenzerlegung geht in eine Integration über.

Der Zusammenhang zwischen dem Zeitsignal $s(t)$ und dem zugehörigen Spektrum $S(f)$ wird durch die Fouriertransformation beschrieben: $s(t) \; \circ\!\!-\!\!\bullet \; S(f)$

$$S(f) = \int_{-\infty}^{\infty} s(t) \cdot e^{-j\omega t} dt \qquad \text{Fourier-Integral}$$

$$s(t) = \int_{-\infty}^{\infty} S(f) \cdot e^{j\omega t} d\omega \qquad \text{Fourier-Rückintegral} \qquad (2\text{-}9)$$

Bei diesen Integralen verwendet die Elektrotechnik statt der Cosinusfunktion die aufgrund der Euler-Beziehung äquivalente komplexe Schreibweise $e^{j\omega t}$. Auf die genaue Herleitung der Fouriertransformation soll jedoch verzichtet werden. Ein an der Elektrotechnik näher interessierter Leser sei an dieser Stelle auf die vielseitige Literatur, z. B. [Pau95, StR82], verwiesen. Hier soll lediglich ein typisches Fourierspektrum $S(f)$ anhand eines Beispiels dargestellt werden.

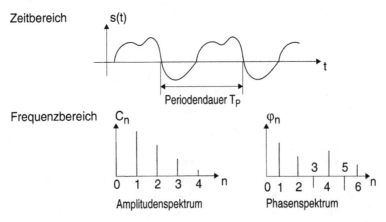

Abb. 2-9:   Spektren der Fourierreihe

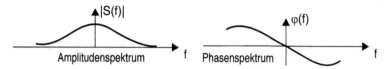

Abb. 2-10:   Fourierspektrum

Das Fourierspektrum ist im Allg. komplexwertig:

$$S(f) = |S(f)| \cdot e^{j\varphi(f)}$$

und besteht wie bei der Fourierreihe aus einem Amplitudenspektrum $|S(f)|$ und einem Phasenspektrum $\varphi(f)$. Bei reellwertigen Signalen gilt stets:

$$|S(f)| = |S(-f)|$$
$$\varphi(f) = -\varphi(-f).$$

Folgende Tabelle 2-2 zeigt den Zusammenhang zwischen der Zeitfunktion $s(t)$ und dem Amplitudenspektrum $|S(f)|$ für einige Beispielsignale. Interessant ist in diesem Zusammenhang die Tatsache, dass sich die Funktionen Konstante/Dirac-Stoß bzw. Rechteck/Si-Funktion im Zeit- und Frequenzbereich dual zueinander verhalten.

Tab. 2-2:   Zeitfunktionen und Fourierspektren

Zeitfunktion	Amplitudenspektrum
Konstante, Gleichspannung	
Dirac-Stoß	
Sprungfunktion	
Rechteckimpuls	
Si-Funktion	
Exponentialimpuls	

Bandbreitenbeschränkung

Wie wir in Abschnitt 2.1 gesehen haben, benötigt jedes Übertragungssystem zur Signalübertragung Energie bzw. Leistung. Die Signalamplitude wird umso mehr gedämpft, je länger die Übertragungsstrecke ist. *Ideale Übertragungssysteme* dämpfen alle Fourierkomponenten, d. h. Grund- und Oberwellen, gleichermaßen (Abb. 2-11).

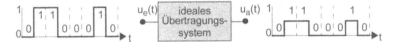

Abb. 2-11:   Ideale Übertragungssysteme verzerren ein Signal nicht, da sie alle Fourierkoeffizienten gleichmäßig dämpfen.

Reale Übertragungssysteme dämpfen dagegen die verschiedenen Fourierkomponenten unterschiedlich stark, was zu einer Verzerrung des Signals führt. Meist werden Frequenzen bis zu einer Grenzfrequenz f_c mehr oder weniger unverändert übertragen und höhere Frequenzen stark abgeschwächt. Übertragungssysteme haben demnach *Tiefpass*-Charakter. Dies liegt an den Eigenschaften des passiven Übertragungsmediums. Beispielsweise besitzen Kupferleitungen wie jede Leitung einen Widerstand und eine Kapazität, die bei einem Signalwechsel umgeladen werden muss, was sich als Tiefpass auswirkt. Mechanische Systeme haben aufgrund ihrer Trägheit Tiefpasscharakter. Abb. 2-12 zeigt als Beispiel die Signalverzerrung durch unser Telefonnetz, das hier als idealer Tiefpass angenommen wird, der alle Frequenzen oberhalb von *3 kHz* nicht mehr überträgt. Bei einer Übertragungsrate von *4.800 bps* (Bits pro Sekunde) und mehr lässt sich das originale Bitmuster kaum mehr rekonstruieren.

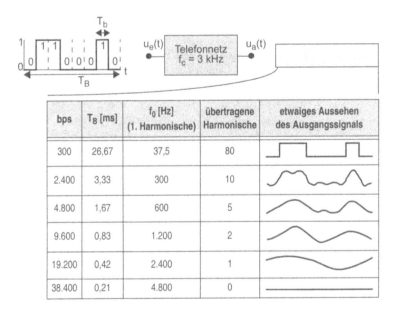

bps	T_B [ms]	f_0 [Hz] (1. Harmonische)	übertragene Harmonische	etwaiges Aussehen des Ausgangssignals
300	26,67	37,5	80	
2.400	3,33	300	10	
4.800	1,67	600	5	
9.600	0,83	1.200	2	
19.200	0,42	2.400	1	
38.400	0,21	4.800	0	

Abb. 2-12:   Signalverzerrung verschieden schneller Signale durch einen Tiefpass mit 3 kHz Grenzfrequenz.

2.3.2   Laplace-Transformation

Analog zur Fourier-Transformation wird auch die Laplace-Transformation zum Lösen von Differentialgleichungen, speziell Anfangswertproblemen, benutzt. Auch sie überführt eine Zeitfunktion eindeutig in einen Bildbereich. Vielfach wird sie als Verallgemeinerung der Fourier-Transformation angesehen. Sie bildet eine Funktion mit einer reellwertigen (Zeit-) Variablen auf eine Bildfunktion mit einer komplexwertigen (Spektral-) Variablen ab.

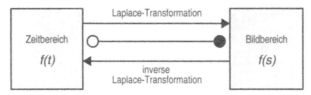

Warum benötigen wir eine weitere Transformation? Voraussetzung für o.g. Fourier-Transformation eines kontinuierlichen Signals ist eine absolute Integrierbarkeit der Zeitfunktion *f(t)*. Dies ist für Übertragungssignale der Nachrichtentechnik der Fall, jedoch für viele wichtige Anregungsfunktionen der Regelungstechnik, wie z.B. die Sprungfunktion oder einen zeitbegrenzten linearen Anstieg, nicht gegeben. Im letztgenannten Fall erreicht man die Integrierbarkeit duch eine Multiplikation der Zeitfunktion *f(t)* mit einer Dämpfungsfunktion $e^{-\alpha t}$.

$$F(s) = \int_{0}^{\infty} f(t)e^{-\alpha t}e^{-j\omega t}\ dt = \int_{0}^{\infty} f(t)e^{-(\alpha + j\omega)t}\ dt = \int_{0}^{\infty} f(t)e^{-st}\ dt$$

Aus der Fourier-Transformation $f(t) \circ\!\!-\!\bullet\ F(\omega) = \int_{-\infty}^{\infty} f(t)e^{-j\omega t}\ dt$ wird nun die (einseitige) *Laplace-Transformation*

$$f(t) \circ\!\!-\!\bullet\ F(s) = L\{f(t)\} = \int_{0}^{\infty} f(t)e^{-st}\ dt \qquad (2\text{-}10)$$

mit $s = \alpha + j\omega$.

Die Rückführung einer Funktion vom Bildbereich in den Zeitbereich erfolgt hier durch die *inverse Laplace-Transformation*:

$$f(t) = L^{-1}\{F(s)\} = \frac{1}{j2\pi} \int_{\alpha + j\infty}^{\alpha - j\infty} F(s)e^{st}\ ds \qquad (2\text{-}11)$$

Eigenschaften der Laplace-Transformation

Die Integraltransformation führt zu einer Fülle von Eigenschaften, die für die Systemanalyse wesentlich und Ursache der weiten Verbreitung der Laplace-Transformation sind. Die wichtigsten Grundregeln sind in der Tabelle 2-3 zusammengefasst. Bei der *Verschiebung* und der *Faltung* zeigt die Tabelle sehr schön den Dualismus der Transformation. Beispielsweise geht die Faltung im Zeitbereich in eine Multiplikation im Bildbereich über - und umgekehrt. Dieser Dualismus ist auch bei anderen Eigenschaften wie der *Differentiation* und *Integration* gegeben, allerdings aus Platzgründen nicht in Tabelle 2-3 aufgeführt.

Tab. 2-3:   Wichtige Eigenschaften der Laplace-Transformation.

Eigenschaft / Operation	Zeitbereich $f(t)$	Bildbereich $F(s) = L\{f(t)\}$
Linearität	$k_1 f_1(t) + k_2 f_2(t) + ...$	$k_1 F_1(s) + k_2 F_2(s) + ...$
Verschiebung im Zeitbereich	$f(t-\tau),\ t-\tau \geq 0$ $(f(t-\tau) = 0$ für $t-\tau < 0)$	$e^{-\tau s} \cdot F(s)$
Verschiebung im Bildbereich (Dämpfung)	$f(t) \cdot e^{at}$	$F(s+a)$
Faltung im Zeitbereich	$f_1(t) * f_2(t) = \int\limits_0^\infty f_1(\tau) \cdot f_2(t-\tau)d\tau$	$F_1(s) \cdot F_2(s)$
Faltung im Bildbereich	$f_1(t) \cdot f_2(t)$	$\dfrac{1}{j2\pi} \int\limits_{\alpha-j\infty}^{\alpha+j\infty} F_1(\tau) \cdot F_2(s-\tau)d\tau$
Differentiation im Zeitbereich	$\left(\dfrac{d}{dt}\right)^n f(t)$	$s^n \cdot F(s) - \sum\limits_{k=0}^{n-1} f^{(k)}(0)s^{n-k-1}$
Integration im Zeitbereich	$\int\limits_0^t f(\tau)d\tau$	$\dfrac{F(s)}{s}$
Endwertsatz (für stabile Vorgänge)	$\lim\limits_{t \to \infty} x(t)$	$\lim\limits_{s \to 0} s \cdot X(s) = s \cdot X(s)\big|_{s=0}$

Beispiel. Als einfaches Beispiel einer Laplace-Transformation soll der *lineare Anstieg* dienen: f(t) = a·t. Hierfür lässt sich die Transformation noch einfach analytisch durchführen. Bei komplexeren Funktionen werden in der Praxis sowohl für die Hin- als auch für die Rücktransformation Tabellen verwendet, sodass der Vorteil der einfacheren Mathematik im Bildbereich erhalten bleibt und nicht durch komplexe Transformationen wieder zunichte gemacht wird. Tabelle 2-4 enthält die Laplace-Transformierte von einigen wichtigen Zeitfunktionen. Mithilfe der Regeln nach Tabelle 2-3 lassen sich hieraus komplexe Funktionen zusammensetzen und transformieren.

Die Zeitfunktion des Anstiegs ist definiert als *f(t) = a·t* für alle $t \geq 0$, und *f(t) = 0* sonst. Die Laplace-Transformation berechnet sich über das Integral

$$F(s) = a \int_0^\infty t \cdot e^{-st} dt = \frac{a}{s^2}$$

$$a \cdot t \circ\!\!-\!\!\bullet \frac{a}{s^2}$$

Systemanalyse

Die Laplace-Transformation dient wie die Fourier-Transformation sehr häufig der *System-analyse*. Gesucht wird hierbei zum Beispiel die Antwort $x_a(t)$ eines dynamischen Systems (bzw. Übertragungssystems) auf ein Eingangssignal $x_e(t)$. Das System wird durch eine Übertragungsfunktion G modelliert, was typischerweise eine beliebig komplexe Differentialgleichung ist (Abb. 2-13).:

Abb. 2-13:   Systemanalyse. Das System G wird meist als Differentialgleichung beschrieben.

Die Systemanalyse setzt sich aus folgenden vier Schritten zusammen:

- Die Übertragungsfunktion $G(s)$ ergibt sich direkt aus der Differentialgleichung.

- Laplace-Transformation des Eingangssignals $x_e(t) \circ\!\!-\!\!\bullet X_e(s)$ über Transformationstabellen wie in Tabellen 2-3 und 2-4 dargestellt.

- Die Antwort des (Übertragungs-) Systems auf das Eingangssignal ergibt sich im Bildbereich aus der Multiplikation von X_e mit G:

Tab. 2-4:   Laplace-Transformation einiger Beispielsignale

Zeitbereich	Bildberereich	Zeitbereich	Bildberereich
$\delta(t)$ (Dirac-Impuls)	1	$t^n \cdot e^{-at}$	$\dfrac{n!}{(s+a)^{n+1}}$
$\sigma(t)$ (Einheitssprung)	$\dfrac{1}{s}$	$1 - e^{-at}$	$\dfrac{a}{s \cdot (s+a)}$
t	$\dfrac{1}{s^2}$	$\sin(\omega t)$	$\dfrac{\omega}{s^2 + \omega^2}$
$\dfrac{t^{n-1}}{(n-1)!}$	$\dfrac{1}{s^n}$	$\cos(\omega t)$	$\dfrac{s}{s^2 + \omega^2}$
e^{-at}	$\dfrac{1}{s+a}$	$e^{-at}\sin(\omega t)$	$\dfrac{\omega}{(s+a)^2 + \omega^2}$
$t \cdot e^{-at}$	$\dfrac{1}{(s+a)^2}$	$e^{-at}\cos(\omega t)$	$\dfrac{s+\omega}{(s+a)^2 + \omega^2}$

$$X_a(s) = G(s) \cdot X_e(s)$$

Im Zeitbereich wäre hierfür die wesentlich aufwändigere Faltung zu berechnen.

- Rücktransformation des Ausgangssignals in den Zeitbereich über Transformationstabellen $X_a(s) \bullet\!\!-\!\!\circ x_a(t)$.

Blockschaltbilder

Komplexere dynamische Systeme lassen sich sehr anschaulich durch Blockschaltbilder darstellen. Hierbei werden einzelne Übertragungsfunktionen seriell, parallel und rückgekoppelt zu komplexeren Systemen verschaltet. Zur Analyse dieser Modelle lassen sich die Serienschaltung, Parallelschaltung und Rückkopplung wie folgt berechnen (zerlegen).

Serienschaltung

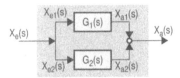

Für zwei in Serie geschaltete (Übertragungs-) Funktionen G_1 und G_2 gelten die Zusammenhänge

$$G_1 = \frac{X_{a1}}{X_{e1}}, \; G_2 = \frac{X_{a2}}{X_{e2}}$$

Hieraus lässt sich sehr einfach die Gesamtübertragung berechnen:

$$X_a(s) = X_{a2} = G_2 \cdot X_{e2} = G_2 \cdot X_{a1} \quad X_{a1} = G_1 \cdot X_{e1} = G_1 \cdot X_e(s)$$
$$X_a(s) = G_1 \cdot G_2 \cdot X_e(s)$$

Die Übertragungsfunktion der in Serie geschalteten Teilsysteme G_1 und G_2 ist demnach das Produkt der beiden Einzelfunktionen

$$G = G_1 \cdot G_2$$

Verallgemeiner gilt für hintereinander geschaltete Funktionen G_i:

$$G = \prod_i G_i \tag{2-12}$$

Parallelschaltung

Bei der Parallelschaltung sind die Eingangssignale für beide Teilsysteme gleich, die Ausgangssignale addieren sich:

$$X_e = X_{e1} = X_{e2}, \; X_a = X_{a1} + X_{a2}$$

Setzt man in diese Gleichungen die Übertragungsfunktionen G_1 und G_2 ein, so ergibt sich für die Parallelschaltung, dass sich die Übertragungsfunktionen addieren:

$$X_a = G_1 {\cdot} X_e + G_2 {\cdot} X_e = (G_1 + G_2) {\cdot} X_e$$

$$\Rightarrow G = \frac{X_a}{X_e} = G_1 + G_2$$

Auch diese Gleichung lässt sich für die Parallelschaltung mehrerer Teilfunktionen G_i verallgemeinern:

$$G = \sum_i G_i \qquad\qquad (2\text{-}13)$$

Rückkopplung

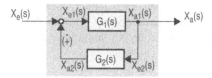

Als dritte Grundschaltung soll die Rückkopplung betrachtet werden. Diese spielt in der Regelungstechnik (Kapitel 4) eine große Rolle.

$$X_{e1} = X_e \, {-/+} \, X_{a2} \qquad\qquad \Rightarrow X_e = X_{e1} \pm X_{a2}$$

Für die beiden Ausgangssignale $X_{a1} = X_a$ und X_{a2} gilt:

$$X_a = X_{a1} = G_1 {\cdot} X_{e1} \qquad\qquad \Rightarrow X_{e1} = \frac{1}{G_1} X_a$$

$$X_{a2} = G_2 {\cdot} X_a$$

Setzt man nun X_{e1} und X_{a2} in oben stehende Gleichung ein, so ergibt sich:

$$X_e = \left(\frac{1}{G_1} \pm G_2 \right) X_a$$

und für die Übertragungsfunktion der Gesamtschaltung:

$$G = \frac{G_1}{1 \pm G_1 \cdot G_2} \qquad\qquad (2\text{-}14)$$

Beispiel Operationsverstärker

Nachdem wir die Grundlagen der Laplace-Transformation kennen gelernt haben, soll nun deren Anwendung anhand zweier Beispiele vorgestellt werden. Im ersten Beispiel treffen wir wieder auf den in Abschnitt 1.4 eingeführten *Operationsverstärker*, dessen Übertragungsverhalten nun im Bildbereich beschrieben wird. Anschließend betrachten wir noch den *Einmassenschwinger* als einfaches Beispiel der dynamischen mechanischen Systeme, wie sie durch eingebettete Software zu regeln oder zu steuern sind.

Abb. 2-14 zeigt noch einmal den Operationsverstärker und seine Kennlinie. Zu seinen wichtigsten Eigenschaften zählen:

- Differenzverstärker mit extrem großer Verstärkung (Praxis: 10^4 bis 10^5), d.h. eine minimale Differenz zwischen U_1 und U_2 führt bereits zur maximalen Ausgangsspannung $(\pm U_s)$.

- Aufgrund eines extrem großen Eingangswiderstands können die Eingangsströme zu Null betrachtet werden.

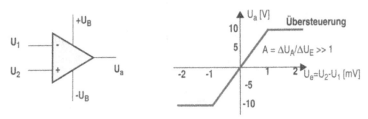

Abb. 2-14:   Operationsverstärker.

Wie wir in Abschnitt 1.4 gesehen haben, entfaltet der Operationsverstärker seine Aufgabe so richtig erst durch eine geeignete Rückkopplung. Je nach Art der Rückkopplung wird aus dem Operationsverstärker ein Vergleicher, ein Summierer, ein Integrierer o. ä.

Abb. 2-15:   Rückgekoppelter Operationsverstärker und entsprechendes Blockschaltbild

Abb. 2-15 zeigt die einfachste Art der oben diskutierten Rückkopplung. Ohne ein Bauelement im Rückführungszweig ist die Übertragungsfunktion der Rückführung: $G_2 = 1$. Setzt man dies in die obige Gleichung 2-14 der Rückkopplung ein, so erhält man für die Gesamtübertragungsfunktion

$$G = \frac{A}{1 + A \cdot 1} = \frac{1}{1 + \dfrac{1}{A}} \approx 1$$

Da die Vorwärtsverstärkung A sehr groß ist, kann die Gesamtübertragungsfunktion zu $G = 1$ betrachtet werden, sodass $U_2 = U_1$.

Dieser rückgekoppelte Operationsverstärker ändert demnach das Eingangssignal nicht. Er kann eingesetzt werden, um zwei Teilschaltungen - einen Erzeuger und einen Verbraucher - elektrisch zu trennen, wodurch ein kleiner Eingangswiderstand des Verbrauchers nicht mehr den Ausgang des vorangeschalteten Erzeugers belastet. Wir sprechen hierbei von *Widerstands-* oder *Leistungsanpassung*.

Soll die Ausgangsspannung U_2 nicht mit der Eingangsspannung U_1 übereinstimmen, sondern um einen bestimmten Faktor verstärkt werden, so lässt sich ein Verstärker nach Abschnitt 1.4.3 verwenden. Abb. 2-16 zeigt noch einmal den Aufbau eines nicht invertierenden Elektrometerverstärkers. Auch er trennt zwei Teilschaltungen auf, verstärkt jedoch zusätzlich sein Eingangssignal.

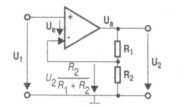
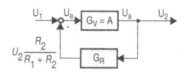

Abb. 2-16:   Nicht invertierender Verstärker

Das Blockschaltbild dieser Verstärkerschaltung ist im rechten Teil von Abb. 2-16 dargestellt. Es handelt sich wieder um eine einfache Rückkopplung. In diesem Fall ist die Übertragungsfunktion des Rückkopplungszweigs jedoch nicht Eins, sondern $G_R = R_2/(R_1 + R_2)$.

$$U_2 \frac{R_2}{R_1 + R_2} = U_2 \cdot G_R$$

Setzt man wiederum G_R in die Übertragungsfunktion der Rückkopplung ein und geht wieder von einer sehr großen Vorwärtsverstärkung $G_V = A$ aus, so ergibt sich für die gesamte Übertragungsfunktion

$$G = \frac{A}{1 + A \cdot G_R} = \frac{1}{\frac{1}{A} + G_R} = \frac{1}{G_R} = 1 + \frac{R_1}{R_2}$$

Dies ist der Wert, den wir bereits in Abschnitt 1.4.3 berechnet hatten.

Beispiel Einmassenschwinger

Zum Abschluss dieses Kapitels wollen wir nun ein mechanisches System modellieren. Die Vorgehensweise ist die gleiche wie bei der Modellierung technischer Systeme, die durch eine eingebettete Software gesteuert bzw. geregelt werden. Die Modellierung solcher Steuerungen oder Regelkreise wird in Kapitel 4 aufgegriffen.

Abb. 2-17 beschreibt einen Einmassenschwinger. Ein Körper der Masse m ist an einer Feder F und einem Dämpfer D aufgehängt. Die Masse m wird durch die Kraft $F(t)$ um den Weg x ausgelenkt. Dieser Kraft $F(t)$ wirken die Federkraft F_k und die Dämpferkraft F_d entgegen.

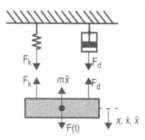

Abb. 2-17:   Einmassenschwinger

Für die Kräftebilanz gilt $F_b = F(t) - F_k - F_d = m \cdot \ddot{x}$.
Ist $F(t)$ ungleich $F_k + F_d$, so wird die Masse mit der Kräftedifferenz F_b nach unten oder oben beschleunigt.

Die folgenden beiden Abbildungen zeigen das zugehörige Blockdiagramm (Modell) zunächst im Zeitbereich und dann im Bildbereich. Für die Feder- und Dämpferkräfte gilt

$$F_k = k \cdot x$$

$$F_d = d \cdot \dot{x}$$

sodass sich mit o.g. Kräftebilanz das Blockdiagramm aus Abb. 2-18 ergibt.

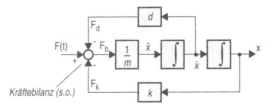

Abb. 2-18:   Blockdiagramm des Einmasseschwingers im Zeitbereich

Abb. 2-19 zeigt das gleiche Blockdiagramm im Bildbereich. Durch die Laplace-Transformation wird die Integration zur Multiplikation mit $1/s$ (vgl. Tabelle 2-3).

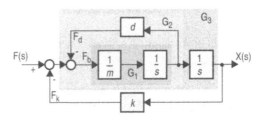

Abb. 2-19:   Blockdiagramm des Einmasseschwingers im Bildbereich

Zur Berechnung der Gesamtübertragungsfunktion kann das Blockschaltbild schrittweise von innen nach außen analysiert werden. Im Innersten haben wir eine Serienschaltung der Übertragungsfunktionen $1/m$ und $1/s$:

$$G_1 = \frac{1}{m \cdot s}$$

Auf den nächsten beiden Stufen haben wir dann zunächst eine Rückkopplung:

$$G_2 = \frac{G_1}{1 + d \cdot G_1} = \frac{1}{m \cdot s + d}$$

und dann wieder eine Serienschaltung:

$$G_3 = G_2 \cdot \frac{1}{s} = \frac{1}{m \cdot s + d} \cdot \frac{1}{s} = \frac{1}{m \cdot s^2 + ds}$$

Für die Gesamtübertragungsfunktion gilt abschließend

$$G_{ges} = \frac{1}{\dfrac{1}{G_3} + k} = \frac{1}{ms^2 + ds + k} = \frac{X(s)}{F(s)} = \frac{X_a(s)}{X_e(s)}$$

Löst man diese Gleichung nach $X_e(s)$ auf, so ergibt sich für die Laplace-Transformierte der Differentialgleichung des Einmassenschwingers:

$$(ms^2 + ds + k) \cdot X_a(s) = ms^2 X_a(s) + ds X_a(s) + k X_a(s) = X_e(s)$$

Die Rücktransformation in den Zeitbereich erfolgt über Transformationstabellen analog zu den Tabellen 2-3 und 2-4. Aufgrund der Linearität und des Differentiationssatzes ergibt sich als Zeitfunktion:

$$m \cdot \ddot{x}(t) + d \cdot \dot{x}(t) + k \cdot x(t) = F(t)$$

3 Aufbau eingebetteter Systeme

MSR-Kreislauf

Mit Hilfe des MSR-Kreislaufes (Messen Steuern Regeln) lässt sich der Aufbau eines einge-betteten Systems gut darstellen (Abb. 3-1). Um einen beliebigen Prozess beeinflussen zu können, müssen zunächst Zustandsgrößen gewonnen werden. Beispiele für Zustandsgrößen sind Kräfte, Geschwindigkeiten und Positionen. Diese Größen werden zunächst mit Hilfe von nicht-elektrischen Messgrößenumformern in andere physikalische Größen gewandelt, die dann mit einer geeigneten Messsensorik in elektrische Größen umgewandelt werden kann. Beispielsweise führt das Anlegen einer Kraft am Ende eines dünnen Aluminiumbal-kens zu einer Verformung. Diese Verformung kann mit einem Dehnmessstreifen, der auf dem Biegebalken aufgeklebt ist, bestimmt und in ein elektrisches Signal gewandelt werden. Durch die Stauchung oder Streckung des Materials in Dehnmessstreifen ändert sich der elektrische Widerstand, was wiederum bei einer Strom- bzw. Spannungsmessung zu einer Änderung führt. Der letzte Schritt für die Digitalisierung von Zustandsdaten eines Prozesses besteht in der Messsignalaufbereitung und Digitalisierung. Die Messsignalaufbereitung wird durch die Sensorelektronik übernommen. Typische Aufgaben sind Verstärkung, Demodula-tion, Kodierung und Zählen. Aus der Sensorelektronik kann entweder der Zustandswert als digitale Größe vorliegen oder muss für die Bearbeitung mit Hilfe eines eingebetteten Rech-ners gewandelt werden. Diese Umsetzung wird als A/D-Wandlung (Analog/Digital) be-zeichnet. Der eingebettete Rechner, der beispielsweise ein Mikroprozessor oder ein digitaler Signalprozessor (DSP) sein kann, verarbeitet jetzt digital Algorithmen wie Regler oder Fil-ter.

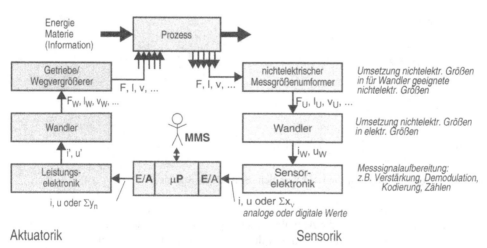

Aktuatorik   Sensorik

Abb. 3-1:   Der MSR Kreislauf

Ein Operator kann über eine Mensch-Maschine-Schnittstelle den MSR-Kreislauf beeinflussen, indem beispielsweise neue Systemparameter eingegeben werden. Da die Aktuatorik, die eine Änderung des Prozesses vornehmen soll, analoge elektrische Spannungen oder Ströme verarbeitet, müssen die im Digitalrechner bestimmten Steuergrößen zunächst gewandelt werden. Diese Wandlung wird als D/A-Wandlung (Digital/Analog) bezeichnet. Um die analogen Steuersignale an den Arbeitsbereich der Aktuatorik abzubilden, werden diese mittels Leistungselektronik angepasst. Diese elektrischen Größen werden mit Hilfe einer Wandlung in mechanische Größen umgesetzt und anschließend mittels Getriebe oder Wegvergrößerer angepasst. Betrachten wir beispielsweise einen Gleichstrommotor, der über Strom bzw. Spannung angesprochen wird und am Ausgang an der Welle ein bestimmtes Drehmoment und Winkelgeschwindigkeit generiert. Über ein Planetengetriebe wird die Rotationsgeschwindigkeit reduziert und das Drehmoment erhöht. Diese Größen verändern den Prozess.

3.1   Signalverarbeitungsprozess

Betrachten wir die Signalverarbeitung nun etwas genauer. Wie oben beschrieben, müssen zunächst analoge Signale in digitale Größen gewandelt, im eingebetteten Rechner verarbeitet und mit Hilfe eines Rückführungsprozesses in analoge Ausgangsgrößen überführt werden. Hierzu sind unterschiedliche Schritte notwendig, die in Abb. 3-2 skizziert sind. Zunächst wird das sensorische Eingangssignal durch eine Abtastung in ein digitales Signal überführt. Die Abtastung dient dazu, den wesentlichen Informationsgehalt des Eingangssignals vollständig zu digitalisieren. Die Abtastung besteht aus drei Phasen. Zuerst wird mit einem analogen Tiefpass ein Anti-Aliasing-Filter realisiert. Danach wird die Zeitquantisierung mit Hilfe eines Sample&Hold-Verstärkers (S&H-Verstärker) realisiert. Abschließend wird mittels Amplitudenquantisierung aus dem analogen Wert eine digitale Größe erzeugt.

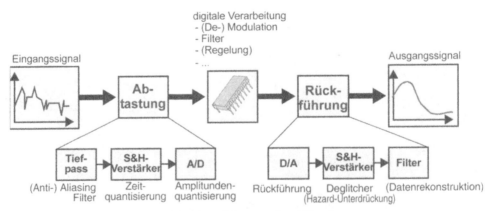

Abb. 3-2:   Grundaufbau zur digitalen Verarbeitung analoger Signale

Der Rückführungsprozess hat die Aufgabe, einen digitalen Wert in ein analoges Ausgangssignal zu wandeln. Hierzu werden ebenfalls drei Phasen durchlaufen. Die eigentliche Rückführung, also die Wandlung des digitalen Signals in eine analoge Größe, eine S&H-Schal-

tung, die zur Reduktion von Fehlern der D/A-Wandlung (Glitches) und zur Verbesserung des Amplitudenfrequenzgangs bei der Datenrekonstruktion verwendet wird. Am Ausgang des S&H-Verstärkers entsteht eine Treppenspannung, die im letzten Schritt über einen Filter geglättet wird.

Unter der Annahme, dass der im eingebetteten Rechner agierende Systemalgorithmus keine Veränderung des Eingangssignals vornimmt und dieses direkt wieder zurückführt, müsste in einem idealen System das Ausgangssignal dem Eingangssignal entsprechen. Dies ist aufgrund von Abtast-, Quantisierungs- und Übersteuerungsfehlern in der Praxis nicht möglich.

3.1.1   Abtastung

Gehen wir davon aus, dass am Eingang ein bandbegrenztes, zeitkontinuierliches Signal vorliegt. Ein Signal ist bandbegrenzt, wenn alle Spektralanteile des Fourier-transformierten Signals $S(f)$ unterhalb der Grenzfrequenz f_g liegen. Die eigentliche Abtastung ist in Abb. 3-3 dargestellt. Aus dem zeitkontinuierlichen Signal $s_1(t)$ wird in der Abtasteinheit mittels des Abtastsignals $s_2(t)$ das abgetastete Signal s3(t) erzeugt. Formal stellt diese Abtasteinheit ein Produkt von s1(t) und s2(t) dar.

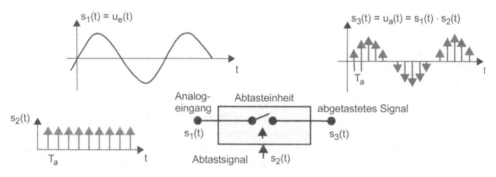

Abb. 3-3:   Darstellung einer Abtastung

In Abb. 3-4 sind den Funktionen im Zeitbereich deren Fourier-transformierte gegenübergestellt. Da das Eingangssignal nach unserer Vorgabe bandbegrenzt ist, existieren in der Funktion $S_1(f)$ nur Spektralanteile bis zur Grenzfrequenz f_g. Das Spektrum des Abtastsignals mit der Periode $T_a=1/f_a$ beinhaltet nur Frequenzen, die ein Vielfaches von f_a darstellen. Die Spektralanteile $S_3(f)$ des abgetasteten Signals lassen sich durch eine Faltung von $S_1(f)$ und $S_2(f)$ bestimmen. Dabei überlappen sich die um die Vielfachen von f_a liegenden Frequenzen nicht. Allgemein ist jetzt die Frage zu klären wie f_a in Bezug auf f_g gewählt werden kann, sodass das kontinuierliche bandbegrenzte Originalsignal eindeutig rekonstruiert werden kann.

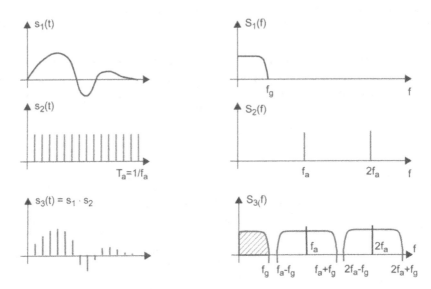

Abb. 3-4:   Zeitverlauf und Spektren der Signale

Abtasttheorem

In Abb. 3-5 ist ein Beispiel angegeben, in dem Abtastfrequenz f_a und Grenzfrequenz f_g so gewählt wurden, dass die periodisch wiederkehrenden Spektralanteile dicht nebeneinander liegen, aber sich nicht überlappen. Tritt eine Überlappung auf, kann nicht mehr festgestellt werden, ob die Frequenzanteile noch zum unteren Frequenzband oder bereits zum höheren Frequenzband gehören. Dadurch lässt sich das Originalsignal nicht mehr eindeutig rekonstruieren. Aus dieser Überlegung leitet sich das Abtasttheorem ab. Das Abtasttheorem besagt, dass eine Zeitfunktion $s(t)$ mit einem Spektrum im Intervall $0 - f_g$ durch sein abgetastetes Signal vollständig beschrieben wird, falls die Abtastfrequenz f_a mehr als zweimal so groß ist wie die Grundfrequenz f_g. Je größer f_a in Bezug auf f_g ist, desto größer sind auch die Abstände der Amplitudenspektren (Abb. 3-6). Damit reicht ein einfacher Tiefpassfilter aus, um nicht überlappende Spektren zu erhalten. Um die Abtastfrequenz in Bezug zur Grenzfrequenz möglich gering zu halten, wäre ein idealer Tiefpass, dessen Flanken sehr steil abfallen, notwendig (Abb. 3-5).

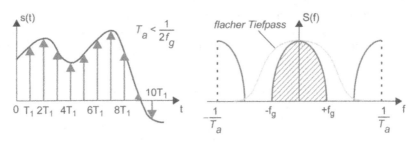

Abb. 3-6:   Beispiel für eine schnellere Abtastung

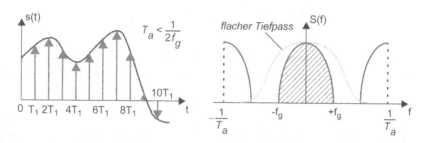

Abb. 3-5:   Zeitbereich und Frequenzspektrum: Abtasttheorem wird gerade
             noch eingehalten

Ist die Abtastfrequenz zu niedrig, überlappen sich die Ausgangsspektren so dass das Originalsignal nicht mehr rekonstruiert werden kann (Abb. 3-7). Diesen Effekt nennt man Ali-
asing. Als Beispiel eines Anti-Aliasing Filters können Tiefpässe mit Hilfe von R, L, C Netzwerken oder zusätzlich mit Operationsverstärkern aufgebaut werden. In Abb. 3-8 ist ein passiver RC-Tiefpass aufgeführt.

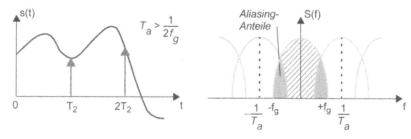

Abb. 3-7:   Beispiel für eine zu langsame Abtastung

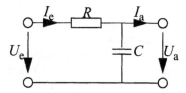

Abb. 3-8:   Passiver RC-Tiefpass als Anti-Aliasing Filter

Der RC-Tiefpass kann als komplexer Spannungsteiler betrachtet werden. Damit gilt:

$$U_e=I_e\cdot(R+X_C) \text{ und } U_a=I_e\cdot X_C \text{ mit } X_C = \frac{1}{j\omega C}$$

Die Übertragungsfunktion $H(\omega)$ und deren Betrag lassen sich wie folgt bestimmen:

$$H(\omega) = \frac{U_a}{U_e} = \frac{X_C}{X_C+R} = \frac{1}{1+j\omega RC}$$

$$\Rightarrow |H(\omega)| = \frac{|X_C|}{\sqrt{X_C^2 + R^2}} = \frac{1}{\sqrt{1 + (\omega RC)^2}}$$

Die Grenzfrequenz ist formal definiert durch: $|H(f_c)| = 1/\sqrt{2}$ hieraus folgt $f_g = 1/2\pi RC$. Mithilfe dieser Formel lassen sich die Tiefpassparameter R und C bestimmen.

Sample&Hold

Um eine korrekte A/D-Wandlung anschließend durchführen zu können, ist es notwendig, den analogen Spannungswert während der Wandlungszeit konstant zu halten. Dies wird mit Hilfe einer S&H-Schaltung durchgeführt, die in Abb. 3-9 gezeigt wird.

Diese Zeitquantisierung wird so bestimmt, dass eine maximale Abtastung, die durch die Wandlergeschwindigkeit vorgegeben ist, erreicht wird. Dadurch ist eine fehlerfreie Abtastung (siehe Abtasttheorem) möglich.

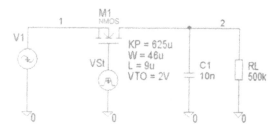

Abb. 3-9:   S&H-Verstärker mit einem MOS-Schalter

3.1.2   A/D-Wandler

Der A/D-Wandler überführt die analogen Eingangsgrößen in digitale Ausgangsgrößen, die anschließend von einem Digitalrechner bearbeitet werden. Abhängig von den Anforderungen und den Wandlereigenschaften werden unterschiedlichen A/D-Wandler in der Praxis eingesetzt. Im Folgenden sind nur einige Wandler exemplarisch beschrieben. Eine vollständige Darstellung ist im Rahmen des Buches nicht möglich.

Wägeverfahren

Das Wägeverfahren (auch *Successive Approximation Converter* genannt) gehört zur Klasse der direkten Wandler. Es vergleicht die Eingangsgrößen schrittweise mit bestimmten Referenzgrößen (Abb. 3-10). Im gezeigten Beispiel wird eine 3-Bit A/D-Wandlung durchgeführt. Zunächst wird die Eingangsspannung mit der Hälfte der Referenzspannung (maximal vorkommender Spannungswert) verglichen. Ist die Eingangsspannung größer, wird anschließend mit dreiviertel der Referenzspannung verglichen. Ist dieser Wert kleiner, wird wiederum das Intervall halbiert, d.h. die Eingangsspannung wird mit fünfachtel der Referenzspannung verglichen. Abb. 3-10 beschreibt das Vorgehen bei weiteren Vergleichsergebnissen. In jeder Vergleichsebene wird dadurch ein Bit neu bestimmt, wobei mit der Bestimmung oder der Berechnung des höchstwertigen Bits (Most Significant Bit, MSB) begonnen wird. Der Aufbau eines A/D-Wandlers mit Wägeverfahren ist in Abb. 3-11 zu sehen.

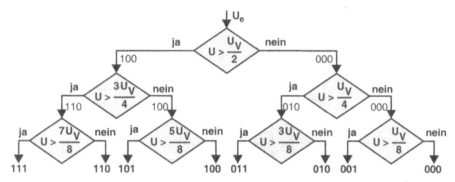

Abb. 3-10:   Flussdiagramm für den Ablauf des Wägeverfahrens am Beispiel einer 3-Bit-Umsetzung

Hierbei wird mit Hilfe eines D/A-Wandlers die jeweilige Vergleichsspannung erzeugt, die mittels eines Operationsverstärkers als Komperator verglichen wird. Das Vergleichsergebnis im Iterationsregister bestimmt das entsprechende Bit im Ausgaberegister. Diese schrittweise Bestimmung des digitalen Wortes ist zeitabhängig von der gewünschten Auflösung. Je höher die Auflösung desto länger dauert die Umsetzung.

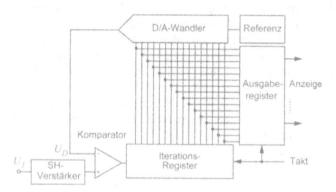

Abb. 3-11:   Beispielschaltung für das Wägeverfahren

Parallele Wandler

Um die Wandlungszeit deutlich zu verkürzen, werden parallele A/D-Wandler eingesetzt. Diese sind beispielsweise für Videoanwendungen notwendig. In Abb. 3-12 ist eine Beispielschaltung für einen parallelen Wandler dargestellt. Möchte man eine n-Bit Auflösung eines digitalen Wortes erzeugen, so sind 2^{n-1} analog Vergleicher notwendig. Beispielsweise wären dies bei einem 16-Bit Wort 65535 Vergleicher benötigt. Über eine Spannungsquelle und Widerstände werden die einzelnen Referenzspannungen erzeugt. Ähnlich wie bei einem Fieberthermometer steigt die Anzahl der aktiven Komperatoren mit steigender analog Spannung von unten nach oben. In der nachgeschalteten Elektronik wird zunächst mit jedem Takt eine Momentaufnahme des Zustands der Komperatoren genommen und gespeichert. Im anschließenden Encoder wird der höchstwertige Komperator binär kodiert.

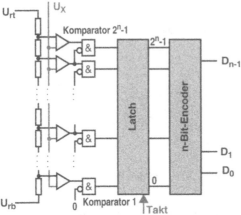

Urt: Reference Top Voltage
Urb: Reference Bottom Voltage

→ legen den Messbereich fest

Abb. 3-12:   Beispielschaltung für einen Parallel-Wandler

Dual-Slope-Verfahren

Eine weitere Klasse von A/D-Wandlern sind die integrierenden Wandler. Im Gegensatz zu den direkten Verfahren (z.B. das Wägeverfahren) werden bei integrierenden A/D-Wandlern Spannungen schrittweise auf- bzw. abintegriert, um die Eingangsspannung anzunähern. Die Anzahl der Zeitschritte bestimmt den digitalen Wert. Ein Beispiel für einen integrierenden Wandler stellt das Dual-Slope-Verfahren dar (Abb. 3-13). Das Dual-Slope-Verfahren ist in drei Phasen unterteilt. In der ersten Phase wird ein Reset des Wandlers durchgeführt, d.h. der Kondensator entleert und der digitale Zähler auf Null zurückgesetzt ((durch das Schließen von S_2 entlädt sich der Kondensator C_1). In der zweiten Phase wird über eine feste Zeit T_2 (N Taktimpulse) die zu wandelnde Eingangsspannung U_x aufintegriert. Hierzu wird ein Operationsverstärker als Integrierer verwendet.

$$\Rightarrow U_1(T_2) = \frac{1}{RC} \int_{t_1}^{t_2} U_X dt = U_X \frac{t_2 - t_1}{RC}$$

Nach Beendigung dieser Aufwärtsintegration wird schrittweise mit einer Referenzspannung U_{ref} abintegriert, bis der Komperator 0 Volt oder eine Spannung, die entgegengesetzt der Eingangsspannung ist, bestimmt. Die Anzahl n der hierfür notwendigen Taktimpulse ist proportional zur Eingangsspannung, d.h. der Ausgang am Zähler stellt gerade das digitale Wort dar. Formal lässt sich der Vorgang wie folgt beschreiben:

Abwärtsintegration mit Referenzspannung U_{ref} solange, bis $U_1 = U_{(T3)} = 0V$:

$$U_1(T_3) = U_1(T_2) - \frac{1}{RC} \int_{t_1}^{t_2} U_{ref} dt$$

Für $U_1(T_3) = 0$ und $T_3 = t_3 - t_2$ gilt: $U_x \frac{T_2}{RC} = U_{ref} \frac{T_3}{RC}$

$$\Rightarrow U_X = \frac{T_3}{T_2}U_{ref} = U_{ref}\frac{nT}{NT} = \frac{U_{ref}}{N}n \quad (\text{T=Periodendauer des Zählers})$$

$$\Rightarrow U_X \sim n$$

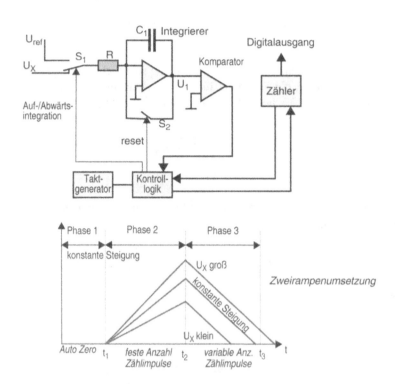

Abb. 3-13:   Beispielschaltung für das Dual-Slope-Verfahren und Zeitverlauf einer A/D-Wandlung

Vorteil dieser A/D-Wandlung ist die relativ hohe Genauigkeit und der robuste Aufbau, da keine kritischen Schaltungskomponenten verwendet werden müssen und Temperaturdrifts der Bauteile durch Auf- und Abintegrieren aufgehoben werden. Nachteile sind die relativ langsame Umsetzungszeit und der begrenzte Auflösungsbereich. Weitere integrierende Wandler sind: Single-Slope- oder Charge-Balancing-Verfahren.

Charge-Balancing-Verfahren

Das Charge-Balancing-Verfahren (C/B-Verfahren) gehört zu den Spannungs-Frequenz-Umsetzern (U/F-Wandler). Bei diesen Verfahren wird die analoge Spannung in eine Impulsfolge mit konstanter Spannung transformiert. Dieses Zwischensignal kann direkt über einen digitalen Eingang in die Auswerteelektronik eingelesen werden.

Der analoge Spannungswert kann auf unterschiedliche Weise kodiert werden. Bei dem C/B-Verfahren wird die Information in der Frequenz der Impulsfolge kodiert. Ein Integrator wird solange mit der Eingangsspannung U_X aufgeladen (*Charge*), bis ein Schwellwert am Komparator überschritten wird. Dieser löst einen Impuls am Ausgang aus und legt für eine feste Zeitspanne t_s eine negative Referenzspannung $-U_{ref}$ an den Integrator. Wird der Schwellwert wieder unterschritten beginnt das Aufladen erneut. Je höher die zu messende Spannung ist, umso schneller wird wieder die Schwelle am Komparator erreicht (hohe Spannung ⇒ hohe Frequenz). Entscheidend für die Spannung am Ausgang des Integrators sind die Ladungen Q_{ges} auf dem Kondensator:

$$Q_{ges} = U \cdot C = Q_X + Q_{ref} = \int_{t_1}^{t_2} \left(\frac{U_X}{R_1} + \frac{U_{ref}}{R_2} \right) dt$$

Da die Ausgangsfrequenz $f = 1/T$ der Schaltung sehr viel höher ist als die Signalfrequenz (Überabtastung), kann die Spannung für einen Zyklus als konstant angenommen werden. Dadurch ergeben sich für die beiden Teilladungen folgende Gleichungen:

$$Q_{ref} = \frac{U_{ref}}{R_2} \cdot t_s$$

$$Q_x = U_X R_1 \cdot T$$

Ziel der Schaltung ist es, die Spannung (Ladungen auf dem Kondensator) im Mittel auf Null auszugleichen (*Balancing*):

$$Q_{ges} = 0 \;\Rightarrow\; Q_{ref} = Q_X \;\Rightarrow\; \frac{U_{ref}}{R_2} \cdot t_s = U_X R_1 \cdot T$$

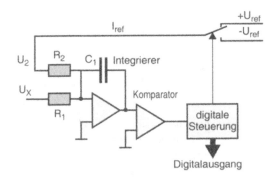

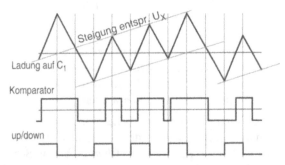

Abb. 3-14:   Beispielschaltung für das Charge-Balancing-Verfahren und Zeitverlauf einer Messung.

Löst man die Gleichung nach $f = 1/T$ auf, ergibt sich ein proportionaler Zusammenhang von U_X zu f:

$$f = \frac{R_2}{U_{ref} \cdot t_s \cdot R_1} \cdot U_X \Rightarrow f \sim U_X$$

Das C/B-Verfahren hat gegenüber den Dual-Slope-Verfahren den Vorteil, dass die Wandlerdauer unabhängig von U_X ist. Entscheidend für das Ergebnis der Messung ist nicht die Genauigkeit eines Zyklus sondern die durchschnittliche Zeit mehrerer Zyklen. Ein Vorteil gegenüber der schrittweiser Annäherung ist der einfachere Aufbau mit nur einer Referenzspannung. Ein Nachteil ist die wesentliche aufwändigere digitale Schaltungselektronik, da die einzelnen Zyklen ein Vielfaches der Signalfrequenz haben.

Delta-Sigma-Wandler

Der Delta-Sigma-Wandler (D/S-Wandler) ist dem C/B-Wandler sehr ähnlich. Der Unterschied besteht darin, dass bei einem C/B-Wandler die Impulse asynchron erzeugt werden. Beim D/S-Wandler werden die Impulse synchron zum Takt des Wandlers erzeugt. Die Ladungskompensation wird bei einem D/S-Wandler durch Aufschalten einer positiven und einer negativen Referenzspannung erzeugt. Entsprechend des Vorzeichens der Kompensationsspannung wird ein positiver oder negativer Impuls erzeugt. Aus dem Verhältnis aus positiven zu negativen Impulsen kann die analoge Spannung bestimmt werden. Die Bildung der Differenz (Delta) und das anschließende Aufsummieren (Σ= Sigma) führt zum Namen Delta-Sigma-Wandler.

Liegt am Eingang des Wandlers $U_x = 0V$ und im ersten Takt eine positive Reverenzspannung an, sinkt die Ausgangsspannung am Integrierer. Der Komparator gibt einen negativen Impuls an das Flip-Flop weiter. Dadurch wird im nächsten Takt eine negative Referenzspannung an den Operationsverstärker gelegt. Da die Spannung am Intergrator positiv ist, integriert er die Ausgangsspannung wieder auf den Ausgangswert auf. Der Komparator erkennt den positiven Ausgang des Integrieres und gibt einen positiven Impuls aus und so weiter. Dadurch ergibt sich ein ausgeglichenes Verhältnis von Einsen und Nullen (Mittelwert gleich Null). Erhöht man die Spannung U_x am Eingang, steigt auch die Spannung beim Aufintegrieren schneller an. Dadurch verschiebt sich das Verhältnis der Anzahl von Einsen und Nullen.

Delta-Modulation

Eine leichte Abwandlung des D/S-Wandlers führt zum Delta-Wandler (Abb. 3-15). Dabei kodiert das Wandler-Ausgangssignal eine Differenz des Eingangssignals zwischen zwei Abtastzeitpunkten. Je steiler die Flanke des Eingangssignals, desto mehr Ausgangsimpulse werden mit dem entsprechenden Vorzeichen ausgegeben. Bei Gleichspannung ergibt sich ein stetiger Wechsel von Einsen und Nullen. Die grundlegende Idee ist, dass das zu wandelnde Signal meist eine hohe Datenredundanz aufweist. D.h., dass benachbarte Abtastwerte nur geringfügig voneinander abweichen. Dies hat den Vorteil, dass eine Datenreduktion möglich ist, was für höhere Abtastraten (z.B. Audio, Video) wichtig ist.

Redundante Signalanteile (= Signalanteil, der sich über den wahrscheinlichen Signalverlauf rekonstruieren lässt) werden durch einen Prädikator (Vorhersagewert) bestimmt und nicht quantifiziert. Lediglich der verbleibende Signalanteil (Differenz zwischen Momentanwert und Vorhersagewert) muss kodiert werden. Der Vorhersagewert ist im einfachsten Fall der durch den letzten Abtastwert bestimmte Signalwert. Aus der Differenz ergibt sich eine 1-Bit-Kodierung der Differenz von $U_X(t)$ und U_i. Es ist nur ein „</>"-Vergleich der beiden Werte nötig (Komperator).

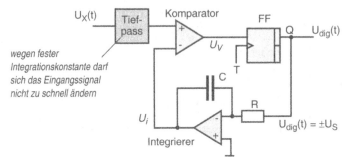

Abb. 3-15:   Beispielschaltung für das Delta-Modulations-Verfahren

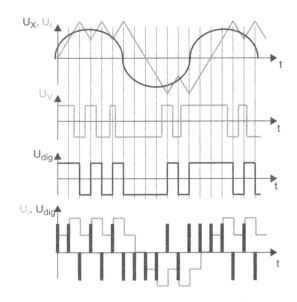

Abb. 3-16:   Zeitverlauf der Spannungen (vgl. Abb. 3-15) einer Delta-Modulation eines Sinus-Signals

In der Auswertelogik werden die positiven Impulse aufaddiert und die negativen Werte subtrahiert. Der Zählerstand ist proportional zur Eingangsspannung. Dadurch ergibt sich ein Treppenverlauf mit einer maximalen Stufenhöhe von Eins (Abb. 3-16). Durch die maximale Stufenhöhe von Eins ergibt sich eine maximal „erlaubte" Anstiegsgeschwindigkeit des Eingangssignals. Eine kleine analoge Stufenhöhe folgt dem Eingangssignal nur langsam. Ist die Stufe zu klein, können Steigungsüberlastungen (Overload, Noise) auftreten. Wählt man die Stufen zu groß, steigt das Quantisierungsrauschen.

3.1.3   Rückführungsprozess

Um in einem eingebetteten System die Aktuatorik ansprechen zu können, ist es im Allgemeinen notwendig, die berechneten digitalen Ausgangsgrößen in analoge elektrische Größen umzuwandeln. Dieser Prozess wird als Rückführungsprozess bezeichnet (Abb. 3-17). Der Rückführungsprozess gliedert sich in drei Phasen, die eigentliche D/A-Wandlung, die Abtastung des Analogwertes am Ausgang des D/A-Wandlers und das Festhalten des Wandlers über eine Taktperiode mittels S&H-Verstärker sowie die Glättung des Ausgangssignals mittels eines Tiefpassfilters.

Abb. 3-17:   Rückführungsprozess

D/A-Wandlung

Betrachten wir zunächst die eigentliche D/A-Wandlung. Der parallele D/A-Wandler (Abb. 3-18) führt eine synchrone Umsetzung des digitalen Codes in Analogwerte durch. Die einzelnen Bits im Ausgangregister schalten die Referenzspannung U_{ref} auf die Bewertungswiderstände am Eingang eines Summierers. Dabei entsprechen die Verhältnisse der Teilströme/Spannungen der binären Darstellung. Die Teilströme/Spannungen werden am Eingang des Operationsverstärkers S aufaddiert und gegebenenfalls für die Anwendung verstärkt (Summiererschaltung). Der Ausgang U_a ist proportional zum binären Wort $(b_{n-1};b_{n-2};...;b_1;b_0)$ am Eingang.

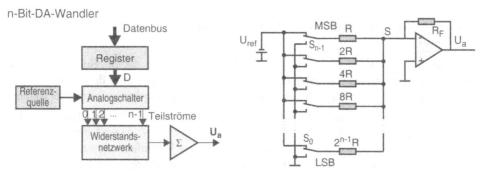

Abb. 3-18:   Beispielschaltung für die parallele Umsetzung einer D/A-Wandlung

$$I_S = b_{n-1} \cdot \frac{U_{ref}}{R} + b_{n-2} \cdot \frac{U_{ref}}{2R} + ... + b_0 \cdot \frac{U_{ref}}{2^{n-1}R} = \frac{U_{ref}}{2^{n-1}R} \sum_{i=0}^{n-1} b_i 2^i \quad mit \; b_i \in \{0;1\}$$

Die parallele Umwandlung ist nur dann direkt möglich, wenn die Genauigkeit der Widerstände (die notwendigen Widerstände halbieren sich für die entsprechenden Teilströme/Spannungen des nächst höheren Bits) gewährleistet werden kann. Beispielsweise ergeben sich für einen 16-Bit Wandler Widerstandstoleranzen für das Most Significant Bit MSB von

0,0015 Prozent. Um diese Anforderung zu ermöglichen, muss vor allem auch das Driftverhalten bei Temperaturschwankungen aller Widerstände gleich sein. Des Weiteren muss berücksichtigt werden, dass die Schalter ebenfalls ein Widerstand aufweisen, der zu fehlerhaften Wandlerergebnissen führen kann. Heutige IC-Technologien ermöglichen akzeptable Widerstandsverhältnisse von 20:1. Dadurch sind maximal 4 - 5 Bit Auflösung bei dieser Art der Wandlung fehlerfrei generierbar. Um auch größere Auflösungen wandeln zu können, werden mehrer Parallelwandler zusammengeschaltet. Z.B. kann ein 12-Bit-Wandler aus 3 Blöcken von jeweils 4-Bit-Wandlern aufgebaut werden. Die Blöcke werden jeweils über Stromteilerwiderstände im Verhältnis 16:1 gekoppelt. Die Teilströme werden wiederum mit Hilfe eines Operationsverstärkers aufsummiert.

R-2-R-Kettenleiter

Der R-2-R-Kettenleiter benötigt als alternative zum parallel Wandler nur zwei verschiedene Widerstandswerte. Dies hat den Vorteil, dass diese beiden Widerstände mit sehr kleinen Toleranzen hergestellt werden können. Die beiden Widerstandswerte haben das Verhältnis von 2:1 (Abb. 3-19).

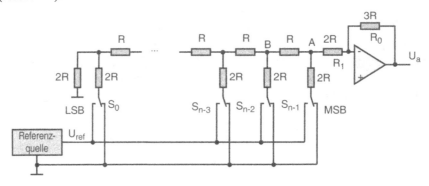

Abb. 3-19:   Beispielschaltung für einen R-2-R-Kettenleiter

Durch das Superpositionsprinzip bei linearen Systemen können die einzelnen Kreise bzw. Quellen getrennt betrachtet werden. Geht man beim R-2-R-Kettenleiter davon aus, dass die Widerstände und Schalter ideal (linear) sind, kann jeder Schalter getrennt betrachtet werden.

In Abb. 3-20 ist eine vereinfachte Schaltung mit nur einem Bit Auflösung dargestellt. Der Operationsverstärker ist als invertierender Verstärker beschaltet, daher kann der negative Eingang als virtuelle Masse betrachtet werden. Mit dieser Vereinfachung hat man 3 Widerstände mit nur einem Widerstandswert $2R$. Mit Hilfe der Spannungsteiler-Regel ergibt sich für die Spannung im Punkt A:

$$U_A = U_{ref}/3 = I \cdot 2R \Rightarrow I = \frac{U_{ref}}{3 \cdot 2R}$$

Da der Eingang des Operationsverstärkers als ideal angesehen werden kann, gilt $I_{R0}=I_{R1}$. Durch die virtuelle Masse gilt für die Ausgangsspannung am Operationsverstärker: $U_a = U_{R0} = I \cdot 3R$. Ersetzt man I durch die Gleichung ergibt sich der Zusammenhang von Referenzspannung zu Ausgangsspannung wie folgt: $U_a = U_{ref}/2$.

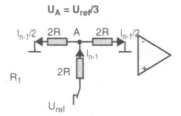

Abb. 3-20:   Beispielschaltung einer R-2-R-Schaltung mit nur einem Bit

Im nächsten Schritt wird die Schaltung um einen zweiten Schalter erweitert. Die Widerstände werden so erweitert, dass aus der Sicht des ersten Schalters die Widerstände gleich bleiben. Sei nur das Bit n-2 eingeschaltet (Abb. 3-21), dann ergeben sich für den Widerstand zwischen B und Referenzquelle $2R$ und für den Widerstand zwischen B und virtueller Masse $2R$. Fasst man die drei Widerstände um A zu einem zusammen, ergibt sich wieder die Schaltung aus Abb. 3-20 mit der Spannung im Punkt B: $U_B = U_{ref}/3$. Fasst man die Widerstände R_1 und R_2 zusammen ergibt sich für die Spannung am Punkt A: $U_A = U_B/2 = U_{ref}/6$.

Da die Verstärkung am Operationsverstärker gleich geblieben ist, ergibt sich das Verhältnis $U_a = U_{ref}/4$. Dieses Vorgehen lässt sich für alle weiteren Bits anwenden.

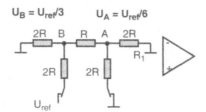

Abb. 3-21:   Beispielschaltung einer R-2-R-Schaltung mit zwei Bit

Pulsweiten-Modulation (PWM)

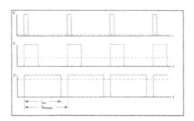

Abb. 3-22:   Zeitverlauf verschiedener PWM-Signale

Eine weitere Möglichkeit ein Analogsignal zu generieren, ist die Pulsweiten-Modulation (PWM) (Abb. 3-22). In einer elektrischen Schaltung (z.B. Mikrocontoller oder DSP) wird ein PWM-Signal am digitalen Ausgang erzeugt. Dem digitalen Ausgang wird ein Tiefpass nachgeschaltet (vgl. Abb. 3-17), der das PWM-Signal zu einer analogen durchschnittlichen Spannung $U_{aus} = U_{ref} \cdot t_{ein} / t_{Periode}$ glättet.

S&H-Verstärker

Am Ausgang des D/A-Wandlers kann es beim Wechsel des Digitalwertes zu Hazards kommen. D.h. wenn mehrere Bits gleichzeitig kippen, können Zwischenwerte entstehen, die zu Spannungsspitzen oder -einbrüchen führen können. Diese Störungen werden durch den Ausgangsverstärker noch verstärkt ($\rightarrow$ Glitches Abb. 3-23). Durch den Einsatz eines (weiteren) S&H-Verstärkers können diese Fehler vermieden werden. Der S&H-Verstärker hält den letzten stabilen Wert solange aufrecht, bis ein neuer stabiler Zustand im nächsten Takt erreicht wird. Durch dieses Festhalten ergibt sich ein wertdiskretes aber zeitkontinuierliches Signal (Abb. 3-24).

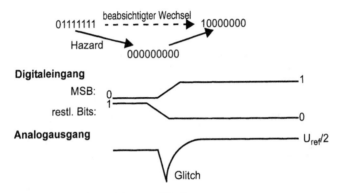

Abb. 3-23:   Hazards im Digitalwert führen zu Glitches

Abb. 3-24:   Zeitliche Darstellung eines S&H-Schrittes

Filter im Rückführungsprozess

Am Ausgang des S&H-Verstärkers entsteht ein treppenartiger Verlauf der Spannung (Abb. 3-25). Diese Treppenstufen enthalten sehr hochfrequente Anteile. Mit der Hilfe eines Tiefpass-Filter kann die Treppenspannung geglättet werden.

Werden die digitalisierten Werte ohne digitale Manipulation (z.B. Filter, Regler...) wieder zu einem analogen Signal rekonstruiert, sollten die beiden analogen Signale identisch sein.

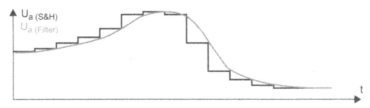

Abb. 3-25:   Ein- und Ausgangssignal eines Tiefpassfilters

3.2   Grundlagen der Sensordatenverarbeitung

Wie bereits am Anfang des Kapitels mit Hilfe des MSR-Kreislaufes (Abb. 3-1) eingeführt, wird der Zustand des Prozesses durch Sensoren erfasst. Im Folgenden soll eine kurze Einführung in die Sensorik gegeben werden. Da die Messungen oft verrauscht oder fehlerbehaftet sind, beschreibt der zweite Teil des Abschnitts typische Messfehler und wie der tatsächliche Zustand aus Messung und Messfehler besser geschätzt werden kann.

Sensor

Der Begriff Sensor stammt aus dem Lateinischen *sensus* und kann mit *Sinn* übersetzt werden. Ein Sensor beschreibt eine Einrichtung zum Feststellen, Fühlen bzw. Empfinden von physikalischen und chemischen Größen. Im Allgemeinen ist ein Sensor eine Einheit, die ein Signal oder Stimulus empfängt und darauf reagiert. Bei einem physikalischen Sensor ist die Ausgabe ein elektrisches Signal wie Spannung, Strom oder Ladung. Durch Amplitude, Frequenz oder Phase können unterschiedliche Werte repräsentiert werden. Ein Stimulus ist eine Größe, Eigenschaft oder Beschaffenheit, die wahrgenommen und in ein elektrisches Signal umgewandelt wird.

Sensoren können unterschiedlich klassifiziert werden: *Extrinsische* oder auch *externe Sensoren* ermitteln Informationen über die Prozessumgebung, *intrinsische* oder *interne Sensoren* bestimmen hingegen den internen Systemzustand. Desweiteren können Sensoren in aktive und passive Wandler aufgeteilt werden. Ein *aktiver Wandler* variiert ein angelegtes elektrisches Signal, wenn der Stimulus sich verändert, ein *passiver Wandler* erzeugt direkt ein elektrisches Signal bei Veränderung des Stimulus. Abb. 3-26 stellt die Wandlung unterschiedlicher nichtelektrischer Größen in elektrische dar.

In Abb. 3-27 sind typische Sensoren, die in eingebetteten Systemen Verwendung finden, aufgeführt und nach extrinsisch und intrinsisch klassifiziert. Für Anwendungen im Bereich der eingebetteten Systeme wird nicht nur ein physikalischer Sensor verbaut, sondern vielmehr ein Sensor mit entsprechender Sensorelektronik. Die Sensorelektronik übernimmt beispielsweise direkte Filteraufgaben, extrahiert komplexere Informationen, digitalisiert und skaliert. Um dies bei der Klassifikation zu berücksichtigen, werden Sensorsysteme auch über die in Abb. 3-28 dargestellten Integrationsstufen unterschieden.

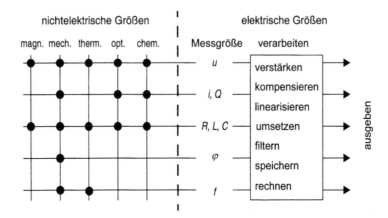

Abb. 3-26:   Mit Hilfe von Sensoren und Aufnehmern werden nichtelektrische Größen (z.B. magn., mech., therm., opt. und chem.) in elektrische (z.B. Strom, Spannung, Widerstand, Induktivität, Kapazität sowie Phase und Frequenz) umgeformt und damit der elektrischen Messung zugänglich.

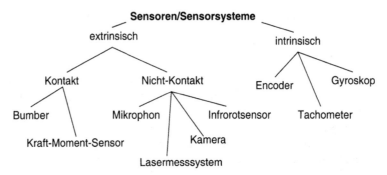

Abb. 3-27:   Klassifikation von Sensoren

Der Elementarsensor nimmt dabei eine Messgröße auf und wandelt diese direkt in ein elektrisches Signal um. Der integrierte Sensor beinhaltet zusätzlich eine Einheit zur Signalaufbereitung, wie beispielsweise Verstärkung, Filterung, Linearisierung und Normierung. Intelligente Sensoren beinhalten darüberhinaus eine rechnergesteuerte Auswertung der eingehenden Signale. Oft werden bereits digitale Größen am Ausgang erzeugt, die direkt vom eingebetteten Rechnerknoten eingelesen werden können. Typische Ausgaben sind binäre Werte wie beispielsweise bei Lichtschranken und Näherungsschaltern, skalare Ausgaben wie die Winkelmessung durch Encoder, vektorielle Ausgaben wie die drei Kräfte und Drehmomente einer Kraftmessdose oder auch mustererkennende Ausgaben wie die Extraktion einer Person aus einem Videostrom.

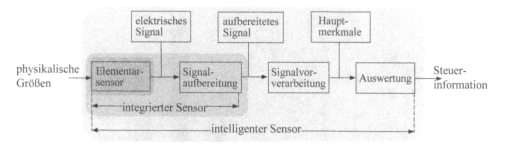

Abb. 3-28:   Klassifikation über Integrationsstufen

3.3   Messfehler

Aufgrund der physikalischen Eigenschaften der Sensoren und den für das Messsystem manchmal ungünstigen Umweltbedingungen, entstehen Messfehler bzw. Sensorausfälle. In beiden Fällen ist es meist schwer, über den vom Sensor zurückgelieferten Messwert eine Aussage zu treffen, ob eine Fehlmessung vorliegt. Daher ist es notwendig, Verfahren zu entwickeln, um Messfehler zu bestimmen.

Allgemein unterscheiden wir zwischen systematischen Fehlern und zufälligen (statistischen) Fehlern. Systematische Fehler werden durch den Sensor direkt verursacht, wie beispielsweise durch falsche Eichung. Sie lassen sich durch eine sorgfältige Untersuchung möglicher Fehlerquellen beseitigen. Zufällige Fehler hingegen werden durch nicht vorhersagbare Störungen verursacht. Sie können durch wiederholte Messungen derselben Situation beobachtet werden. Die Einzelmessungen weichen dabei voneinander ab und schwanken meist um einen Mittelwert (Abb. 3-29).

Um die Unsicherheit von Messungen angeben zu können, können zwei Formen gewählt werden:

Der *absolute Fehler* Δx_i einer Einzelmessung x_i ist gleich der Abweichung vom Mittelwert $\bar{x}$ aller N Messungen $\{x_n | n \in \{1,...,N\}\}$

Der *relative Fehler* ist das Verhältnis von absolutem Fehler zum Messwert: $\dfrac{\Delta x_i}{x_i}$

Das *arithmetische Mittel* (bester Schätzer) ist definiert als

$$\bar{x} = \frac{1}{N} \sum_{i=1}^{N} x_i$$

Der *durchschnittliche* bzw. *mittlere Fehler* der Einzelmessungen ist:

$$\sigma^2 = (\Delta x)^2 = \frac{1}{N-1} \sum_{i=1}^{N} (\Delta x_i)^2 = \frac{1}{N-1} \sum_{i=1}^{N} (x_i - \bar{x})^2$$

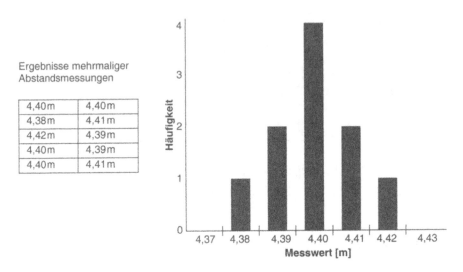

Ergebnisse mehrmaliger
Abstandsmessungen

4,40 m	4,40 m
4,38 m	4,41 m
4,42 m	4,39 m
4,40 m	4,39 m
4,40 m	4,41 m

Abb. 3-29:   Histogrammdarstellung mehrfacher Abstandsmessungen der gleichen Situation

In der Formel steht der Faktor $N–1$ und nicht N, da nur durch die Zahl der Vergleichsmessungen geteilt wird.

Daraus ergibt sich als *mittlerer Fehler*

$$\sigma_{\bar{x}} = \Delta\bar{x} = \sqrt{\frac{1}{N(N-1)}\sum_{i=1}^{N}(x_i-\bar{x})^2} = \frac{\Delta x}{\sqrt{N}} = \frac{\sigma}{\sqrt{N}}$$

und als Ergebnis einer Messung

$$x = (\bar{x}\pm\sigma_{\bar{x}})\ [Einheit]$$

Den Vertrauensbereich von Messungen kann man mit Hilfe einer Häufigkeitsverteilung H der Messwerte x bei einer Normalverteilung angeben. Abb. 3-30 zeigt die graphische Darstellung der Häufigkeitsverteilung. Dabei wird $\sigma_{\bar{x}}$ als Standardabweichung bezeichnet. Bei großen N besagt die Vertrauensgrenze $\pm\sigma_{\bar{x}}$, dass ca. 68% der Messwerte im Intervall $\pm\sigma_{\bar{x}}$ liegen. Wird eine Sicherheit von 95% verlangt, so vergrößert sich das Intervall um $\pm2\cdot\sigma_{\bar{x}}$, bei 99% auf etwa $\pm3\cdot\sigma_{\bar{x}}$.

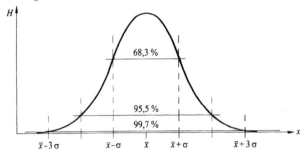

Abb. 3-30:   Häufigkeit H für unendlich viele Messwerte x mit der Standardabweichung σ

3.3.1   Fehlerfortpflanzung

Wird eine abgeleitete Größe aus mehreren Messgrößen berechnet, so muss ebenfalls eine Messunsicherheit angegeben werden. Ist die zu berechnende Größe $y=f(x_1,x_2,...,x_N)$ und Δx_i die Messunsicherheit der einzelnen Messgrößen, so ist die Messunsicherheit Δy der zu berechnenden Größe

$$y + \Delta y = f(x_1 + \Delta x_1, x_2 + \Delta x_2, ..., x_N + \Delta x_N)$$

$$\approx f(x_1, x_2, ..., x_N) + \sum_{i=1}^{N} \frac{\partial f}{\partial x_1} \Delta x_i$$

$$\Delta y = \sum_{i=1}^{N} \frac{\partial f}{\partial x_1} \Delta x_i \text{ für } \Delta x << x_i \text{ (abgebrochene Taylorreihe)}$$

In obiger Gleichung stellen die partiellen Ableitungen Gewichtsfaktoren für die Fehlerfortpflanzung dar. Beispiele für die Fehlerfortpflanzung einer abgeleiteten Größe sind:

- Linearkombination

$$y = a_1 x_1 + a_2 x_2 + ... + a_n x_n \quad \Delta y = \sum_{1=1}^{n} \alpha_i \Delta x_i$$

- Kombiniert durch Multiplikation

$$y = a_1 x_1^{b_1} + a_2 x_2^{b_2} + ... + a_n x_n^{b_n} \quad \Delta y = y \cdot \sum_{1=1}^{n} b_i \frac{\Delta x_i}{x_i}$$

Generell kann man folgende Faustregel für die Fehlerfortpflanzung verwenden:

- bei *Addition* und *Subtraktion* addieren sich die *absoluten* Fehler
- bei *Multiplikation* und *Division* addieren sich die *relativen* Fehler
- die Differenz zweier nahezu gleich großer Größen erhält einen großen relativen Fehler Besser ist es die Differenz direkt zu messen.
- Quadrierung verdoppelt, Quadratwurzel ziehen halbiert den relativen Fehler

Oft besteht zwischen zwei Größen x und y ein Zusammenhang wie beispielsweise zwischen den Größen Strom und Spannung an einem Widerstand. Eine besonders einfache Beziehung stellt die Linearität von x und y dar mit $y=m \cdot x+b$.

Bei diesem Zusammenhang können die Koeffizienten der Geradengleichung mittels linearer Regression bestimmt werden (Abb. 3-31). Unter Verwendung der linearen Regression können die beiden Koeffizienten m und b bei einer Messreihe von n Messwerten x_i und y_i wie folgt bestimmt werden:

$$m = \frac{\sum_{i=1}^{n} (x_i - \bar{x})(y_i - \bar{y})}{\sum_{i=1}^{n} (x_i - \bar{x})^2} \text{ und } b = \bar{y} - m\bar{x}$$

wobei $\bar{x}$ und $\bar{y}$ die Mittelwerte der Messwertreihen sind.

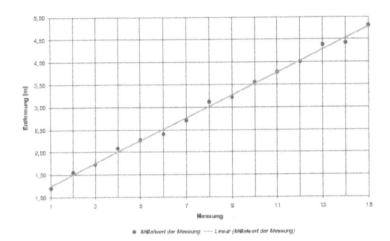

Abb. 3-31:   Regressionsgerade zu ermittelten Messwerten

Zur quantitativen Bestimmung der linearen Abhängigkeit zweier Größen x und y wird häufig der empirische Korrelationskoeffizient r_{xy} angegeben:

$$r_{xy} = \frac{\sum_{i=1}^{n}(x_i - \bar{x})(y_i - \bar{y})}{\sqrt{\sum_{i=1}^{n}(x_i - \bar{x})^2 \sum_{i=1}^{n}(y_i - \bar{y})^2}}$$

Je näher r_{xy} an 1 liegt, um so stärker ist eine lineare Abhängigkeit gegeben.

3.4   Sensoren

Wie einleitend beschrieben, können die Sensoren in intrinsisch und extrinsisch unterschieden werden. Typische intrinsische Sensoren sind Positionssensoren, Geschwindigkeitssensoren, Beschleunigungssensoren, Gyroskope oder geomagnetische Sensoren, die beispielsweise als optische Encoder, magnetisch induktive Geber oder Potentiometer aufgebaut werden können. Extrinsische Sensoren sind beispielsweise Ultraschallsensoren oder Kamerasysteme. Eine umfangreiche Einführung in Sensoren, die in eingebetteten Systemen eingesetzt werden, ist im Rahmen dieses Buches nicht möglich. Im Folgenden sollen daher exemplarisch optische Encoder und kapazitive Beschleunigungssensoren vorgestellt und in deren Messprinzip eingeführt werden. Für eine umfangreichere Betrachtung sein auf die Literatur verwiesen.

3.4.1   Optische Encoder

Das Messprinzip eines optischen Encoders ist in Abb. 3-32 dargestellt. Optische Encoder können als relativer Sensor oder als absoluter Geber realisiert werden. Bei einer relativen Messung, wie in Abb. 3-32 gezeigt, werden zwei in einem bestimmten Abstand angeordnete Lichtquellen über einem Schwarz-Weiß-Gitter installiert. Das Schwarz-Weiß-Gitter bzw. der Sensor kann sich entweder linear oder rotatorisch bewegen. Die schwarzen Flächen, die dieselbe Breite wie die weißen Flächen haben, sind lichtundurchlässig, die weißen lichtdurchlässig. Auf der gegenüberliegenden Seite der Lichtquelle befinden sich zwei Detektoren (beispielsweise Fotosensoren), die einen Strom proportional zur gemessenen Lichtintensität liefern. Durch die Bewegung des Schwarz-Weiß Gitters zwischen Lichtquelle und Detektor wird im Allgemeinen ein sinusförmiges Signal erzeugt. Legt man einen bestimmten Helligkeitsschwellwert fest, über den eine Eins und unter dem eine Null am Ausgang des Detektors zurückgeliefert werden soll, entsteht eine Rechteckfunktion (Abb. 3-32). Die Anzahl der Übergänge von Null auf Eins bzw. von Eins auf Null ist proportional zur linearen bzw. rotatorischen Bewegung des Schwarz-Weiß-Gitters.

Liegen die beiden Detektoren $nT+0{,}25T$ auseinander, so kann man zusätzlich noch die Richtung der Bewegung feststellen. In Abb. 3-32 wird gezeigt, dass sich abhängig von der Drehrichtung ein eindeutiger Zustandsübergang (1-2-3-4 oder 4-3-2-1) ergibt und damit die Richtung der Bewegung eindeutig bestimmt werden kann. Da bei Encodern direkt ein digitaler Zählwert zurückgeliefert wird, ist keine A/D-Wandlung notwendig.

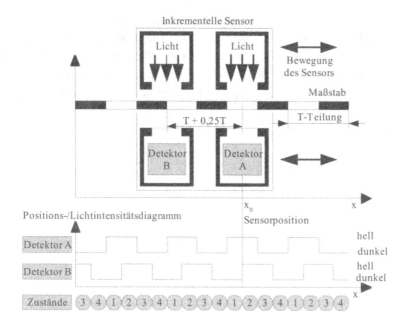

Abb. 3-32:   Funktionsweise eines inkrementellen Positions-/Winkelsensors

3.4.2   Beschleunigungssensoren

Im Folgenden wird ein kapazitiver Beschleunigungssensor vorgestellt, der in vielen eingebetteten Systemen wie beispielsweise Handys vorkommt und anhand dessen man gut die
nicht elektrische und elektrische Messgrößenumformung im MSR-Kreislaufes erklären
kann. Um eine Beschleunigung zu messen, wird die Grundgleichung der Mechanik ausgenutzt, in dem eine Beziehung zwischen Kraft, Beschleunigung und Masse beschrieben ist.
Wird eine Masse an einem Federelement befestigt (Abb. 3-33) mit $F=k \cdot Z$ (k Federkonstante,
Z Auslenkung), so lässt sich die Beschleunigung berechnen mit

$$a = \frac{k \cdot Z}{m}$$

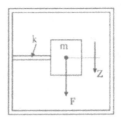

Abb. 3-33:   Prinzip mechanischer Beschleunigungssensoren

Bettet man diese Masse, die durch 2 leitfähige Platten begrenzt wird, zwischen zwei weiteren Platten C_1 und C_2 ein (Abb. 3-34), so entsteht ein Differentialkondensator.Die Platten
mit Abstand d_0 laden sich solange auf, bis die Potentialdifferenz der beiden Platten gleich
der angelegten Spannung U ist: Es herrscht ein annähernd homogenes Feld zwischen den
Platten mit Feldstärke $E = \frac{U}{d_0} = \frac{\sigma}{\varepsilon_0}$, wobei die Ladungsdichte $\sigma = \frac{Q}{A}$, die Plattenfläche A und
die elektrische Feldkonstante ε_0 ist. Daraus ergibt sich

$$C = \frac{Q}{U} = \frac{Q \cdot \varepsilon_0}{\sigma \cdot d_0} = \frac{Q \cdot \varepsilon_0 \cdot A}{Q \cdot d_0} = \frac{\varepsilon_0 \cdot A}{d_0}$$

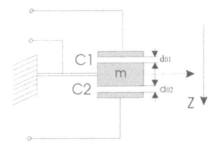

Abb. 3-34:   Aufbau eines Differentialkondensators

Die Kapazität ist damit umgekehrt proportional zum Plattenabstand d_0.

Durch die Beschleunigung der Masse ändern sich die Plattenabstände d_{01} und d_{02} um $\pm\,\Delta d$. Da die Kapazität eines Kondensators vom Abstand und der Plattenfläche abhängt, ändern sich die Kapazitäten C_1 und C_2 gegenläufig (Abb. 3-34).

Um die Kapazitätsänderungen zu bestimmen und daraus indirekt die Bewegung der Masse berechnen zu können, eignet sich die in Abb. 3-35 dargestellte Brückenschaltung.

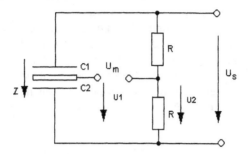

Abb. 3-35:   Brückenschaltung für einen Differentialkondensator

Dabei ist U_m die Messspannung und U_s eine Wechselspannung. Legt man eine Wechselspannung an einen Kondensator verhält er sich wie ein komplexer Widerstand $z_C = \frac{1}{j\omega C}$.

$$U_m = U_1 - U_2$$

$$U_2 = U_s\frac{R}{R+R} = \frac{1}{2}U_s$$

$$U_1 = U_s\frac{\frac{1}{j\omega C_2}}{\frac{1}{j\omega C_1}+\frac{1}{j\omega C_2}}$$

$$= U_s\frac{C_1}{C_1+C_2}$$

Die Messspannung U_m kann nun in Abhängigkeit der Massenauslenkung wie folgt bestimmt werden:

$$U_m = U_2 - U_1$$

$$= U_s\left(\frac{1}{2} - \frac{C_1}{C_2+C_1}\right)$$

$$= \frac{U_s}{2}\left(\frac{C_2-C_1}{C_2+C_1}\right)$$

Durch das Einsetzen von $C_1 = \frac{\varepsilon_0\cdot A}{d_0-\Delta d}$ und $C_2 = \frac{\varepsilon_0\cdot A}{d_0+\Delta d}$ mit $d_{01}=d_0-\Delta d$ mit $d_{02}=d_0+\Delta d$ in obige Gleichung ergibt sich

$$U_m = -U_s \frac{\Delta d}{2d_0}.$$

Wie oben dargestellt, lässt sich nun die Abstandsänderung zwischen den beiden Kondensatoren durch die Messspannung U_m, die Wechselspannung U_s und den initialen Abstand der Platten d_0 bestimmen. Aus der Abstandsänderung (Auslenkung der seismischen Masse) kann nun direkt die Beschleunigung a bestimmt werden. Die im MSR-Kreislauf beschriebene nicht-elektrische Messgrößenumformung ist in diesem Beispiel die Bestimmung der Beschleunigung durch die Messung der Auslenkung der Masse. Da die Auslenkung der Masse proportional zur Kapazität des Kondensators ist, kann diese Auslenkung durch die Bestimmung von Spannungen beim Differentialkondensator bestimmt werden. Dies stellt den elektrischen Messgrößenumformer dar. Dieser Sensor lässt sich als mikromechanisches System aufbauen und ist somit sehr kostengünstig zu produzieren.

Abb. 3-36:   Wirkprinzip von Aktuatoren

3.5   Aktuatorik

In der letzten Phase des MSR-Kreislaufes wird die elektrische Energie in mechanische Energie umgewandelt, um so den Prozess beeinflussen zu können. Dies passiert in drei Schritten. Zunächst wird das D/A gewandelte Signal verstärkt, um es an den Leistungsbereich der Aktuatorik anzupassen. Anschließend erfolgt der eigentliche Wandlerschritt von elektrischer Leistung in mechanische Leistung. Beispielsweise wandelt ein Elektromotor angelegte Spannung und Strom in Drehzahl und Drehmoment an der Welle des Motors. Zur Anpassung der Geschwindigkeit bzw. des Drehmoments wird ein Getriebe oder Weggrößenumformer eingesetzt.

Aktuatoren können über ihre primäre Energieform klassifiziert werden (Abb. 3-37). Über eine elektrische Steuergröße wird die primäre Energieform des Aktuators beeinflusst (Abb. 3-36). Als primäre Energieformen können elektrische Energie, Strömungsenergie, thermische Energie und chemische Energie verwendet werden. Unterschiedliche Wirkprinzipien können genutzt werden, um die Wandlung in mechanische Größen zu ermöglichen (Abb. 3-37). Da für eingebettete Systeme im Wesentlichen elektrische Antriebe zum Einsatz kommen, werden diese im Folgenden ausführlicher betrachtet. Mit weiteren Aktuatoren, die in eingebetteten Systemen zum Einsatz kommen, endet der Abschnitt.

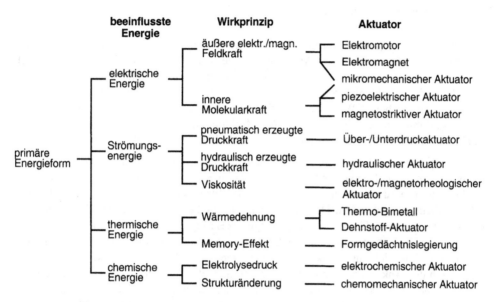

Abb. 3-37:   Klassifikation von Aktuatoren

3.6   Elektrische Antriebe

Elektromotoren werden mit elekrischer Energie betrieben. Sie können in Linear- und rotatorische Antriebe unterschieden werden. Rotatorische Elektromotoren werden nochmals in Gleichstrommotoren, Wechselstrommotoren und Schrittmotoren unterschieden. Bei Elektromotoren wird die Tatsache ausgenutzt, dass ein von Strom durchflossener Leiter in einem Magnetfeld durch eine zum Strom proportionale Kraft abgelenkt wird. Dieser Kraftvektor ist sowohl senkrecht zum Stromvektor als auch zum Magnetfeldvektor. Es gilt $F = I \times B$ wobei I der Stromvektor und B der Magnetfeldvektor sind (Abb. 3-38). Wechselstrommotoren werden in eingebetteten Systemen selten eingesetzt und werden im Folgenden nicht mehr näher beschrieben.

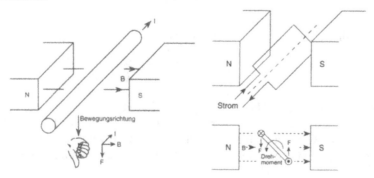

Abb. 3-38:   Die Funktionsweise eines Elektromotors beruht auf der Kraft die auf einen stromdurchflossenen Leiter im Magnetfeld wirkt.

3.6.1   Gleichstrommotoren

Gleichstrommotoren (Direct Current, DC) können bürstenlos oder bürstenbehaftet aufgebaut werden. In bürstenbehafteten Motoren wird der Rotor über Schleifkontakte (Bürsten) mechanisch kommutiert um ein weiterdrehen zu ermöglichen. In bürstenlosen Motoren wird das äußere Magnetfeld elektronisch gesteuert weitergedreht. Gleichstrommotoren findet man beispielsweise bei PKWs in Fensterhebern oder Sitzverstellern. Die Vorteile dieser Aktuatoren sind ihre einfache Integration in die Mechanik, die relativ gute Steuer- und Regelbarkeit, die einfache Energieversorgung und die sehr hohen Stellgeschwindigkeiten.

Gleichstrommotoren bestehen im Wesentlichen aus dem Rotor und dem Stator. Teilkomponenten des Rotors sind Anker und Umschalter, beim Stator der Dauermagnet und die Bürsten. Der Motor wird betrieben, indem durch einen Stromfluss am Anker ein magnetisches Feld aufgebaut wird, das dem Dauermagneten entgegengerichtet ist. Dadurch entsteht am Rotor ein Drehmoment. Um immer ein gegengesetzes Magnetfeld zu erzeugen, wird der Ankerstrom phasenverschoben umgeschaltet. Das Drehmoment M des Rotors bleibt dabei konstant und errechnet sich aus $M=I \cdot k$, wobei k die Drehmomentkonstante des Motors und I der Strom durch den Anker sind. Durch Rotation im magnetischen Feld wird eine Spannung U am Anker induziert, die zur Winkelgeschwindigkeit ω proportional ist ($U_L=k \cdot \omega$). Diese Spannung bezeichnet man als elektomagnetische Gegenkraft. Sie wirkt als Dämpfung des Motors. Da sie proportional zur Winkelgeschwindigkeit ist, steigt diese Dämpfung ebenfalls proportional zur Drehgeschwindigkeit. Diese Dämpfung ist also bei der Berechnung des Ankerstroms I zu berücksichtigen. Allgemein gilt für die Nennspannung am Motor

$$U = U_R + U_L = I \cdot R + k \cdot \omega = \frac{M \cdot R}{k} + k \cdot \omega$$

Hierbei sind R der Widerstand des Ankers und U_R die Spannung, die am Anker angelegt wird. Wie man nun leicht ablesen kann, sinkt das Drehmoment des Motors mit steigender Umdrehungsgeschwindigkeit und ist im Leerlauf (Leerlaufstrom I_0) am geringsten und beim Blockieren am höchsten ($M_{max}=k \cdot I_S$, mit I_S als Blockierstrom).

Sei die mechanische Leistung (Abgabeleistung) $P_{mech}=M \cdot \omega$ und die elektrische Leistung (Aufnahmeleistung) $P_{el}=U \cdot I$. Der maximaler Wirkungsgrad des Motors ergibt sich zu $\eta = P_{mech}/P_{el}$. Die Drehzahl des Motors bestimmt sich zu:

$$\omega = \frac{M \cdot R}{k^2} + \frac{U}{k}$$

Daraus ergibt sich die mechanische Leistungskurve:

$$P_{mech} = M \cdot \omega = \frac{R}{k^2} \cdot M^2 + \frac{U}{k} \cdot M$$

Diese Zusammenhänge sind in Abb. 3-39 dargestellt. Da im Stillstand $\omega=0$ und bei maximaler Drehzahl M=0 keine mechanische Arbeit erbracht wird, ist der Wirkungsgrad η gleich Null. Die Vorteile des Gleichstrommotors liegen im sehr guten Verhältnis zwischen Leistung und Gewicht, der linearen Drehmoment-Drehzahl-Kennlinie und dem im Vergleich zu anderen Motoren höheren Spitzendrehmoment.

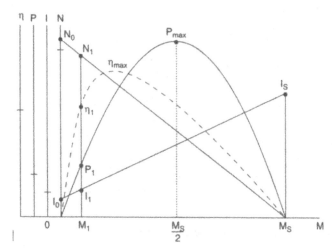

Abb. 3-39:   Kenngrößen eines Elektromotors

3.6.2   Schrittmotoren (stepper motors)

Der Schrittmotor ist im Prinzip ein permanenterregter Wechselstrommotor mit einer hohen Anzahl von Polen (Abb. 3-40). Anders als normale Wechselstrommotoren wird er jedoch nicht mit einer sinusförmigen Wechselspannung versorgt, sondern mit impulsförmigen binären Stromsignalen. Bei jedem Stromimpuls erfolgt durch Umschalten der Spulen eine Richtungsänderung des Magnetfeldes. Der Rotor ist als Permanentmagnet ausgelegt. Der Winkelschritt α, der bei jedem Umschalten zurückgelegt wird, errechnet sich aus der Anzahl der Phasen m und der Polpaarzahl p.

$$\alpha = \frac{360}{2\,p \cdot m}$$

Niederpolige Schrittmotoren führen relativ große Winkelschritte von beispielsweise $\alpha=7{,}5°$ aus, während höherpolige Motoren auch Schrittweiten von $\alpha<1°$ ermöglichen. Die erzielbare Winkelgeschwindigkeit hängt von der Frequenz f ab, mit der die Ansteuerungsimpulse an den Motor gesendet werden.

$$\omega = \frac{2\Phi f}{2\,p \cdot m}$$

Dabei werden Schrittfrequenzen von bis zu $100 kHz$ verwendet. Schrittmotoren haben den Vorteil, dass keine weiteren Sensoren zur Bestimmung der Winkelposition der Motorwelle und keine Regelung zur Position- und Geschwindigkeitsregelung benötigt wird. Da jeder Impuls den Motor um einen bekannten Winkelbereich weiterdreht, müssen nur die notwendigen Impulse berechnet werden. Dies gilt solange, wie das äußere Lastmoment das Kippmoment des Motors nicht überschreitet. Ist dies der Fall, so führt dies zum Auslassen des Winkelschritts und es kommt zur dauerhaften Abweichungen zwischen Soll- und Istpositionen. Auch sind die erzeugten Kräfte vergleichsweise zu anderen Elekromotoren niedrig (etwa 0,03 Ncm - 2500 Ncm).

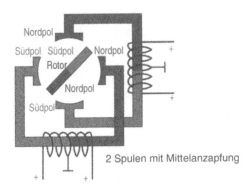

Abb. 3-40:   Schema (2Pole) und Foto von Schrittmotoren

3.6.3   Servomotoren

Servomotoren sind eine Kombination aus Gleichstrommotor, Getriebe und integriertem Regler. Um für kleinere Anwendungen Antriebssysteme aufbauen zu können, die ähnlich zu handhaben sind wie Schrittmotoren, wurden Servomotoren konzipiert (Abb. 3-41). Dabei soll die Steuergröße direkt proportional zur Winkeländerung bzw. Drehzahl sein. Um dies zu erzielen besteht der Servomotor aus einem Gleichstrommotor mit Getriebe und Encoder sowie einer Regelelektronik, die die Vorgaben exakt ausregelt.

3.7   Getriebe

Die Drehzahlen von Motoren befinden sich "je nach Ausführung" in Bereichen von wenigen hundert Umdrehungen pro Minute bis zu einigen zehntausend, wobei dann das Drehmoment relativ niedrig ist. Um die Dreh- bzw. Lineargeschwindigkeiten sowie die Drehmomente bzw. Kräfte an die Anforderungen seitens der Anwendung anzupassen, werden Getriebe eingesetzt. Aus der Literatur sind unterschiedliche Getriebe bekannt. Beispiele hierfür sind Planetengetriebe, Züge, Schrauben- bzw. Spindelantriebe oder Harmonic Drive. Diese sind in Abb. 3-42 schematisch dargestellt.

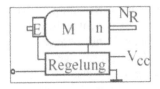

Abb. 3-41:   Schema eines Antriebsblocks

Planetengetriebe sind aus mehreren Zahnrädern von unterschiedlicher Größe aufgebaut, die ineinander greifen, um so die Über- bzw. Untersetzung des Antriebs zu ermöglichen. Bei diesem sogenannten Stirnradgetriebe liegen die Antriebswellen parallel. Sei im Folgenden N1 die Anzahl der Zähne des antreibenden Ritzels und N2 die Anzahl der Zähne des angetriebenen Ritzels, so lautet das Übersetzungsverhältnis $n=N1N2$. Die Winkelgeschwindigkeit des angetriebenen Stirnrades ergibt sich zu $\Omega_2=n\cdot\Omega_1$. Das Ausgangsdrehmoment wird bestimmt durch $M_2=1/n\cdot M_1$.

Bei Kettenantrieben, Seilzügen oder Zahnriemenantrieben können die Übersetzung, das Drehmoment und die Winkelgeschwindigkeit fast analog berechnet werden. Im Unterschied zum Planetengetriebe laufen die beiden Ritzel nicht direkt aneinander, sondern sind durch o.g. Übertragungsmittel verbunden. Allerdings entstehen hierbei abhängig von der gewählten Übertragung höhere Reibungsverluste.

Bei Schrauben- und Spindelantrieben ist die erzeugte Kraft und Bewegungsgeschwindigkeit abhängig von der Steigung der Windung der Schraube bzw. Spindel. Bei dieser Antriebsform wird eine Drehbewegung in eine Linearbewegung umgeformt. Die Steigungskonstante p, auch Ganghöhe genannt, entspricht dem Übersetzungsverhältnis bei Stirnradgetrieben. p ist die Entfernung, die die Schraube bei einer Umdrehung zurücklegt. Sei $v(t)$ die Lineargeschwindigkeit und $\Omega(t)$ die Winkelgeschwindigkeit, so ergibt sich $v(t)=p\cdot\Omega(t)$

Harmonic Drives schließlich stellen eine hervorragende Möglichkeit dar, auf geringstem Raum eine große Übersetzung zu verwirklichen. Das Funktionsprinzip von Harmonic Drive besteht darin, dass eine elyptische Scheibe (Wave Generator) im Inneren eines flexiblen Zahnrades (Flex Spline) liegt. Dieser Flex Spline besitzt weniger Zähne als das umschließende Zahnrad (Circular Spline), wodurch die Übersetzung entsteht. Der Wirkungsgrad eines Harmonic Drive ist im Vergleich zu anderen Getrieben besonders hoch und liegt zwischen 80% und 50%. Der Wirkungsgrad eines Planetengetriebes kann unter umständen auch mal unter 30% fallen.

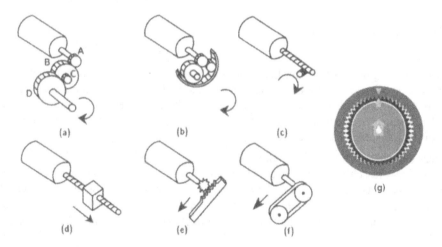

Abb. 3-42: Getriebearten: a)Stirnrad-; b)Planeten-; c)Schnecken-; d)Spindel-; e)Linear-; f)Riemen-; g)Harmonic Drive -Getrieb

3.8   Leistungs- und Steuerungselektronik

Elektromotoren können nicht direkt von einem eingebetteten Rechnerboard (z.B. Mikropro-zessor) angesteuert werden, da diese nicht genügend große Ströme für Standardmotoren lie-fern. Man benötigt eine Elektronik, die die berechneten digitalen Größen in analoge Größen wie Spannung und Strom umsetzt. Die am häufigsten verwendete Technik ist eine H-Brücke in Kombination mit einem Puls-Weiten-modulierten Signal (PWM). Die Bezeichnung "H-Brücke" stammt von der H-förmigen Anordnung der Elemente im Schaltplan (Abb. 3-43). Die mit *S1* bis *S4* bezeichneten Elemente stellen Schalter dar. Sie können entweder durch Transistoren oder Relais realisiert werden. Man benutzt diese H-förmige Anordnung, um den Motor umpolen und ausschalten zu können. Sind die Schalter *S1* und *S4* geschlossen und die anderen geöffnet, so liegt eine Spannung am Motor an, die einen Stromfluss von rechts nach links verursacht. Dieser Strom erzeugt das Drehmoment, welches wiederum den Motor zum Vorwärtslaufen bringt. Sind dagegen die Schalter *S2* und *S3* geschlossen und die anderen geöffnet, so läuft der Motor in umgekehrter Richtung.

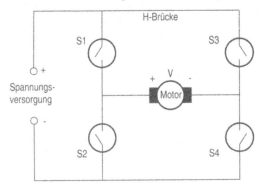

Abb. 3-43:   H-Brückenschaltung

Das Umpolen ergibt allerdings nur bei Gleichstrom einen umgekehrten Drehsinn. Wechsel-strommotoren würden in dieselbe Richtung drehen, da sich die Stromrichtung von Wechsel-strom ohnehin mehrmals pro Sekunde ändert. Erweitert man die H-Brücke um zwei Schal-ter, erhält man einen Drehrichter. Dieser kann verwendet werden um Drehstrommotoren mit drei Anschlussleitungen anzusteuern.

Meistens soll aber auch noch die Drehzahl der Motoren geregelt werden. Relais eignen sich nur zum Ein-/Ausschalten und Umpolen. Es können nun, wie oben gesagt, die Schalter durch Transistoren ersetzt werden und diese unterschiedlich (je nach gewünschter Drehzahl) stark durchgeschaltet werden. Dies würde aber bedeuten, dass bei niedrigen Drehzahlen ein relativ großer Spannungsabfall am Transistor anliegt. Dieser Spannungsabfall verursacht eine Verlustleistung:

$$P_v = U_{Spannungsabfall} \cdot I_{Motor}$$

Der Transistor wandelt diese Leistung in Wärme um. Die Verlustleistung kann sogar größer als Nutzleistung werden. Eine energetisch bessere Methode stellt die Puls-Weiten-Modulati-on (PWM) dar. Hierbei wird durch periodisches Ein- und Ausschalten der Versorgungsspannung mit unterschiedlicher Einschaltdauer ein Spannungswert simuliert, der proportional zur analogen Eingangsgröße ist (Abb. 3-22). Dadurch, dass die Transistoren entweder im ausgeschalteten Zustand stromlos sind oder im eingeschalteten Zustand der Spannungsabfall null ist, ist die Verlustleistung in der Theorie Null. Die Spannung, die am Motor anliegt, lässt sich aus dem Puls-Weiten-Verhältnis berechnen:

$$U_{Motor} = U \cdot \frac{t_{ein}}{T}$$

3.9 Weitere Aktuatoren

Um Aktuatoren für kleine Stellkräfte bzw. -momente leicht und platzsparend aufzubauen, sind in den letzten Jahren eine Vielzahl neuartiger Wandler entwickelt worden. Die Dehnstoffelemente gehören zu dieser Klasse von Aktuatoren. Wie in Abb. 3-44 gezeigt, befindet sich ein Kolben in einem mit Dehnstoff (Wachs) gefüllten Druckbehälter. Bei Erwärmung des Dehnstoffes erfolgt eine Volumenzunahme, die dazu führt, dass der Kolben sich nach oben bewegt. Durch eine Rückholfeder kann bei der Abkühlung des Systems der Kolben wieder in die Ausgangstellung geführt werden. Es gibt sowohl Dehnstoffelemente, die eine lineare Temperatur-Hub-Kennlinie als auch eine nichtlineare aufweisen. Bei nichtlinearen Kennlinien bewegt sich der Hub innerhalb eines kleinen Temperaturbereichs sprunghaft. Anwendungsbeispiel für Dehnstoffelemente sind im Kfz-Bereich zu finden, wie die Kühl- und Ölkreislaufsteuerung.

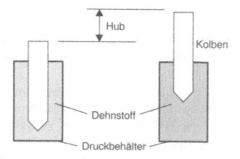

Abb. 3-44:   Dehnstoffelement

3.9.1 Rheologische Flüssigkeiten

Rheologische Flüssigkeiten, die sowohl als elektro-rheologisch (ERF) als auch magneto-rheologisch (MRF) vorkommen, können auch zum Aufbau von Aktuatoren eingesetzt werden. Das Grundprinzip ist, dass leichte Öle mit polarisierbaren/ferromagnetischen Partikeln (20–50%) abhängig von einem angelegten elektrischen/magnetischen Feld ihre Fließeigenschaften ändern. Im Allgemeinen nimmt der Fließwiderstand mit wachsender elektrischer/ magnetischer Feldstärke zu, wobei die Reaktionszeiten nur wenige Millisekunden betragen. Nach dem Abschalten des Feldes werden wieder die ursprünglichen Eigenschaften ange-

nommen. In Abb. 3-45 sind einige Grundprinzipien von ERF/MRF-Energiewandlern dargestellt. Beim Scherungsprinzip bewegen sich zwei entgegengesetzt gepolte Elektroden relativ
zueinander. Abhängig vom elektrischen Feld E bewegt sich die freie Elektrode beim Angrei-
fen einer Kraft F schneller oder langsamer.

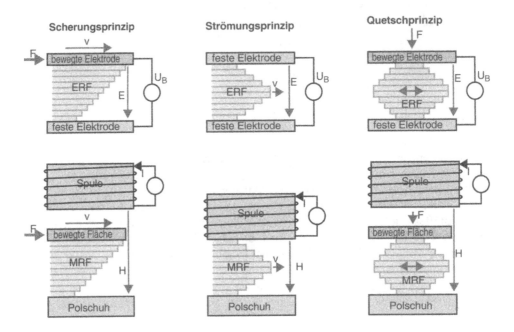

Abb. 3-45:   Grundprinzipien von ERF/MRF

Beim Strömungsprinzip sind beide Elektroden, die für die Beeinflussung des Fließwider-
standes eingesetzt werden, fest. Abhängig vom elektrischen Feld E wird die Fließgeschwindigkeit festgelegt.

Beim Quetschprinzip bewegen sich die Elektroden aufeinander zu. Die Quetschströmung
baut ein Druckpolster zwischen den Elektroden auf, das über ein elektrisches Feld beeinflusst wird. Hierdurch wird die vom Aktuator erzeugte Kraft gesteuert.

In Abb. 3-46 sind zwei Anwendungsbeispiele von ERF dargestellt. Im linken Bild ist ein
ERF-Ventil aufgebaut. Abhängig von der Hochspannung wird die Fließgeschwindigkeit der
Flüssigkeit in den Zylinder gesteuert. Dadurch wird im Prinzip die Öffnung eines Ventils simuliert. Beim ERF-Stoßdämpfer, der nach dem Scherungsprinzip arbeitet, wird die Dämpfung des Kolbens im Zylinder angepasst.

Stell-/Positionierantrieb   **ERF-Stoßdämpfer**

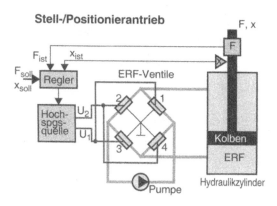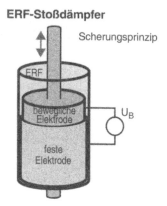

Abb. 3-46:   Anwendungsbeispiele von ERF-Ventilen

3.9.2   Piezoaktuatoren

Piezoaktuatoren arbeiten nach dem umgekehrten Prinzip von piezoelektrischen Sensoren. Durch eine angelegte Hochspannung wird eine Verformung eines Kristalls erzeugt. Dadurch kann eine schnelle Umsetzung von elektrischer in mechanische Energie erfolgen, ohne dass bewegte Teile notwendig sind. Piezoelektrische Aktuatoren zeichnen sich durch sehr schnelle Reaktionszeiten und durch eine lange Lebensdauer aus. Aufgrund der sehr geringen Leckströme wird das elektrische Feld ohne Energiezufuhr aufrecht erhalten, wodurch ein energetisch günstiger Aktuator aufgebaut werden kann. Nachteilig sind die sehr geringen Auslenkungen des Aktuators, wobei diese allerdings sehr präzise einstellbar sind. Bei der Wahl geeigneter Getriebe können Stellwege von 2 mm erreicht werden. In Abb. 3-47 sind unterschiedliche Anordnungen von Piezoaktuatoren dargestellt, wobei x die Bewegungsrichtung angibt.

Ein ähnliches Verfahren weisen magnetostriktive Werkstoffe auf, die Längenänderungen abhängig von der Veränderung des magnetischen Felds vornehmen. Die Ausdehnungen liegen im Promillbereich ($1,2 mm/m$). Diese Elemente weisen eine hohe Stellgeschwindigkeit und sehr kurze Reaktionszeiten (ms-Bereich) auf. Etwa Dreiviertel der magnetischen Energie wird in mechanische umgeformt. Allerdings treten oft sehr hohe Verluste in den Leistungsverstärkern auf.

Ein möglicher Aktuator mit Piezoelektrischen Komponenten ist der Inchworm-Motor (Abb. 3-48). Über 6 Phasen wird eine glatte Welle axial verschoben. Durch Festhalten eines Endes, dem Zusammenziehen bzw. Ausdehnen des Piezoelements und anschließendem Umgreifen wird die Welle schrittweise weitergereicht. Mittlerweile werden Piezoaktuatoren in unterschiedlichen Anwendungen aus der Medizin, der Optik, der Feinwerktechnik und dem Maschinenbau eingesetzt. Beispiele hierfür sind die Einspritzventile im Kfz-Bereich oder Elemente zur aktiven Schwingungsdämpfung.

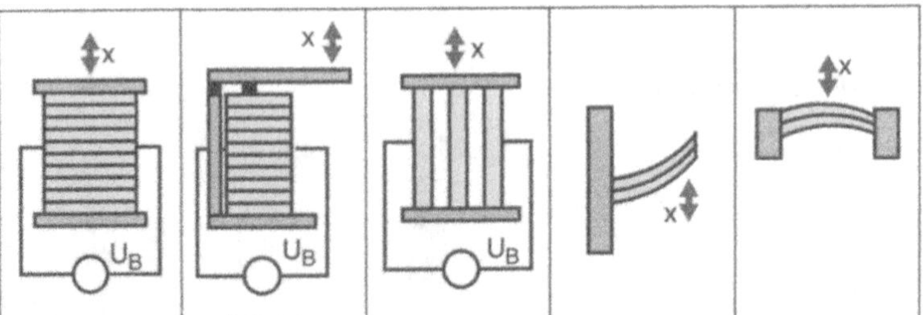

Bauform	Stapel	mit Getriebe (Hebel)	Streifen	Biegewandler	Biegescheibe
typ. Stellwege	20 .. 200 μm	≤ 2 mm	≤ 50 μm	≤ 1 mm	≤ 500 μm
typ. Stellkräft	30.000 N	3.500 N	1.000 N	5 N	40 N
typ. Betriebs-spannungen	60 .. 200 V 200 .. 500 V 500 .. 1.000 V	60 .. 200 V 200 .. 500 V 500 .. 1.000 V	60 .. 500 V	10 .. 400 V	10 .. 500 V

Abb. 3-47:   Bauformen piezoelektrischer Aktoren

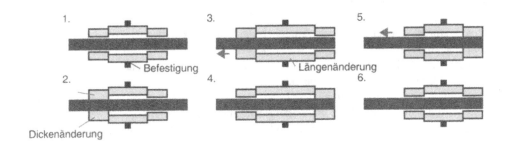

Abb. 3-48:   Inchworm-Motor

3.9.3   Thermische Aktuatoren

Eine weitere Möglichkeit Aktuatoren aufzubauen, ist die Verwendung von Temperatur als primäre Energie. Beispiele hierfür sind Formgedächtnislegierungen, die sich abhängig von einer festen Verformungstemperatur verändern. Dabei gibt es zwei unterschiedliche Klassen mit einem einmaligen Memory-Effekt oder mit einem wiederholbaren Memory-Effekt. Beim einmaligem Memory-Effekt wird das Bauelement im Niedrigtemperaturzustand dauerhaft verformt. Bei einer Erwärmung über einer Schwelltemperatur nimmt das Bauelement die ursprüngliche Form wieder an. Typischerweise liegt der Temperaturbereich für die Umformung zwischen 100°C und 200°C. Bei der Umwandlung leistet das Material Arbeit und kann damit als Aktuator eingesetzt werden (Abb. 3-49a).

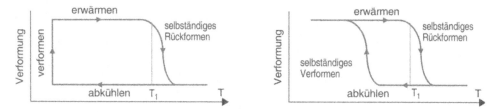

Abb. 3-49:   a) Einmaliger Memory-Effekt b)Wiederholbarer Memory-Effekt

Durch thermomechanische Vorbehandlung des Materials können im kalten und warmen Zustand unterschiedliche Formen eingenommen werden. Dies wird als wiederholbarer Memory-Effekt bezeichnet. Die Arbeit kann wiederum nur während des Aufwärmens verrichtet werden (Abb. 3-49b). In Abb. 3-50 sind Beispielformen von Formgedächtnislegierungen vor und nach dem Erwärmen dargestellt.

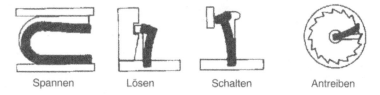

Spannen   Lösen   Schalten   Antreiben

Abb. 3-50:   Anwendungsmöglichkeiten von Formgedächtnislegierungen

4 Steuerung und Regelung

4.1 Filter

Mit der Hilfe von Filtern können Signale gezielt manipuliert werden. Man unterscheidet eine Vielzahl von verschiedenen Filtern. In diesem Buch werden die frequenzselektiven Filter behandelt, da diese sehr häufig in eingebetteten System zur Anwendung kommen. Diese haben die Aufgabe, gewisse Teile eines Frequenzspektrums gut durchzulassen (Durchlassbereich) und die restlichen Teile des Spektrums zu sperren (Sperrbereich).

4.1.1 Filtereigenschaften

Eine der wichtigsten Eigenschaften eines Filters ist die Breite des Übergangsbereichs. Als Übergangsbereich wird der Bereich zwischen Durchlass- und Sperrbereich bezeichnet. Bei einem idealen Filter ist der Übergangsbereich gleich Null, die Verstärkung im Durchlassbereich gleich Eins und die Verstärkung im Sperrbereich gleich Null. In der Praxis ist das aber nicht möglich. Ein steiler Übergangsbereich hat immer eine hohe Welligkeit zur Folge. Daher muss bei jedem Entwurf ein Kompromiss gefunden werden.

Die Steilheit des Durchlassbereichs hängt maßgeblich von der Ordnung des Filters ab. Die Filterordnung gibt die höchste Potenz in der mathematischen Modellierung an. Je höher die Ordnung eines Filters ist, desto steiler kann der Übergang sein. Mit steigender Ordnung nimmt aber auch der Aufwand der Realisierung zu.

Eine weitere Kenngröße eines Filters ist die Grenzfrequenz. Als Grenzfrequenz wird die Frequenz bezeichnet, ab der die Amplitude des Signals um $3dB$ oder $1/\sqrt{2}$ zurückgegangen ist. Dies entspricht der halben Leistung.

Nach den Unterschieden im Frequenzbereich unterscheidet man vier verschiedene Filtertypen:

Der Tiefpass lässt Signalanteile mit einer Frequenz, die kleiner ist als die Grenzfrequenz durch und sperrt Signalanteile mit höheren Frequenzen. Der Tiefpass wird am häufigsten zum Unterdrücken von unerwünschtem Rauschen eingesetzt.

Abb. 4-1:   Tiefpass-Filter filtert hohe Frequenzen (Rauschen) aus.

Der Hochpass lässt Signalanteile mit einer Frequenz, die größer ist als die Grenzfrequenz durch und sperrt Signalanteile mit niedrigeren Frequenzen. Der Hochpass kann eingesetzt werden, um Gleichanteile aus Signalen auszufiltern.

Der Bandpass lässt Signalanteile in einem spezifizierten Frequenzbereich durch. Alle anderen Frequenzanteile werden gesperrt. Der Bandpass wird z.B. in der Audio-Technik eingesetzt, um Signalanteile auf einzelne Lautsprecher aufzuteilen.

Die Bandsperre ist das Gegenstück zum Bandpass. Hier werden alle Frequenzen durchgelassen, nur in einem spezifizierten Frequenzbereich werden die Signalanteile gesperrt. Mit Hilfe der Bandsperre können gezielt einzelne Störfrequenzen, die z.B. durch Motoransteuerung entstehen, ausgefiltert werden.

Desweiteren werden Filter nach ihrem Aufbau unterschieden. Dabei werden Filter hauptsächlich in analoge und digitale Filter unterteilt.

4.1.2   Analoge Filter

Analoge Filter werden weiter nach passiven und aktiven Filtern unterschieden:

Analoger passiver Filter

Passive Filter sind aus Widerständen (R), Induktivitäten (L) und Kapazitäten (C) aufgebaut (Abb. 4-2). Wie der Name schon sagt, benötigen sie keine zusätzliche Spannungsversorgung. Durch Parallel- und Reihenschaltung der Bauteile können Filter mit der gewünschten Eigenschaft erstellt werden. Die einfachste Tiefpassschaltung ist das RC-Glied (vgl Abschnitt 1.2.4). Hier werden ein Widerstand und ein Kondensator in Reihe geschaltet. Passive Filter werden in Anwendungen eingesetzt, die keine hohen Ansprüche an die Filtereigenschaften stellen und in hochfrequenten Filtern (> *1 MHz*). Passive Filter lassen sich sehr kostengünstig aufbauen.

Analoger aktiver Filter

Aktive Filter bestehen aus einem oder mehreren Operationsverstärkern und der externen Beschaltung aus RC-Gliedern (Abb. 4-3). Durch die aktive Versorgung der Operationsverstärker, kann ein Signal nicht nur abgeschwächt, sondern auch verstärkt werden. Dadurch können beliebig viele Verstärkerstufen hintereinander geschaltet und somit die Filtereigenschaften verbessert werden. Aktive Filter können im Bereich von unter einem Herz bis zu einigen Megaherz eingesetzt werden. Bei diesen hohen Frequenzen kann der Operationsverstärker nicht mehr als ideales Bauteil mit unendlicher Verstärkung betrachtet werden. Zudem kommt durch die Hilfsenergie zusätzliches Rauschen auf die Signale.

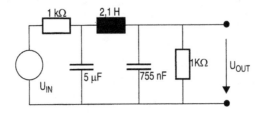

Abb. 4-2:   Passiver Tiefpass 3.Ordnung mit einer Grenzfrequenz von 100Hz

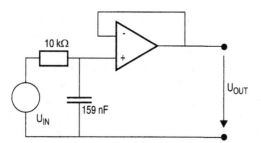

Abb. 4-3:   Aktiver Tiefpass 1.Ordnung mit einer Grenzfrequenz von 100Hz

Der große Nachteil analoger Filter liegt in der Bauteiltoleranz. Durch Bauteiltoleranzen bei der Fertigung ändern sich die Eigenschaften der Filter. Desweiteren sind die Bauteile ständigem Drift durch Temperatur- und Feuchtigkeitsschwankungen unterworfen. Dadurch sind Ergebnisse nur schwer exakt reproduzierbar. Da analoge Filter meist aus diskreten Bauteilen aufgebaut sind, können die Eigenschaften nur mit größerem Aufwand geändert werden. Abhilfe können hier FPAA (Field Programmable Analogue Arrays) bringen. Diese ICs bestehen aus mehreren internen Operationsverstärkern und können über eine interne Matrix mit Widerständen und Kondensatoren untereinander rekonfiguriert werden.

4.1.3   Digitale Filter

Digitale Filter sind Systeme der digitalen Signalverarbeitung. D.h. Signale werden hier als diskrete Zahlenfolge verarbeitet. Digitale Filter haben ähnliche Eigenschaften wie analoge Filter. Dies bedeutet der Übergang von Durchlass- zu Sperrbereich hängt maßgeblich von der Ordnung des Filters ab. Digitale Filter haben den Vorteil, dass der Grad des Filters nur durch die Rechenleistung des Prozessors begrenzt wird. Es sind Filter mit einer Ordnung größer Hundert realisierbar.

Da digitale Filter mit abgetasteten Signalen arbeiten, ist die maximale Frequenz des Filters zum einen durch die Geschwindigkeit des A/D-Wandlers begrenzt, zum anderen durch die Taktfrequenz des Filters. Die Taktfrequenz des Filters gibt an, wie häufig der Filter aufgerufen wird. Reduziert man die Abtastfrequenz, können Filter für sehr "langsame" Signale aufgebaut werden, die mit analogen Filtern nur sehr schwer realisierbar sind.

Die Berechnung eines Filterschrittes benötigt sehr viele Multiplikationen und Additionen. Daher werden digitale Filter auf Mikrocontrollern (µC) oder meist auf digitalen Signalprozessoren (DSP) implementiert. Letztere haben die Möglichkeit, Multiplikation und Addition in einem Schritt auszuführen. Es gibt jedoch auch die Möglichkeit, Filter direkt in Hardware (FPGA, ASIC,...) aufzubauen. Dabei spielt die Präzision des Taktgenerators (Quarz) eine entscheidende Rolle für die Qualität des Filters.

Bei Signalen mit relativ großen und kleinen Frequenzen muss ein Kompromiss gefunden werden. Zum einen bestimmt die höchste Frequenz die Abtastrate, zum anderen muss die Messdauer so lange gewählt werden, dass mindestens eine Periode der langsamsten Frequenz aufgenommen wird.

Die Z-Transformation

Die Verarbeitung von digitalen Signalen erfolgt im Zeitbereich nicht zu kontinuierlichen, sondern zu diskreten Zeitpunkten. Diese Zeitpunkte sind Vielfache der Abtastperiode T. Im analogen Zeitbereich werden Systeme mit Differentialgleichungen beschrieben. Durch die diskreten Zeitpunkte können digitale Systeme durch Differenzengleichungen beschrieben werden (Gleichung 4-1), die den zeitlichen Verlauf eines Ausgangssignals $x(k)$ anhand einer Eingangsfolge $y(k)$ berechnen. Die Abtastzeitpunkte werden mit k bezeichnet. Da sich digitale Systeme immer auf eine Abtastperiode beziehen, wird T in den meisten Fällen weggelassen. In Gleichung 4-1 ist die Ausgangsfolge $x(k)$ nicht nur vom Verlauf der Eingangsgröße $y(k)$ abhängig, sondern auch von den Werten der Ausgangsgrößen zu früheren Zeitpunkten $x(k-n)$. Dies ist ein Merkmal rekursiver Systeme. Durch die Rückkopplung ist die Impulsantwort nicht in endlicher Zeit abgeklungen. In diesem Fall spricht man von einem *Infinit-Impuls-Response Filter* (IIR-Filter). Ohne diesen rekursiven Teil spricht man von einem *Finit-Impuls-Response Filter* (FIR-Filter).

$$
\begin{aligned}
& x(kT) + a_1 x((k-1)T) + a_2 x((k-2)T) + a_3 x((k-3)T) + \ldots \\
& = b_0 y(kT) + b_1 y((k-1)T) + b_2 y((k-2)T) + b_3 y((k-3)T) + \ldots
\end{aligned}
\tag{4-1}
$$

Um digitale Systeme auch im Frequenzbereich beschreiben zu können, wird mit Hilfe des Verschiebungssatzes der Laplace-Transformation ein Wert x um n-Takte verschoben:

$$
x(k-n) \quad \circ\!\!-\!\!\bullet \quad X(s) \cdot e^{-nsT}
$$

Ersetzt man e^{-nsT} durch z^{-n} erhält man die z-Transformation eines zeitdiskreten Signals in den digitalen Frequenzbereich:

$$
x(n) \quad \circ\!\!-\!\!\bullet \quad X(z) = \sum_{n=0}^{\infty} x(n) \cdot z^{-n}
$$

FIR-Filter

FIR-Filter berechnen den gefilterten Wert aus einer endlichen Anzahl an Werten der Eingangsfolge $y(k)$. Die Anzahl der berücksichtigten Werte gibt die Ordnung des Filters an. Gleichung 4-2 gibt die mathematische Beschreibung eines Filters der Ordnung $N+1$ an. Je höher die Ordnung eines FIR-Filters, desto steiler kann die Flanke werden.

$$
x_n = \sum_{k=0}^{N} b_k \cdot y_{n-k}
\tag{4-2}
$$

Ein Vorteil der FIR-Filter ist, dass sie wegen ihrer endlichen Impulsantwort nie instabil werden können. Ein weiterer Vorteil ist, dass sie eine konstante Gruppenlaufzeit haben. Die Gruppenlaufzeit beschreibt den zeitlichen Unterschied den verschiedene Frequenzen benötigen, um den Filter zu durchlaufen. Durch eine konstante Gruppenlaufzeit werden Signale nicht verzerrt. Ein Nachteil von FIR-Filtern ist die hohe Anzahl an Gewichten, um gute Filtereigenschaften zu erreichen. Bandpass und Bandsperre sind mit einer Ordnung kleiner 10 nicht realisierbar. Der bekannteste FIR-Filter ist der Mittelwertbildner. Er summiert die letzten N-Werte auf und dividiert durch die Anzahl der Werte. Abb. 4-4 zeigt den Schaltungsaufbau eines digitalen FIR-Filters.

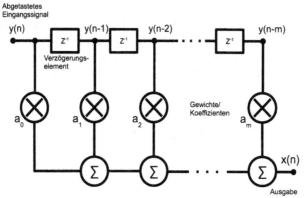

Abb. 4-4:   Grundschaltung eines FIR-Filters

Abb. 4-5 zeigt den Frequenzverlauf eines digitalen FIR-Filters mit folgenden Eigenschaften:

- 161 Taps
- Grenzfrequenz: 260 Hz
- Steigung: 55 dB/100 Hz ($\rightarrow$ sehr steil)
- Welligkeit im Stoppband: $< -60dB$

Die 161 Gewichte können mit Hilfe der Fourierreihen-Methode entwickelt werden. Hierbei nutzt man die Tatsache aus, dass die Impulsantwort eines nichtrekursiven Filters der inversen diskreten Fouriertransformation (DFT) seines Frequenzganges entspricht. Dazu wird zunächst im Frequenzbereich das gewünschte Verhalten modelliert. Danach wird das Spektrum mit den Vielfachen der Abtastfrequenz gefaltet. Zuletzt wird das Spektrum mit der inversen DFT in den Zeitbereich transformiert. Dadurch ergeben sich im Zeitbereich unendlich viele Gewichte. Diese müssen mit Hilfe einer Fensterfunktion auf die entsprechende Ordnung des Filters reduziert werden. Weitere Möglichkeiten zum Berechnen der Filterkoeffizienten sind die Frequenzabtastung und das Tschebyscheff-Approximationsverfahren. Heute kann der Filterentwurf durch Software-Werkzeuge unterstützt werden.

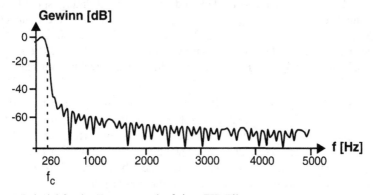

Abb. 4-5:   Beispiel für den Frequenzverlauf eines FIR-Filters

IIR-Filter

Wie der Namen schon sagt, haben IIR-Filter eine unendliche Impulsantwort. Durch die Rückkopplung der Ausgangsfolge klingt die Impulsantwort theoretisch erst nach unendlicher Zeit ab. Bei falscher Wahl der Filter-Parameter kann sich der Filter sogar aufschwingen und instabil werden. Die Ordnung eines IIR-Filters wird durch den rekursiven (M) und nicht rekursiven (N) Teil bestimmt (Gleichung 4-3). Dabei legt der höhere Grad die Ordnung des Filters fest. In Abb. 4-6 ist ein Filter der Ordnung zwei dargestellt. Der nicht rekursive Teil hat dabei die Ordnung drei.

$$x_n = \sum_{k=0}^{N} b_k \cdot y_{n-k} + \sum_{j=1}^{M} a_j \cdot x_{n-j} \tag{4-3}$$

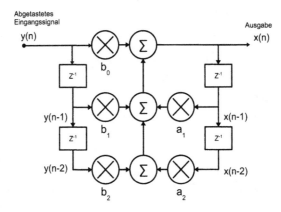

Abb. 4-6:   Beispiel eines IIR-Filters. Die Ausgabe ist dabei abhängig von früheren Ausgaben.

Dadurch, dass bei einem IIR-Filter durch die Rückkopplung alle bisherigen Werte der Eingangsfolge eingehen, ist der Filter fünf- bis zehnmal effektiver als ein FIR-Filter mit vergleichbarer Ordnung. Dies macht sich besonders bemerkbar, wenn die Anzahl der Koeffizienten durch die Hardware beschränkt ist. Durch die niedrigere Ordnung ist die Laufzeit der Signalanteile durch den Filter geringer. Ein Nachteil ist jedoch, dass die Gruppenlaufzeit durch die Rekursion nicht mehr konstant ist. Durch die unterschiedlichen Gruppenlaufzeiten brauchen einzelne Frequenzanteile länger, um den Filter zu durchlaufen. Die Folge ist ein verzerrtes Signal am Ausgang. IIR-Filter sind daher in der Audiotechnik nur schwer einsetzbar.

Die häufigste Variante zum Entwurf von IIR-Filtern ist die bilineare Transformation. Dabei wird der Filter mit den Mitteln der Analogtechnik entwickelt. D.h. im ersten Schritt wird die Übertragungsfunktion H(s) eines zeitkontinuierlichen Filters entworfen. Um nicht gegen das Abtasttheorem zu verstoßen, wird der Frequenzgang von $0 < f < \infty$ auf den Bereich $0 < f < f_T/2$ abgebildet. Im zweiten Schritt wird die kontinuierliche Übertragungsfunktion H(s) in den zeitdiskreten z-Bereich transformiert. Weitere Verfahren zum Filterentwurf sind das Differentialnäherungsverfahren und die Impulsinvariante Transformation. Auch hier sind zahlreiche Entwicklungstools vorhanden, die beim Filterentwurf unterstützen.

4.2 Steuern und Regeln

4.2.1 Grundlagen der Steuerung und Regelung

Reaktive eingebettete Systeme werten sensorische Informationen aus und wirken über Aktuatoren auf den Prozess ein. Ein Beispiel stellt der Tempomat im modernen Kfz dar, der ausgehend von einer Geschwindigkeitsvorgabe und der aktuell gemessenen Geschwindigkeit die Kraftstoffzufuhr einregelt.

In Kapitel 3 werden dynamische Systeme eingeführt, deren Ausgangsgröße ein gewünschtes Verhalten aufgeprägt wird. Um das Sollverhalten zu erreichen, wird die Stellgröße des dynamischen System (auch als dynamischer Prozess oder Strecke bezeichnet) geändert und zwar gegen den Einfluss einer Störgröße, die im Allgemeinen nur unvollständig bekannt ist (Abb. 4-7).

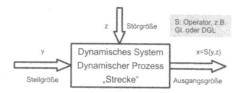

Abb. 4-7:   Ein- und Ausgänge eines dynamischen Systems

Für die Regleranalyse ist folgende Vorgehensweise sinnvoll. Zunächst muss das zu regelnde System mathematisch modelliert werden. Aus dieser Beschreibung kann ein Blockdiagramm im Zeitbereich hergeleitet werden. Um das System leichter analysieren zu können wird das Blockdiagramm mit Hilfe der Laplace-Transformation in den Bild-Bereich transformiert. Unter Verwendung der Rechenregeln aus Kapitel 3 lässt sich die Übertragungsfunktion des Gesamtsystems aufstellen. Da die untersuchten Systeme meist instabil sind, muss ein Regler hinzugefügt werden. Durch Erweiterung des Blockdiagramms kann die Übertragungsfunktion des geschlossenen Regelkreises aufgestellt werden. Anhand der Übertragungsfunktion im Laplace-Bereich werden Stabilitäts- und Dämpfungsbetrachtung vorgenommen. Desweiteren lässt sich das Verhalten des Gesamtsystems simulieren. Durch Rücktransformation in den Zeitbereich kann die Systemantwort auf ein beliebiges Eingangssignal dargestellt werden. Durch die Berechnung der Systemantwort lassen sich Rückschlüsse auf die Stabilität, Robustheit und Schnelligkeit des Systems ziehen.

Einfache dynamische Prozesse, z.B. Feder-Masse-Dämpfer-Systeme oder elektrische RLC-Schwingkreise lassen sich durch lineare Differentialgleichungen mit konstanten Koeffizienten ($b_0...b_n$ und $a_0...a_m$) beschreiben (Gleichung 4-4), wobei $y(t)$ für die Eingangsgröße und $x_a(t)$ für die Systemantwort der Strecke steht. Besitzt ein dynamischer Prozess mehr als eine Eingangsgröße- oder Ausgangsgröße, dann können diese zu Vektoren zusammengefasst werden und die Übertragungsfunktion wird eine Übertragungsmatrix.

$$b_0 x_a(t) + b_1 \dot{x}_a(t) + ... + b_n x_a^{(n)}(t)$$
$$= a_0 y(t) + a_1 \dot{y}(t) + ... + a_m y^{(m)}(t)$$

(4-4)

Die meisten technischen Systeme haben jedoch ein nicht-lineares Übertragungsverhalten und müssen daher in einem Arbeitspunkt linearisiert werden. Dies ist notwendig, um die Systeme mit klassischen Methoden der Regelungstechnik analysieren zu können. Der Arbeitspunkt stellt das Zentrum des relevanten Arbeitsbereiches dar. Hierzu wird eine Taylorreihenentwicklung zur Linearisierung verwendet (Gleichung 4-5).

$$X_a = f(Y) = f(Y_0) + \frac{Y - Y_0}{1!} \cdot \frac{d}{dY}f(Y) + \frac{(Y - Y_0)^2}{2!} \cdot \frac{d^2}{dY}f(Y) + \dots \tag{4-5}$$

Für die Linearisierung im Arbeitspunkt wird die Taylorreihe nach dem ersten Glied abgebrochen (Gleichung 4-6).

$$X_a = X_{a0} + (Y - Y_0) \cdot \frac{dX_a}{dY}\bigg|_{Y_0}$$

$$\Rightarrow \Delta X_a = x_a = (X_a - X_{a0}) = (Y - Y_0) \cdot \frac{dX_a}{dY}\bigg|_{Y_0} \tag{4-6}$$

$$x_a = (K(Y_0) \cdot \Delta Y) = K(Y_0) \cdot y$$

$$\Rightarrow K(Y_0) = \frac{dX_a}{dY}\bigg|_{Y_0} \approx \frac{\Delta X_a}{\Delta Y} = \frac{x_a}{y}$$

Steuerung

Bei einer Steuerung (open loop control) wird die Stellgröße ohne Wissen über den aktuellen Ist-Zustand des Prozesses berechnet. Hierzu ist ein Modell notwendig, das den Zusammenhang zwischen Stellgröße und Ausgangsgröße beschreibt. Am Beispiel des Tempomats wäre für die Geschwindigkeitssteuerung des Fahrzeugs ein vollständiges Fahrzeug- und Umgebungsmodell notwendig.

In Abb. 4-8 ist das Blockdiagramm der Steuerung dargestellt. In der offenen Wirkkette wird das Eingangssignal von einer übergeordneten Steuerung oder von einem Anwender vorgegeben. Dieses Signal wird anhand von Modellwissen des Prozesses im Steuerglied in ein Steuersignal übergeführt. Beispielsweise soll ein Schieber mit Spindelantrieb in eine bestimmte Position gebracht werden. Das Eingangssignal wäre in diesem Fall die Positionsvorgabe. Das Steuerglied berechnet eine Zeitspanne, während der eine Spannung anliegt, die im Stellglied verstärkt wird. Diese verstärkte Spannung bewirkt eine Drehung der Spindel und somit eine Bewegung des Schiebers (Strecke). Bei einer Störung des Systems erfolgt eine Abweichung von der Zielgröße, die im Steuerglied nicht erkannt wird. Dadurch ist keine Korrektur möglich.

Abb. 4-8:   Übersicht über die Teile einer Steuerstrecke.

Regelung

Eine Möglichkeit zur Korrektur von Störgrößen liefert die Regelungstechnik. Als Lösungsprinzip wird die Strecke (Regelgröße/Istwert) laufend beobachtet. Mit der so gewonnenen Information ist die Stellgröße selbsttätig gezielt zu verändern, dass trotz der Störgrößeneinwirkung die Ausgangsgröße an den gewünschten Verlauf (Sollverlauf/Führungsgröße) angeglichen wird. Die Rückkopplung ist ein ständiger Soll/Istwertvergleich. Störungen des Systems ändern die Regeldifferenz. Dadurch kann der Regler geeignet auf Störungen reagieren. Ein Aufbau, der dies bewirkt, heißt *Regelung* (geschlossene Wirkkette). Die Regelungstechnik (closed loop control) bezeichnet die Lehre von der selbsttätigen, gezielten Beeinflussung dynamischer Prozesse während des Prozessablaufs. Die Methoden der Regelungstechnik sind allgemeingültig, d.h. unabhängig von der speziellen Natur der Systeme. In Abb. 4-9 wird das Blockschaltbild der Regelung nach DIN 19226 dargestellt.

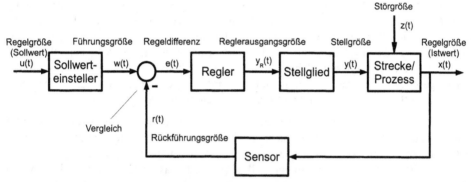

Abb. 4-9:   Blockschaltbild eines geschlossenen Regelkreises.

Hierbei werden folgende Komponenten unterschieden:

Die Strecke ist der aufgabenmäßig zu beeinflussende Teil des Systems oder entsprechender Wirkungsplan.

Der Sensor ist eine Funktionseinheit zum Aufnehmen, Weitergeben, Anpassen und Ausgeben von der Regelgröße.

Das Vergleichsglied stellt die Funktionseinheit dar, die die Regeldifferenz *e* aus der Führungsgröße *w* und der Rückführgröße *r* bildet.

Der Regler bildet aus der Regeldifferenz *e* die Ausgangsgröße in der Weise, dass die Regelgröße auch beim Auftreten von Störungen der Führungsgröße so schnell und genau wie möglich nachgeführt wird.

Das Stellglied ist die Funktionseinheit am Eingang der Strecke, die in den Massenstrom oder Energiefluss eingreift. Ihre Ausgangsgröße ist die Stellgröße.

Die Führungsgröße w ist ein von außen zugeführter Wert, dem die Ausgangsgröße in vorgegebener Abhängigkeit folgen soll.

Die Regeldifferenz e ist die Differenz zwischen der Führungsgröße *w* und der Rückführgröße *r*.

Die Reglerausgangsgröße y_R ist die Eingangsgröße der Stelleinrichtung.

In Systemen mit analogen Größen ist die Veränderung durch Störungen kaum vorhersagbar. Daher wird bei diesen Systemen überwiegend die Regelungstechnik eingesetzt. Im Gegensatz dazu verwendet man in Systemen mit binären oder digitalen Größen überwiegend die Steuerungstechnik. Durch die binären Größen ist das Verhalten eindeutiger vorhersehbar.

Im Folgenden wird zunächst das inverse Pendel als Regelungsbeispiel eingeführt und anhand dessen ein klassischer PI Regler und ein Fuzzy Regler hergeleitet.

4.2.2   Lineare Übertragungselemente

In Abb. 4-10 sind linear und nichtlineare Übertragungselemente dargestellt, die entweder zur Beschreibung des Reglers oder der Strecke verwendet werden. In der Gruppe der nichtlinearen Elemente sind Zweipunkt-Glied und Dreipunkt-Glied die häufigsten Vertreter. Zweipunkt-Glieder werden typischer Weise zur Modellierung von Thermostaten eingesetzt. Bei diesen wird beim Erreichen eines Temperaturschwellwertes ein- bzw. ausgeschaltet. Erweitert man das Heizelement um ein Kühlelement kann das Reglerverhalten durch ein Dreipunktglied beschrieben werden. Fällt die Temperatur unter eine fest vorgegebene Schranke, wird das Heizelement aktiviert. Überschreitet sie eine obere Schwelle, wird das Kühlelement eingeschaltet. Mit dem Kennlinienblock wird ein freier Reglerverlauf beschrieben. Dieser kann z.B. mit Hilfe eines Fuzzy-Reglers hergeleitet werden.

In Kapitel 2 sind bereits lineare Übertragungssysteme eingeführt worden. Diese werden im Folgenden ausschließlich betrachtet, da sie leichter zu analysieren sind. Mit den vier linearen Elementargliedern lassen sich alle linearen Systeme modellieren. Hierzu gehören das Proportional-Glied (P-Glied), das Integral-Glied (I-Glied), das Differenzier-Glied (D-Glied) und das Totzeit-Glied (T-Glied), die im Folgenden beschrieben werden. Durch die Kombination der Elementarglieder entstehen neue lineare Übertragungsglieder wie z.B. das PD- oder das PID-Glied.

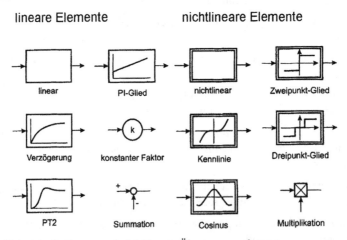

Abb. 4-10:   Beispiele für lineare und nichtlineare Übertragungselemente.

Übertragungssysteme mit P-Verhalten

P-Glieder sind Verzögerungsglieder mit proportionalem Verhalten. Das heißt, dass nach einer Änderung des Eingangs x_e der Ausgang x_a einem neuen Beharrungswert zu strebt:

$$x_a(t) = K_P \cdot x_e(t) \quad \circ\!\!-\!\!\bullet \quad K_P \cdot X_e(s) \Rightarrow G(s) = \frac{X_a(s)}{X_e(s)} = K_P$$

Ein ideales P-Glied ohne Verzögerung ist in der Praxis nicht möglich, da bei einem Eingangssprung eine unendlich starke Verstärkung nötig wäre, um dem Sprung zu folgen. Durch die proportionale Rückkopplung eines I-Gliedes entsteht das P-T_1-Glied. Diese Kombination ist sehr häufig in der Praxis zu finden, z.B. beim Aufladen eines Kondensators über einen Widerstand. Der Ausgang eines P-T_1-Gliedes nähert sich im Allgemeinen ohne Überschwingen mit einer e-Funktion an den Beharrungswert an:

$$x_a = K\left(1 - e^{-\frac{t}{T}}\right)\sigma(t)$$

$\sigma(t)$ steht hierbei für die Sprungfunktion. Nach dem 3- bis 5-fachen der Zeitkonstanten T hat das P-T_1-Glied 95% bzw. 99% des Beharrungswertes erreicht. Die Parameter K und T können sehr leicht aus der Sprungantwort im Zeitbereich bestimmt werden.

Das P-T_2-Glied hat ein Verzögerungsverhalten 2. Ordnung. Der wesentliche Unterschied zu P-T_1-Gliedern liegt in der Schwingungsfähigkeit solcher Systeme. Typische Vertreter für ein P-T_2-Verhalten sind RLC-Kreise und Feder-Masse-Schwinger. Je nach Dämpfungsverhalten, kann ein aperiodisches Verhalten wie beim P-T_1-Glied, eine periodische Schwingung oder sogar ein instabiles Verhalten auftreten. Das häufigste Verhalten ist jedoch ein leichtes Überschwingen oder Einschwingen auf einen stabilen Endwert. In Tabelle 4-1 sind die Übertragungsfunktionen von P-Gliedern bis zur 2ten Ordnung beschrieben.

Tab. 4-1:   Übertragungsfunktionen von P-Gliedern

	P-Glied	P-T_1-Glied	P-T_2-Glied
Übertragungsfunktion G(s)	K_P	$\dfrac{K_P}{1 + Ts}$	$\dfrac{K_P}{1 + 2DTs + T^2 s^2}$
Übergangsfunktion h(t)	K_P		

Übertragungssysteme mit I-Verhalten

I-Glieder sind Verzögerungsglieder mit integrierendem Verhalten. Das heißt, dass sich der Ausgang x_a eines Systems proportional zum Zeitintegral des Eingangs x_e verhält:

$$x_a(t) = K_I \int_0^t x_e \tau d\tau \quad \circ\!\!-\!\!\bullet \quad s X_a(s) = K_I \cdot X_e(s) \Rightarrow G(s) = \frac{X_a(s)}{X_e(s)} = \frac{K_I}{s}$$

Dies hat zur Folge, dass auf eine konstante Erregung am Eingang, der Ausgang bis ins Unendliche aufintegriert wird, soweit dies technisch realisiert werden kann. Systeme mit integrierendem Verhalten entstehen meistens durch Energiespeicher (z.B. Spannung an einem Kondensator durch konstanten Strom oder Kraft einer Feder durch konstante Geschwindigkeit des Federendes).

Kombiniert man ein reines I-Glied mit Verzögerungsgliedern, entstehen I-T-Glieder höherer Ordnung. Ähnlich wie beim P-T$_1$-Glied nähert sich das Ausgangssignal eines I-P-T$_1$-Gliedes asymptotisch an das Integral des Eingangssignals an. Ein Beispiel für ein solches Verhalten ist die Position einer Masse, die mit konstanter Kraft gegen einen Dämpfer gedrückt wird. Erhöht man die Ordnung des I-Gliedes weiter, entstehen schwingungsfähige Systeme. In Tabelle 4-2 sind die Übertragungsfunktionen von I-Gliedern bis zur 2ten Ordnung beschrieben.

Tab. 4-2:   Übertragungsfunktionen von I-Gliedern

	I-Glied	I-P-T$_1$-Glied	I-P-T$_2$-Glied
Übertragungsfunktion G(s)	$K_I \dfrac{1}{s}$	$\dfrac{K_I}{s(1+Ts)}$	$\dfrac{K_I}{s(1+2DTs+T^2s^2)}$
Übergangsfunktion h(t)	$K_I \int x_e dt$		

Übertragungssysteme mit D-Verhalten

D-Glieder sind Verzögerungsglieder mit differenzierendem Verhalten. Das heißt, dass sich der Ausgang x_a eines Systems proportional zur zeitlichen Ableitung des Eingangs x_e verhält:

$$x_a(t) = K_D \cdot \dot{x}_e(t) \quad \circ\!\!-\!\!\bullet \quad X_a(s) = K_D \cdot sX_e(s) \Rightarrow G(s) = \frac{X_a(s)}{X_e(s)} = K_D \cdot s$$

Reine D-Glieder sind in der Praxis aufgrund der Trägheit technischer Systeme nicht möglich. Ein minimaler Sprung am Eingang würde eine unendliche Ausgangsgröße bedeuten. Ein typisches Beispiel ist das Einschalten einer Serienschaltung von Kondensator und Widerstand. Bei einem idealen Kondensator ohne Innenwiderstand, wird der Kondensator innerhalb von Bruchteilen geladen und ein unendlich hoher Strom fließt. Durch den Innenwiderstand ergibt sich ein abklingender Verlauf des Stroms (proportional zur Spannung am Widerstand), wie in Abb. 4-11 zu sehen ist..

Aufgrund von Trägheit ist kein reines D-Verhalten möglich, es wird sich immer ein Verzögerungsverhalten ergeben. In Tabelle 4-3 ist das Verhalten eines idealen und eines realen D-Gliedes dargestellt. Bei realen D-Gliedern ist die Übertragungsfunktion eines P-T$_1$-Gliedes im Nenner enthalten. Dies führt zu dem beobachtbaren verzögerten Anstieg und dem langsamen Ausklingen.

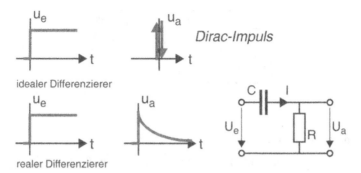

Abb. 4-11:   Ladevorgang eines idealen und eines realen Kondensators

Tab. 4-3:   Übertragungsfunktionen von D-Gliedern

	D-Glied	D/P-T$_2$-Glied
Übertragungsfunk-tion G(s)	$K_D \cdot s$	$\dfrac{K_D \cdot s}{1 + Ts}$
Übergangs-funktion h(t)	nicht darstellbar	

Übertragungssysteme mit T-Verhalten

T-Glieder sind Systeme mit Totzeit-Verhalten. Das heißt, dass am Ausgang x_a eines Systems das Eingangssignal x_e mit einer Totzeit T_t verspätet auftritt:

$$x_a(t) = K_P \cdot x_e(t - T_t) \quad \circ\!\!-\!\!\bullet \quad X_a(s) = K_P \cdot e^{-T_t \cdot s} \cdot X_e(s)$$

Totzeit ist meist ein ungewünschtes Verhalten, da es im Gegensatz zu den Gliedern mit reinem P-, I- oder D-Verhalten mit keinem Regler kompensiert werden kann. Totzeit tritt meist bei Transportaufgaben, wie Förderband oder Rohrleitungen, aber auch in Getrieben durch Spiel zwischen den Zahnrädern auf.

4.2.3   Regler

Die Aufgabe eines Reglers ist, das Eingangssignal der Strecke so zu verändern, dass die Ausgangsgröße der Sollwertvorgabe bestmöglich folgt. Dabei muss der Regler auch auf Störungen reagieren können, die auf die Strecke einwirken. Der Regler bekommt als Eingangssignal die Regeldifferenz e, die durch die Subtraktion von Sollwertvorgabe w und Rückführgröße r entsteht (Abb. 4-12). Der Regler sollte nach Möglichkeit, diese Regeldifferenz auf Null ausregeln.

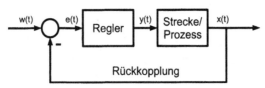

Abb. 4-12:   Vereinfachter Regelkreis

Führungs- und Störverhalten

In Abb. 4-13 wird der vereinfachte Regelkreis um das Störgrößenverhalten G_{St} erweitert.
Dabei beschreibt die Führungs-Übertragungsfunktion G_{Sys} das Stellverhalten der Strecke.
Der Regler wird durch die Übertragungsfunktion G_R angegeben. Werden die beiden Blöcke
multipliziert, ergibt sich die Übertragungsfunktion des offenen Regelkreises
$G_0 = G_R(s) \cdot G_{Sys}(s)$. Mit diesem einfachen Blockschaltbild lässt sich das Führungsverhalten
analysieren. Dazu wird die Störgröße Z zu Null gesetzt und es ergibt sich folgende Übertragungsfunktion für den geschlossenen Regelkreis:

$$G_W(s) = \frac{X(s)}{W(s)} = \frac{G_0(s)}{G_0(s) + 1}$$

Ebenso lässt sich das Verhalten des Systems auf Störungen untersuchen. Hierbei wird die
Führungsgröße W zu Null gesetzt und es ergibt sich für das Störverhalten folgende Übertragungsfunktion: .

$$G_Z(s) = \frac{X(s)}{Z(s)} = \frac{G_{St}(s)}{G_0(s) + 1}$$

Nach dem Superpositionsprinzip linearer Übertragungsglieder, dürfen die beiden Übertragungsfunktionen addiert werden:

$$X(s) = \frac{G_0(s)}{G_0(s) + 1} W(s) + \frac{G_{St}(s)}{G_0(s) + 1} Z(s)$$

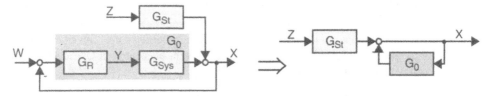

Abb. 4-13:   Blockschaltbild eines Regelkreises (mit und ohne Führungsgröße).

Standardregler mit P-, I- und D-Verhalten

In der Praxis werden meist lineare Standardregler eingesetzt. Diese bestehen aus einer Kombination der drei Basis Übertragungsglieder mit P-, I- und D-Verhalten. Der allgemeine PID-
Regler ist eine Parallelschaltung aus allen drei Übertragungsgliedern (Abb. 4-14):

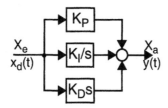

Abb. 4-14:   Allgemeiner PID-Regler

$$y(t) = K_P \cdot e(t) + K_I \int_0^t e(t)dt + K_D \cdot \dot{e}(t)$$

$$Y(s) = K_P \cdot X_e(s) + \frac{K_I}{s}X_e(s) + K_D \cdot sX_e(s)$$

$$\Rightarrow G(s) = \frac{Y(s)}{X_e(s)} = K_P + \frac{K_I}{s} + K_D \cdot s$$

In einem PID-Regler wird versucht, die Vorteile aller drei Einzelglieder zu kombinieren. Ein reiner P-Regler hat den Vorteil, dass er sehr schnell auf Änderungen der Führungs- bzw. Störgröße reagieren kann. Der Nachteil eines P-Reglers liegt in der stationären Ungenauigkeit. Da der Ausgang des Reglers nur die verstärkte Regeldifferenz ist, liegt am Ausgang keine Stellgröße an, wenn die Regeldifferenz Null ist. Um diese stationäre Ungenauigkeit zu kompensieren, wird der P-Regler um den I-Anteil zu einem PI-Regler erweitert. Der Nachteil des PI-Reglers liegt in der Stabilität des Regelkreises. Um die selbe Strecke mit einem PI-Regler zu stabilisieren, muss die Verstärkung des reinen P-Reglers herabgesetzt werden. Dadurch kann der Regler nicht mehr so schnell auf Änderungen reagieren. Erweitert man den PI-Regler um ein D-Glied, kann der Regler wieder sehr schnell auf Änderungen (=Ableitung der Führungs- bzw Störgröße) reagieren. .

Tab. 4-4:   Kenngrößen für Strecken mit Verzögerungsverhalten

Regler	Anregelzeit	Ausregelzeit	Überschwingweite	Bleibende Regeldifferenz
P	mittel	mittel	klein	ja
I	groß	groß	groß	nein
PI	mittel	mittel	mittel	nein
PD	klein	klein	klein	ja
PID	klein	klein	klein	nein

In Abb. 4-15 ist das Verhalten verschiedener Regler auf einen Störgrößensprung Z dargestellt. Darin ist zu erkennen, dass die Strecke ohne Regler sich wie ein PT_2-Glied aperiodisch an die Störgröße annähert. Ein reiner P-Regler ist am schnellsten eingeschwungen, kann aber ohne I-Anteil die Störgröße nicht vollständig kompensieren. Durch den I-Anteil im PI-Regler schwingt sich die Regeldifferenz auf Null ein. Es ist deutlich zu erkennen, dass der Regler durch den zusätzlichen I-Anteil langsamer wird. Der reine I-Regler kann die Störung nicht ausregeln und neigt zum Aufschwingen. Am schnellsten kann der PID-Regler die Störung ausregeln, da sein D-Anteil eine schnelle Reaktion am Ausgang des Reglers bewirkt.

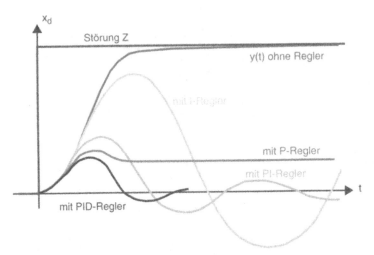

Abb. 4-15:   Ausgangsgröße verschiedener Regler nach einem Sprung der Störgröße.

Kenngrößen in der Regelung

In der Regelung wird versucht, verschiedene Kenngrößen zu optimieren:

Die *Genauigkeit* eines Reglers, auch stationäre Regelgüte genannt, beschreibt, wie gut die Regelgröße $x(t)$ der Führungsgröße $w(t)$ asymptotisch folgt. Bei einer bleibenden Regeldifferenz:

$$e(\infty) = \lim_{t \to \infty} e(t) = \lim_{t \to \infty} (w(t) - x(t)) \neq 0$$

ist die Genauigkeit gering (z.B. P-Regler).

Die *Schnelligkeit* eines Reglers, auch dynamische Regelgüte genannt, beschreibt, wie schnell ein Regler auf eine Änderung der Führungsgröße reagieren kann. Schnelligkeit kann in weitere Kenngrößen unterteilt werden. Diese werden im Folgenden näher beschrieben.

In einem *stabilen Regelkreis*, kann eine beliebige Änderung der Führungs- bzw. Störgröße nicht zum Aufschwingen der Strecke führen. In einem instabilen System führt die Rückkopplung des geschlossenen Regelkreises zur Zerstörung des Systems, wenn der Regler das angemessene Stellsignal nicht rechtzeitig erzeugen kann.

Robustheit bedeutet, dass die obigen drei Forderungen erfüllt bleiben, auch wenn sich Parameter der Strecke oder des Reglers ändern. Bei einem robusten Regler kann ein Näherungsmodell der Strecke beim Reglerentwurf verwendet werden.

Das Problem ist, dass diese Kenngrößen sich gegenseitig ausschließen. Um einen schnellstmöglichen Regler zu bekommen, müssen die Reglerparameter optimal auf die Strecke abgestimmt werden. Dadurch wird der Regler aber sehr schnell instabil, wenn sich die Strecke nur minimal ändert. Es muss immer ein Kompromiss zwischen den verschiedenen Kenngrößen gefunden werden.

Kenngrößen zur Beschreibung dynamischer Regelgüte

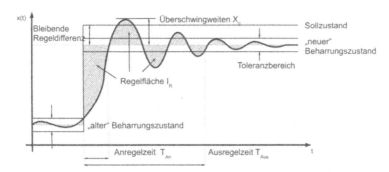

Abb. 4-16: Verschiedene Messgrößen beim Sprung der Sollwertvorgabe.

Die dynamische Regelgüte beschreibt die vorübergehende Regeldifferenz während des Einschwingvorgangs auf einen neuen Beharrungswert. In Abb. 4-16 ist die Sprungantwort eines beliebigen Systems dargestellt. Anhand dieses Verlaufs sollen weitere Kenngrößen beschrieben werden. Diese Kenngrößen sind Randbedingungen bei der Reglerparametereinstellung.

Der *Toleranzbereich* ist eine kleine tolerierbare Abweichung vom Sollwert im Beharrungszustand, die vom Anwender vorgegeben wird.

Die *Regelkreisgenauigkeit* ist dann erfüllt, wenn der Sollwert innerhalb des vorgegebenen Toleranzbereichs verbleibt.

Die *Regelkreisschnelligkeit* beschreibt die Zeitdauer des Übergangs von einem Beharrungszustand in einen anderen.

Die *Anregelzeit* T_{An} ist die minimale Zeitspanne, um vom Toleranzbereich eines Beharrungszustands erstmalig in einen anderen zu gelangen

Die *Ausregelzeit* T_{Aus} ist die Zeitspanne, um vom Toleranzbereich eines Beharrungszustands endgültig in einen anderen zu gelangen.

Die *Überschwingweite* $X_{\ddot{U}}$ gibt den Ausschlag der Regelgröße $x(t)$ über den neu einzunehmenden Beharrungszustand an.

Die *Regelfläche* I_R gibt die Summe aller Teilflächen zwischen $x(t)$ und dem Beharrungszustand $x(\infty)$ eines Übergangs infolge eines Stör- oder Führungssprunges an. Die Regelfläche kann als Basis für Integralkriterien zum Reglerentwurf für perfekte Regelung genutzt werden (Optimierungsproblem).

4.2.4 Das inverse Pendel als Regelungsbeispiel

Das inverse Pendel wird in der Regelungstechnik oft als interessantes Anwendungsbeispiel verwendet. Auf einem Wagen, der sich auf einer Geraden bewegt, ist ein Stab befestigt. Dieser Stab bewegt sich frei in einem Scharniergelenk, das auf dem Wagen befestigt ist (Abb. 4-17). Die Aufgabe ist nun, den Wagen so zu bewegen, dass das inverse Pendel sich senkrecht aufrichtet und ausbalanciert wird.

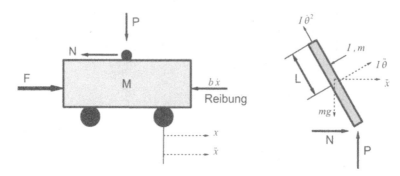

Abb. 4-17:   Kräfte und Zustände eines inversen Pendels.

1. Schritt: Mathematische Modellierung des Pendels

Die Bezeichner in Abb. 4-17 beschreiben folgende Größen:

M = Masse des Wagens; m = Masse des Stabes; l = Länge des Stabes, b = Reibung des Wagens auf dem Untergrund, N = horizontale Kräfte zwischen Wagen und Stab, P = vertikale Kräfte zwischen Wagen und Stab, I = Trägheitsmoment des Stabes, θ = Winkel zwischen Stab und Senkrechten, x = Position des Wagens, $\dot{x}$ = Geschwindigkeit des Wagens und $\ddot{x}$ = Beschleunigung des Wagens.

Der erste Schritt, um einen Regler entwerfen zu können, besteht in der physikalischen Modellierung des inversen Pendels. Um das inverse Pendel mathematisch zu beschreiben wird die Kräftebilanz des Wagens aufgestellt (Gleichung 4-7). Die Trägheitskräfte $M\ddot{x}$ des Wagens, die Reibungskräfte $b\dot{x}$ und die durch den Stab horizontal aufgebrachte Kraft N werden der Antriebskraft F des Wagens gleichgesetzt.

$$M\ddot{x} + b\dot{x} + N = F \tag{4-7}$$

Setzt man die horizontale Kraft N gleich den Kräfte, die auf den Stab wirken ergibt sich Gleichung 4-8. In dieser Gleichung beschreibt der Cosinus-Term die Massenträgheit des Stabes gegen Winkelbeschleunigung und der Sinus-Term die Zentripetalkraft des Stabes.

$$N = m\ddot{x} + ml\ddot{\theta}cos\theta - ml\dot{\theta}^2 sin\theta \tag{4-8}$$

Durch das Einsetzen von Gleichung 4-8 in Gleichung 4-7 entsteht die erste Bewegungsgleichung 4-9.

$$(M + m)\ddot{x} + b\dot{x} + ml\ddot{\theta}cos\theta - ml\dot{\theta}^2 sin\theta = F \tag{4-9}$$

Um die zweite Bewegungsgleichung zu erhalten, werden alle Kräfte, die senkrecht auf den Stab wirken, aufsummiert (Gleichung 4-10).

$$Psin\theta + Ncos\theta - mgsin\theta = ml\ddot{\theta} + m\ddot{x}cos\theta \tag{4-10}$$

Um die horizontalen und vertikalen Kräfte zwischen Wagen und Stab zu ersetzen, wird eine Momentenbilanz aufgestellt (Gleichung 4-11).

$$- Plsin\theta - Nlcos\theta = I\ddot{\theta} \tag{4-11}$$

Kombiniert man die beiden Gleichungen, erhält man die zweite Bewegungsgleichung 4-12.

$$(I + ml^2)\ddot{\theta} + mgl\sin\theta = -ml\ddot{x}\cos\theta \tag{4-12}$$

Um die zwei Bewegungsgleichungen mit formalen Methoden der Regelungstechnik analysieren zu können, werden die Gleichungen um die senkrechte Lage ($\theta = \pi = Arbeitspunkt$) des Stabes linearisiert. Unter der Annahme, dass sich der Stab nur geringfügig aus der senkrechten Lage herausbewegt, ergibt sich $\theta = \pi + \phi$. Daraus ergeben sich die folgenden Vereinfachungen (Gleichung 4-13):

$\cos\theta = -1$, $\sin\theta = -\phi$ und $\dot{\theta}^2 = 0$.

$$(I + ml^2)\ddot{\phi} - mgl\phi = ml\ddot{x}$$
$$(M + m)\ddot{x} + b\dot{x} - ml\ddot{\phi} = u \tag{4-13}$$

Unter Verwendung der in Kapitel 3 aufgestellten Laplace-Transformation ergeben sich die Gleichung 4-14 und Gleichung 4-16. Dabei werden die Anfangswerte zu 0 angenommen.

$$(I + ml^2)\Phi(s)s^2 - mgl\Phi(s) = mlX(s)s^2 \tag{4-14}$$

$$(M + m)X(s)s^2 + bX(s)s - ml\Phi(s)s^2 = U(s) \tag{4-15}$$

Um einen Zusammenhang zwischen der Stellgröße F und Ausgangsgröße ϕ zu erhalten, wird Gleichung 4-14 nach $X(s)$ aufgelöst (Gleichung 4-16) und in Gleichung 4-15 eingesetzt. Daraus ergibt sich Gleichung 4-17.

$$X(s) = \left[\frac{(I + ml^2)}{ml} - \frac{g}{s^2}\right]\Phi(s) \tag{4-16}$$

$$(M + m)\left[\frac{(I + ml^2)}{ml} - \frac{g}{s^2}\right]\Phi(s)s^2 + \tag{4-17}$$

$$b\left[\frac{(I + ml^2)}{ml} - \frac{g}{s^2}\right]\Phi(s)s - ml\Phi(s)s^2 = U(s)$$

Nach Umformung erhält man folgende Übertragungsfunktion

$$:G_{Sys}(s) = \frac{\Phi(s)}{U(s)} = \frac{\dfrac{ml}{q}s}{s^3 + \dfrac{b(I + ml^2)}{q}s^2 - \dfrac{(M + m)mgl}{q}s - \dfrac{bmgl}{q}}$$

wobei $q = [(M + m)(I + ml^2) - (ml)^2]$.

2. Schritt: Auswahl und Parameterbestimmung eines Reglers

Die senkrechte Position des Pendels ist eine instabile Ruhelage, da jede noch so kleine Störung das Pendel umkippen lässt. Um das Pendel dennoch in der Senkrechten stabilisieren zu können, wird ein Regler benötigt. Der Regler muss der Störgröße schnellst möglich entgegen wirken und es darf keine Regeldifferenz bestehen bleiben, da sonst der Wagen bis ins Unendliche beschleunigt wird. Daher wird ein PID-Regler zur Stabilisierung ausgewählt.

Um die Parameter K_P, K_I und K_D des Reglers bestimmen zu können, muss zunächst die Übertragungsfunktion des geschlossenen Regelkreises aufgestellt werden. Mit Hilfe der Formel für das Führungsgrößenverhalten und Abb. 4-13 können wir die Übertragungsfunktion aufstellen (Gleichung 4-19). Für das Aufstellen der Übertragungsfunktion nehmen wir folgende Parameter an:

$M=2\ kg$; $m=0.5\ kg$; $l=0.3\ m$; $i=m \cdot L^2=0.045\ kgm^2$; $b\ =\ 0.1\dfrac{N}{ms}$; $g\ =\ 9.8\dfrac{m}{s^2}$

Um Gleichungen einfacher lösen zu können, werden Übertragungsfunktionen durch einen Zählerterm $NUM(s)$ und einen Nennerterm $DEN(s)$ beschrieben.

$$G_R(s)\ =\ \frac{K_D \cdot s^2 + K_P \cdot s + K_D}{s}\ =\ \frac{p}{s}$$

$$G_0(s) = G_R(s) \cdot G_{Sys}(s) = \frac{NUM_R(s)}{DEN_R(s)} \cdot \frac{NUM_{Sys}(s)}{DEN_{Sys}(s)}$$

$$G_{Ges}(s) = \frac{G_0(s)}{1 + G_0(s)} = \frac{NUM_R(s) \cdot NUM_{Sys}(s)}{DEN_R(s) \cdot DEN_{Sys}(s) + NUM_R(s) \cdot NUM_{Sys}(s)}$$

$$= \frac{p \cdot \left(\frac{ml}{q}s\right)}{\left(s^3 + \frac{b(I + ml^2)}{q}s^2 - \frac{(M + m)mgl}{q}s - \frac{bmgl}{q}\right) \cdot s + p \cdot \left(\frac{ml}{q}s\right)}$$

$$= \frac{(K_D \cdot s^2 + K_P \cdot s + K_D) \cdot (0,741s)}{(s^3 + 0,044s^2 - 18,15s - 0,726) \cdot s + (K_D \cdot s^2 + K_P \cdot s + K_D) \cdot 0,741s}$$

(4-18)

$$= \frac{0.7407s^3 + 0.7407s^2 + 0.7407s}{s^4 + 0.7852s^3 - 17.41s^2 + 0.01481s}$$ (4-19)

Durch Rücktransformation in den Zeitbereich kann die Impulsantwort des geschlossenen Regelkreises berechnet werden. In unserem Beispiel des inversen Pendels bedeutet die Impulsantwort einen kurzen Stoß (Diraq-Impuls) auf den Wagen. Durch den Stoß wird das Pendel aus seiner Ruhelage gebracht. Die Berechung der Impulsantwort kann durch Analysewerkzeuge (z.B. Matlab) vereinfacht werden. Um die Parameter des Reglers zu bestimmen, wird zunächst die Impulsantwort berechnet für $K_P=K_I=K_D=1$. Durch Einsetzen der Reglerparameter in Gleichung 4-18 erhält man die Übertragungsfunktion in Gleichung 4-19. In Abb. 4-18a ist das noch instabile Verhalten des Systems zu erkennen. Da wir das linearisierte System untersuchen, steigt der Winkel zwischen der Senkrechten und dem Pendel bis ins Unendliche an. Nun wird der Proportionalanteil des Reglers K_P soweit erhöht bis sich eine abklingende Schwingung um die senkrechte Stellung einstellt. In Abb. 4-18b ist die Schwingung für $K_P=500$ dargestellt. Nachdem der Wert für K_P festgelegt wurde, erhöhen wir den differentiellen Anteil K_D, bis aus der abklingenden Schwingung ein einzelner Überschwinger wird. Um schneller den stationären Endwert zu erreichen wird K_I leicht erhöht. In Abb. 4-18c ist die Impulsantwort des eingestellten Reglers dargestellt. Der Impuls scheint aus dem Unendlichen zu kommen, da für den Regler ein idealer D-Anteil angenommen wird.

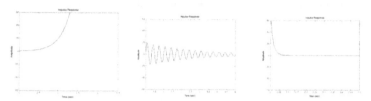

Abb. 4-18:   Impulsantworten des inversen Pendels mit verschiedenen Reglerparametern.

Wurzelortskurve

Eine weitere Möglichkeit um die Reglerparameter einzustellen, ist das Wurzelortskurven-verfahren. Bei diesem Verfahren wird ausgenutzt, dass für die Stabilität eines Regelkreises nur die Pole (Nullstellen des Nenners) verantwortlich sind. Da die Pole des geschlossenen Regelkreises auch konjugiert komplex werden können, sind sie in der komplexen Ebene auf-getragen. Die Pole des geschlossenen Regelkreises werden aus der charakteristischen Glei-chung bestimmt. Dazu wird in Gleichung 4-18 der Nenner gleich Null gesetzt. Die Regler-verstärkung K_R wird dabei als Faktor vor das Zählerpolynom des Reglers $NUM_R=K_R NUM_R'$ gezogen. Die Verstärkung des Reglers wird von 0 bis ∞ erhöht, dadurch ergeben sich Kur-ven in der komplexen Ebene. Ab einer Verstärkung, bei der alle Pole auf der linken Seite der Imaginärenachse liegen, wird der Regelkreis stabil. Die Wurzelortskurve kann mit wenigen Regeln selbst oder mit einem Analysewerkzeuge gezeichnet werden.

In Abb. 4-19 ist die Wurzelortskurve für $K_P=K_I=K_D=1$ dargestellt. Für eine Verstärkung von Null liegen die Pole des geschlossenen Regelkreises auf den Polen des offenen Regelkreises (−4,26;0,04;4,26). Erhöht man die Verstärkung, wandern die beiden Pole (0,04;4,26) des ge-schlossenen Regelkreises in Richtung des Schnittpunktes. Ist die Zahl der Pole größer als die Zahl der Nullstellen, laufen die überschüssigen Pole gegen unendlich. Geht die Verstärkung gegen unendlich, wandern die Pole des geschlossenen Kreises in die Nullstellen des offenen Kreises (−0.5+0.87i;−0.5−0.87i). Ab einer Verstärkung von ca. 40 liegen alle Pole auf der linken Seite und der geschlossene Regelkreis ist stabil.

Frequenzgangsentwurfsverfahren

Eine weitere Möglichkeit zur Reglerparametereinstellung, ist das Frequenzgangsentwurfs-verfahren. Hierbei werden die harmonischen Schwingungen des offenen Systems unter-sucht. D.h. im Laplace-Bereich wird nur die Imaginäre-Achse betrachtet $s=j\omega$. Durch diese Vereinfachung ergibt sich folgende Funktion im Zeitbereich für $t\rightarrow\infty$: $v(t)=|G(jw)|sin(\omega t+\angle G(jw))$. Der Amplitudengang wird als $|G(jw)|$ bezeichnet und $\angle G(jw)$ wird als Phasengang bezeichnet. Der Amplitudengang und der Phasengang werden über die logarithmisch einge-teilte Frequenz übereinander aufgetragen, dieses Diagramm wird Bode-Diagramm genannt. Für einen stabilen Regelkreis sollte bei einer Durchtrittskreisfrequenz ω_0 (Amplitudengang schneidet die 0-dB-Linie) eine Phasenreserve ϕ_R (Abstand der Phase von der -180°-Linie bei ω_0) von ca. 60° bestehen. In Abb. 4-20 ist das Bodediagramm für $K_P=K_I=K_D=1$ dargestellt. Bei der Durchtrittskreisfrequenz von $\omega_0 = 0,4rad/sec$ ist keine Phasenreserve vorhanden, der geschlossene Regelkreis ist instabil. Erweitert man den Zählerterm des Reglers um die Reglerverstärkung K_R, kann der Verlauf des Amplitudengangs nach oben oder unten gescho-

ben werden. Der Phasengang bleibt davon unberührt. Erhöht man die Verstärkung im Beispiel des inversen Pendels, wandert die Durchtrittsfrequenz weiter nach rechts. Liegt die
Durchtrittsfrequenz über $0,5 rad/sec$ ist der Regelkreis stabil. Dies entspricht ebenfalls wieder einer Verstärkung von ca. 40.

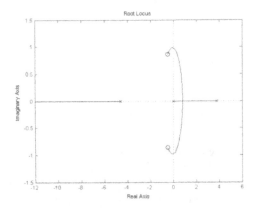

Abb. 4-19:   Wurzelortskurve des inversen Pendels mit den Reglerparametern $K_P=K_I=K_D=1$.

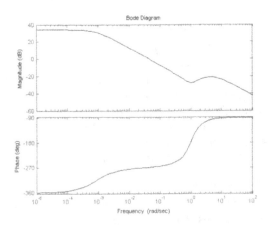

Abb. 4-20:   Bode-Diagramm des inversen Pendels mit den Reglerparametern $K_P=K_I=K_D=1$.

Neben diesen drei vorgestellten Verfahren gibt es noch viele weitere Verfahren, die teils auf
mathematischen oder empirischen Verfahren beruhen. Diese und weitere Einzelheiten und
die Herleitung für das Wurzelortskurven- und das Frequenzgangsentwurfsverfahren finden
sich in der angegebenen Literatur.

4.3   Fuzzy-Regelung

Neben der klassischen Regelung hat sich in den letzten Jahren die Fuzzy-Regelung (oder auch unscharfe Regelung) als intuitiver Regelungsansatz hervorgetan. Da eine ausführliche Beschreibung den Rahmen des Buches überschreiten würde, werden im Wesentlichen die aus der Fuzzy-Set Theorie notwendigen Grundbegriffe eingeführt und anschließend das Konzept der Fuzzy-Regelung erläutert. Anhand des im vorigen Abschnitt eingeführten Beispiels des inversen Pendels wird die Vorgehensweise bei der Realisierung eines Fuzzy-Reglers schrittweise dargestellt.

Die Grundidee der Fuzzy-Regelung lässt sich am Beispiel der Wassertemperaturregelung mittels eines Kalt- und Warmwasserhahns verdeutlichen. Auch ohne Modell der Strecke (Druck des Wassers, Durchflussgeschwindigkeit, Öffnung des Ventils, ...) und den daraus analysierten Regelparametern können wir beispielsweise die gefühlte Temperatur so einstellen, dass sie uns als angenehm erscheint. Wenn das Wasser zu warm ist, dann öffnen wir das Kaltwasserventil etwas bzw. schließen das Warmwasserventil etwas. Ist die Wassertemperatur viel zu heiß, werden die Ventile etwas stärker geöffnet bzw. geschlossen.

Die hier beschriebene Regelungsstrategie wird mit der Fuzzy-Regelung formalisiert. Wie im Bespiel gezeigt, müssen wir zunächst den über einen Sensor aufgenommenen Temperaturwert in eine unscharfe Repräsentation umformen (z.B. Wasser zu warm, viel zu heiß). Mit Hilfe von Wenn-Dann-Regeln wird die Regelungsstrategie beschrieben. Als Schlussfolgerung erhalten wir wieder einen unscharfen Wert (z.B. Ventil etwas schließen), der in einem letzten Schritt wieder in einen scharfen Ausgangswert, die tatsächliche Stellung des Ventils, umgesetzt wird.

4.3.1   Grundlagen der Fuzzy-Regelung

Die Fuzzy-Regelung basiert auf der Fuzzy-Set-Theorie. Im Gegensatz zur klassischen Mengentheorie, bei der ein Element zu einer oder nicht zu einer Menge gehört, werden bei Fuzzy-Mengen kontinuierliche Übergänge definiert (Abb. 4-21). Eine bestimmte Wassertemperatur kann sowohl zur Menge *Warm* als auch zur Menge *Kalt* gehören. Hierzu wird die charakteristische Funktion $\mu_M(x) \in [0,1]$ einer Fuzzy-Menge M eingeführt, die auch als Zugehörigkeitsfunktion mit kontinuierlichen Zugehörigkeitswerten bezeichnet wird.

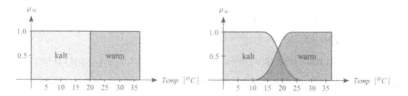

Abb. 4-21:   Klassische Mengen (links) unscharfe Mengen mit kontinuierlichen Übergängen (rechts).

Eine Fuzzy-Menge $M = \{(x, \mu_M(x)) \forall (x \in X, \mu(x) \in [0,1])\}$ ordnet jedem Element x der Grundmenge X einen Zugehörigkeitsgrad $\mu_M(x)$ zu. Eine scharfe Menge ist somit ein Spezialfall der unscharfen Mengen. Oft verwendete Zugehörigkeitsfunktionen sind in Abb. 4-22

dargestellt. Ein Singleton (Abb. 4-22c) entspricht der unscharfen Representation eines
scharfen Wertes. Der Zugehörigkeitsgrad stellt kein Wahrscheinlichkeitsmaß dar. Im Allgemeinen gilt:

$$\sum_{x \in X} \mu_M(x) \neq 1 \, .$$

Eine Wassertemperatur kann beispielsweise zu 20% zur Menge *Kalt* und zu 40% zur Menge
Warm gehören.

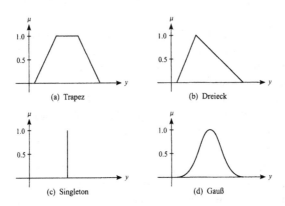

Abb. 4-22:   Beispiele von Zugehörigkeitsfunktionen $\mu_M(x)$

Die Fuzzy-Logik legt, ähnlich wie die Boolesche Logik für Mengen mit binärer Zugehörigkeitsfunktion, Axiome und Operatoren zur Manipulation der Fuzzy-Mengen fest. Es gelten
folgende Axiome:

* $t(\alpha,\beta)=t(\beta,\alpha)$ (Kommutativität)
* $t(t(\alpha,\beta),\gamma)=t(\alpha,t(\beta,\gamma))$ (Assoziativität)
* $\beta<\lambda \Rightarrow t(\alpha,\beta)<t(\alpha,\lambda)$ (Monotonie)
* $t(\alpha,1)=\alpha$

Die Konjunktion wird mit Hilfe der t-Norm (trianguläre Norm) definiert. Die t-Norm ist eine
Funktion $t:[0,1]^2 \rightarrow [0,1]$, die die Axiome (T1) bis (T4) erfüllt. Beispiele für t-Normen sind:

* Minimum: $t(\alpha,\beta)=min((\alpha,\beta))$
* Lukasiewicz-t-Norm: $t(\alpha,\beta)=max((\alpha+\beta-1,0))$
* Algebraisches Produkt: $t(\alpha,\beta)=\alpha \cdot \beta$

Die Konjunktion wird mit Hilfe der t-Norm mit $(\mu_1 \cap \mu_2)(x)=t(\mu_1(x),\mu_2(x))$ bestimmt.

Die s-Norm oder t-CoNorm beschreibt die Disjunktion. Zwischen t-Normen und t-CoNor-
men besteht in Analogie zu den DeMorganschen Gesetzen der Booleschen Logik ein dualer
Zusammenhang. Jede t-Norm t induziert eine t-CoNorm s mittels $s(\alpha,\beta)=1-t(1-\alpha,1-\beta)$.
Umgekehrt erhält man aus einer t-CoNorm s durch $t(\alpha,\beta)=1-s(1-\alpha,1-\beta)$ die entsprechende

t-Norm t zurück. In der folgenden Tabelle sind Beispiele für t-Normen und die dazugehörigen duale t-CoNormen angegeben.

t-Norm:	duale t-CoNorm:
Minimum min((a,b))	Maximum t(a,b)=max((a,b))
Lukasiewicz-t-Norm	Lukasiewicz-t-CoNorm
Algebraisches Produkt ab	Algebraische Summe 1-(1-a)(1-b)=a+b-ab

Die s-Norm wird zur Bestimmung der Durchschnittsbildung wie folgt verwendet: $(\mu_1 \cup \mu_2)(x)=s(\mu_1(x),\mu_2(x))$. Das Komplement kann durch $\mu^C(x)=1-\mu(x)$ berechnet werden (Abb. 4-23).

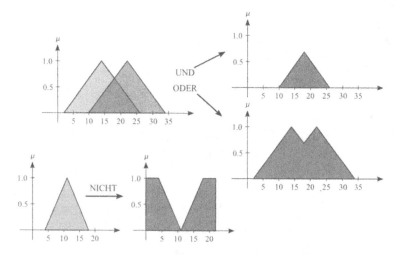

Abb. 4-23:   Durchschnitt, Vereinigung und Komplement

Der Durchschnitt und die Vereinigung arbeiten immer auf den selben Grundmengen. Um Fuzzy-Mengen verschiedener Grundmengen zu vereinigen, wird das kartesische Produkt eingeführt. Seien $A_1,A_2,...,A_n$ Fuzzy-Mengen über den Grundmengen $X_1,X_2,...,X_n$. Das kartesische Produkt, auch Fuzzy-Relation genannt, wird wie folgt definiert:

$A_1 \times A_2 \times ... \times A_n$ aus $X_1 \times X_2 \times ... \times X_n$ mit
$$\mu_{A_1 \times A_2 \times ... \times A_n}(x_1, x_2, ..., x_n) = t(\mu_{A_1}(x_1), \mu_{A_2}(x_2), ..., \mu_{A_n}(x_n))$$

Wie in unserem einführenden Beispiel gezeigt, verwendet die Fuzzy-Regelung Wenn-Dann-Regeln. Ausgehend von einer unscharfen Zustandsbeschreibung (Prämisse) werden durch die Wenn-Dann-Regeln (Implikation) unscharfe Schlussfolgerungen (Konklusion) generiert. Diese Abbildung wird auch als logische Inferenz bezeichnet. Dabei ist die Implikation als Fuzzy-Relation $\mu_R(x,y)$, $(x,y) \in X \times Y$ und die Prämisse als Fuzzy-Menge $\mu_P(x)$, $x \in X$ gegeben. Die Konklusion ist wiederum eine Fuzzy-Menge $\mu_{res}(y)$, $y \in Y$.

Die Konklusion wird mit Hilfe der t-Norm und der s-Norm bestimmt:

$$\mu_{Res}(y) = s_{x \in X}\{t(\mu_P(x), \mu_R(x, y))\}$$

Setzt man das oft verwendete Minimum für die t-Norm und das Maximum für die s-Norm ein, so kann die Konklusion wie folgt bestimmt werden:

$$\mu_{Res}(y) = \max_{x \in X}\{min(\mu_P(x), \mu_R(x, y))\}$$

4.3.2 Aufbau eines Fuzzy-Reglers am Beispiel des inversen Pendels

Formal stellt die Fuzzyregelung eine statische, nichtlineare Abbildung von Eingangsgrößen $u_i \in U_i$ auf Ausgangsgrößen $y_i \in Y_i$ dar. Die Ein- und Ausgangsgrößen sind wie bei der klassischen Regelung exakte/scharfe Werte. Die Berechnung der Regelgröße ist in die drei Schritte unterteilt (Abb. 4-24):

1. Fuzzifizierung
2. Fuzzy-Inferenz
3. Defuzzyfizierung

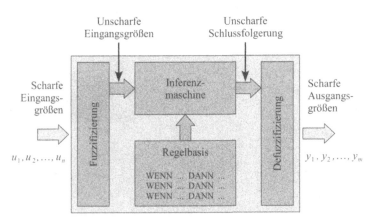

Abb. 4-24: Komponenten der Fuzzy-Regelung

Zunächst wird der scharfe Eingangswert in eine unscharfe Fuzzy-Größe umgewandelt. Dieser unscharfe Wert dient als Prämisse für die Inferenz. Unter Verwendung der WENN-DANN-Regeln (Implikationen) wird die unscharfe Konklusion bestimmt. Der letzte Schritt stellt die Defuzzifizierung dar, in dem aus der unscharfen Konklusion ein scharfer Regelwert berechnet wird. Die Fuzzy-Regelung unterscheidet sich von der scharfen Regelung nur durch den Austausch des Regelers (Abb. 4-25).

Am Beispiel des inversen Pendels (Abb. 4-17) wollen wir jetzt die 3 Schritte näher erklären. Zur Beschreibung des Zustands des Stabes wählen wir die Winkelabweichung von der Nullstellung $e(t)$ [rad] und die Winkelgeschwindigkeit $\dot{e}(t)$ [rad/sec]. Als Regelungsgröße soll die Kraft $u(t)$ [N], die auf den Wagen wirkt, um den Stab in die Nullstellung zu bringen oder ihn dort zu halten, bestimmt werden.

Um das Expertenwissen über die Regelung möglichst natürlichsprachlich beschreiben zu können, werden linguistische Variablen eingeführt. In unserem Beispiel sind dies die Abwei-

chung von der Nullstellung und die Winkelgeschwindigkeit. Jede linguistische Variable beinhaltet eine Menge von linguistischen Termen (die Eigenschaften), die Fuzzy-Mengen darstellen. Passende linguistische Terme zur linguistischen Variablen Winkelgeschindigkeit
sind *gering, groß, sehr groß*. Meist werden statt der umgangssprachlichen Eigenschaftenbe-
zeichner Standardbelegungen für linguistische Terme verwendet wie negativ-groß (-2), ne-
gativ-klein (-1), ... , positiv-groß (+2) (Abb. 4-26). Die Festlegung der semantischen Bedeutung erfolgt durch die Wahl der entsprechenden Zugehörigkeitsfunktion. Diese wird subjek-
tiv vom Experten modelliert. Durch linguistische Operatoren (UND, ODER, NICHT)
können linguistische Variablen zu linguistischen Ausdrücken kombiniert werden.

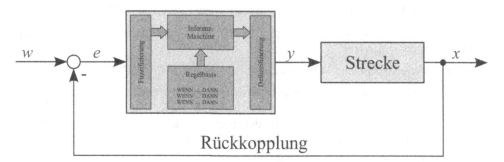

Abb. 4-25:   Regelprozess unter Verwendung eines Fuzzy-Reglers

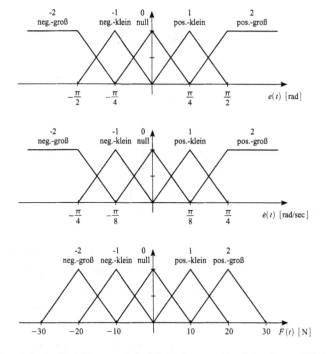

Abb. 4-26:   Linguistische Variablen am Beispiel des inversen Pendels: oben = Winkel;
              mitte = Winkelgeschwindigkeit; unten = Kraft

Bei der Fuzzifizierung werden für jede linguistische Variable die scharfen Eingangswerte in den Zugehörigkeitsraum der beteiligten linguistischen Terme transformiert. Bei n Termen entsteht der n-dimensionale *Sympathievektor* $s(x)=(\mu_1(x),\mu_2(x),\ldots,\mu_n(x))$ (Abb. 4-27). Für jeden linguistischen Term A_i wird eine Fuzzy-Menge S_i in der Form eines Singletons gebildet, das einen Peak an der Stelle des scharfen Eingangswertes u mit der Zugehörigkeitsfunktion $\mu_{A_i}(u)$ als Höhe besitzt:

$$\mu_{A_i}(u) \;=\; \begin{cases} \mu_{A_i}(u), & x = u \\[4pt] 0, & x \neq u \end{cases}$$

Das eigentliche Regelverhalten wird in den *WENN-DANN-Regeln* beschrieben. Für unser Stabbalancierproblem könnte eine Regel wie folgt lauten (auch Abb. 4-27):

*   WENN Winkelabweichung = pos-groß UND Winkelgeschwindigkeit = neg-klein
    DANN Kraft = neg-klein

*   Komprimierte Darstellung: WENN $e(t) = \square\square + 1$ UND $\dot{e}(t) = -1$ DANN $u(t) = -1$

Diese Regel würde genau dann ausgewählt werden, wenn die Winkelabweichung einen Zugehörigkeitswert für den linguistischen Term pos-groß größer Null und die Winkelgeschwindigkeit einen Zugehörigkeitswert für den Term neg-klein größer Null haben. Im Allgemeinen sind alle Regeln aktiv, die in ihren WENN-Regeln linguistische Terme verwenden, deren Zugehörigkeit zu den scharfen Eingangswerten größer Null sind.

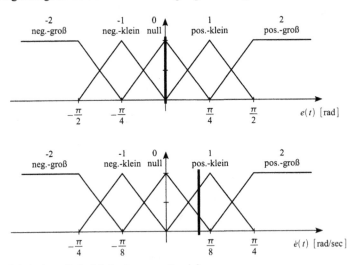

Abb. 4-27:   Schritt 1 am Beispiel des inversen Pendels

Für eine Regel j der Form WENN $U_1 = A_1$ UND ... UND $U_n = A_n$ DANN $Y = B$ ergibt sich die unscharfe Prämisse P_j als Relation der bei der Fuzzifizierung entstandenen Singletons $S_1, \ldots, S_n$ mit $\mu_{P_j}(\vec{x}) = \mu_{S_1 \times \ldots \times S_n}(\vec{x}) = t(\mu_{S_1}(x_1), \ldots, \mu_{S_n}(x_n))$

und damit der Grad des Zutreffens der Regel bei gegebenen Eingangsvektoren $\vec{u}' = (u'_1, \ldots, u'_n)$ als $\mu_{P_j}(u'_1, \ldots, u'_n)$.

Sei im Beispiel $e(t) = \pi/8$ und $\dot{e}(t) = \pi/32$ die Zustandbeschreibung des Stabes, dann ergibt sich unter Verwendung der oben angegebenen Zugehörigkeitsfunktionen

$$\mu_{Fehler,null}\left(\frac{\pi}{8}\right) = 0,5 \text{ und } \mu_{Geschw,pos\text{-}klein}\left(\frac{\pi}{32}\right) = 0,25 \text{. (Abb. 4-27)}$$

Wird das Minimum als t-Norm eingesetzt, so berechnet sich für die Prämisse der Grad des Zutreffens der Regel WENN Fehler = null und Geschw = pos-kl als

$$\mu_{P_j}(\vec{u}) = min\{0,5;0,25\} = 0,25 \ .$$

Als Konklusion einer Regel j ergibt sich wiederum eine resultierende Fuzzy-Menge Res_j, deren Zugehörigkeitsgrad berechnet wird nach

$$\mu_{Res_j}(\vec{x}) = s_{\vec{x} \in X_1 \times \dots \times X_n}[t(\mu_{P_j}(\vec{x}), \mu_{R_j}(\vec{x}, y))]$$

wobei die Fuzzy-Relation $R_j = A_1 \times \dots \times A_n \times B$ die Implikation der Regel j darstellt. Da die Prämisse der Regel eine Relation von Singletons ist, kann die s-Norm in der Bildung der Konklusion entfallen un die Berechnung vereinfacht sich zu

$$\mu_{Res_j}(y) = t(\mu_{A_1 \times \dots \times A_n}(u_1', \dots, u_n'), \mu_B(y)) \quad ,$$

da $\mu_{A_i}(u_i') = \mu_{S_i}(u_i')$. Setzt man das Minimum als t-Norm ein ergibt sich

$$\mu_{Res_j}(y) = min\{\mu_{A_1 \times \dots \times A_n}(u_1', \dots, u_n'), \mu_B(y)\} \ .$$

Bildlich gesprochen wird die Ausgangs-Fuzzy-Menge auf Höhe des Grades des Regelzutreffens gekappt. Im nächsten Schritt wird eine ODER Verknüpfung (mit Hilfe der s-Norm) aller Konklusionen der aktiven Regeln durchgeführt (Abb. 4-28).

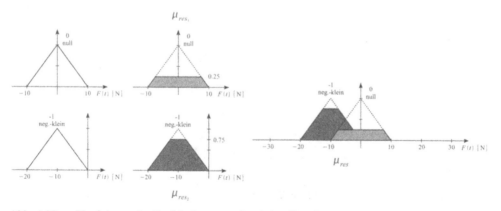

Abb. 4-28:   Vereinigung der Konklusionen zweier aktiver Regeln

$$\mu_{Res}(y) = s(\mu_{Res_1}(y), \dots, \mu_{Res_j}(y)) \overset{z.B.}{=} max\{\mu_{Res_1}(y), \dots, \mu_{Res_j}(y)\}$$

Aus dieser resultierenden Fuzzy-Menge wird mit Hilfe der Defuzzifizierung eine scharfe Stellgröße erzeugt (Abb. 4-29). Hierfür eignen sich unterschiedliche Defuzzifizierungsverfahren. Die Maximum-Methode liefert beispielsweise den Wert mit der größten Zugehörigkeit zurück.

$$y_0 := max(\{\mu_{res}(y)|y \in Y\})$$

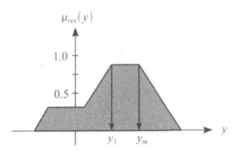

Abb. 4-29:   Defuzzifizierung – Berechnung von scharfen Regelgrößen

Sind mehrere Maxima $y_1,\ldots,y_m$ vorhanden, kann die Maximumsmethode wie folgt erweitert werden:

- Links-Max-Methode: $y_0:=\min(\{y_1,\ldots,y_m\})$
- Rechts-Max-Methode: $y_0:=\max(\{y_1,\ldots,y_m\})$
- Mittelwert-Max-Methode: $y_0 = \displaystyle\sum_{i=1}^{m} \frac{y_i}{m}$

Ein weiterer Defuzzifizierungsansatz stellt die Schwerpunkt-Methode dar. Hierbei wird die zum Schwerpunkt der resultierenden Fuzzy-Menge gehörende Regelgröße zurückgeliefert (Abb. 4-30).

$$y_0 = \frac{\int_y (y \cdot \mu_{ref}(y))dy}{\int_y \mu_{ref}(y)dy}$$

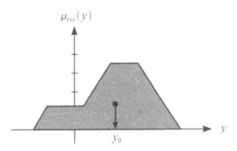

Abb. 4-30:   Defuzzifizierung: Schwerpunktmethode

Der Nachteil dieses Verfahrens ist der hohe Rechenaufwand für die numerische Integration. Um dies zu umgehen, kann eine einfach zu berechnende Näherung verwendet werden (Abb. 4-31). Seien y_i die Abszissenwerte der Schwerpunkte der Konklusionsmengen. Da die Zugehörigkeitfunktionen oft Dreiecks- oder Trapezfunktionen sind, lassen sich diese Werte einfach berechnen. Diese Abszissenwerte der Schwerpunkte werden gewichtet mit dem Zugehörigkeitsgrad aufaddiert. Die Stellgröße ergibt sich somit durch.

$$y_0 = \frac{\sum y_i \mu_{premise_i}}{\sum \mu_{premise_i}}$$

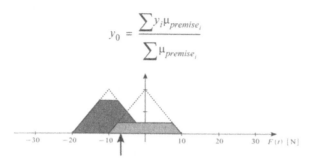

Abb. 4-31:   Näherung zur Bestimmung des Schwerpunkts bei der Defuzzifizierung

Der gesamte Defuzzifizierungsprozess ist anschaulich in Abb. 4-32 dargestellt.

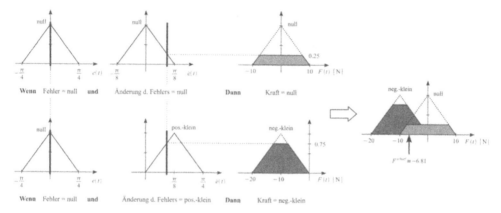

Abb. 4-32:   Graphische Veranschaulichung der Defuzzifizierung

Zusammenfassend lässt sich der Aufbau eines Fuzzy-Reglers in folgende Schritte beschreiben:

- Bestimme für die scharfen Eingangsgrößen linguistische Variablen, Term und deren Zugehörigkeitsfunktion.
- Wandle die scharfen Werte in Fuzzy-Größen um.
- Stelle einen Satz von WENN-DANN-Regeln auf, die Aspekte des Regelungsproblems gut beschreiben.
- Wähle die WENN-DANN-REGELN aus, die aufgrund Ihrer Prämissen aktiv sind und bestimme eine Menge unscharfer Stellgrößen.
- Fasse diese unscharfen Stellgrößen zusammen und wandle sie in scharfe Werte um.

Vorteile der Fuzzy-Regelung sind deren Robustheit gegenüber verrauschten Eingangsgrößen, die leicht verständlichen und intuitiv bestimmbaren Regeln sowie deren einfache Erweiterbarkeit. Desweiteren ist kein formales Modell der Strecke für den Reglerentwurf notwendig. Nachteile sind, dass die Regelbasis sehr groß werden kann, um eine hohe Regelgüte zu erzielen und der Regler nicht mathematisch verifiziert werden kann.

Ein gute Einführung in die Fuzzy-Regelung findet man unter [BKKN03].

5 Kommunikation in eingebetteten Systemen

Die stetige Zunahme der Automatisierung in allen technischen Bereichen führte ebenfalls zu einer fast explosionsartigen Zunahme auf Seite der Kommunikation. Immer mehr Bussysteme - teils proprietär, teils genormt - entdeckten das Licht der Welt. Heute gibt es bereits über 100 unterschiedliche Kommunikationssysteme in der Automatisierungstechnik. Ihre Anzahl ist weiterhin steigend, wenn auch nicht mehr so schnell wie in der Vergangenheit. Der aktuelle Technologiefortschritt liegt im Wesentlichen im Bereich der Drahtloskommunikation. Drahtlose Sensornetzwerke sind nicht mehr nur im Forschungsbereich zu finden.

Während anfänglich einzelne Bussysteme im Fokus der Automatisierungstechnik standen, so ist heute deren Vernetzung zu komplexen, hierarchischen Systemen ein weiteres zentrales Diskussionsthema. Gefordert wird z. B. die automatisierte Produktion von der Ebene einzelner Maschinen, über die Ebene einzelner Werke bis hin zu übergreifenden, verteilten Werksverbünden, wobei alles zu einem einzigen, großen Gesamtsystem integriert sein soll.

Den Beginn dieser Entwicklung machten linienförmige Busse, an die intelligente Sensoren und Aktuatoren mit den zugehörigen Steuergeräten angeschlossen wurden. Sie machen auch heute noch den Großteil des Marktes aus. Später folgten auch andere Strukturen wie beispielsweise die Ringtopologie, um die Zuverlässigkeit zu erhöhen. Hierarchische Netzwerke erlauben uns heute zudem, Systeme unterschiedlicher Leistungsfähigkeiten zu verbinden. Ein ganz wichtiger aktueller Trend ist neben der Funkverbindung der Einzug der Internet-Technologie in den Automatisierungsbereich.

In diesem Kapitel werden wir aktuelle Busse für einzelne Bereiche exemplarisch vorstellen. Aufgrund der oben angedeuteten Vielfalt ist eine umfassende Diskussion nicht möglich. Von den verschiedenen Automatisierungsebenen werden hierbei die untersten drei,

- die Sensor-Aktuator-Ebene,
- die objektnahe Systembusebene und
- die Systembusebene,

die den eigentlichen Feldbereich umfassen, angesprochen. Auf den höheren Ebenen ist auch heute schon *Ethernet* und *TCP/IP* vorherrschend. Auf diese Internet-Technologie wird in einem eigenen Unterabschnitt eingegangen.

5.1 Anforderungen an die Kommunikation in eingebetteten Systemen

Grundsätzlich haben Kommunikationssysteme, bestehend aus den physikalischen Verbindungen und der Kommunikationssoftware, folgende Aufgaben:

- *kostengünstige Vernetzung von Stationen,*
  wenn mehrere Stationen über eine gemeinsame Leitung oder per Funk verbunden sind,

- *Bereitstellung einer korrekten Datenübertragung,*
  indem auftretende Störungen und Fehler durch die Kommunikationssoftware korrigiert werden,

- *Bereitstellung von Kommunikationsdiensten,*
  u.a. *E-Mail, WWW,*

- *besserer Zugang zu Betriebsmitteln („Ressourcenteilung"),*
  u.a. gemeinsam genutzte Software, Datenbanken, Dokumente, Network Computing,

- *Erhöhung der Ausfallsicherheit durch redundante, gekoppelte Rechner und redundante Übertragungskanäle,*
  z.B. in Kernkraftwerken, Flugsicherung, Drive-By-Wire-Systemen.

Wir wollen von dieser Vielzahl von Aspekten nur diejenigen betrachten, die für technische Systeme relevant sind. Technische Systeme stellen in der Regel erhöhte Anforderungen an die Echtzeitdatenübertragung und die Verlässlichkeit der Kommunikation.

5.1.1   Echtzeit

Betrachten wir hierzu die digitale Regelung aus Kapitel 4, bei der auf einem Controller eine Endlos-Regelschleife abläuft. In jedem Schleifendurchlauf wird ein zunächst analoger Sensorwert digitalisiert und dem Regelalgorithmus vorgegeben. Die Software berechnet aus diesem und dem Sollwert eine digitale Stellgröße, die in eine analoge Größe gewandelt an den Aktuator gegeben wird, der dann den technischen Prozess beeinflusst. Damit die Regelung korrekt funktioniert, muss die Regelschleife in einer vorgegebenen Zeit durchlaufen werden. Entsprechend häufig müssen die Sensor- und Aktuatorwerte gewandelt werden.

In der Zeit, als die Sensoren und Aktuatoren noch einzeln an den Steuerrechner angeschlossen wurden, erfolgte die A/D- bzw. D/A-Wandlung meist im Steuerrechner selbst. Vom technischen System (Sensor/Aktuator) zum Rechner und zurück wurden analoge Daten übertragen. Es musste nur sichergestellt werden, dass die Wandler und der Rechner schnell genug für die gestellte Aufgabe waren. Probleme bzgl. der Datenübertragung bereiteten „lediglich" Störungen aufgrund der analogen Übertragung. Die analogen Werte waren sehr empfindlich gegenüber Einwirkungen durch die Umgebung.

Um Verkabelungsaufwand einzusparen und die Probleme der analogen Übertragung zu vermeiden, lag es nahe, das Analogsignal zu digitalisieren, bevor es über ein digitales Übertragungssystem gesendet wird. Hierbei soll ausgenutzt werden, dass das digitalisierte Signal auch bei leichten Verfälschungen am Empfangsort noch exakt interpretiert werden kann. Die Übertragung des digitalen Sensor-/Aktuatorwertes muss jedoch so schnell erfolgen, dass in jedem Schleifendurchlauf des Regelalgorithmus ein Wert übertragen wird. Dies kann jedoch von Standard-Rechnernetzen nicht garantiert werden.

Je nach Anwendung müssen die Digitaldaten synchron zur Abtastung und Wandlung beim Rechner ankommen oder es sind gewisse Schwankungen erlaubt. Kann das Übertragungssystem die geforderten Toleranzen nicht einhalten, kommt es zu Fehlern in der Signalverarbeitung. Solche Fehler, z.B. Knacksen oder Bildsprünge, können beispielsweise bei Videokonferenzen in Kauf genommen werden, können aber auch zu fatalen Problemen führen. Die Geschwindigkeit, mit der Analogdaten abgetastet, digitalisiert und übertragen werden müssen, beruht auf dem in Abschnitt 3.1.1 erläuterten Abtasttheorem.

5.1.2 Verlässlichkeit

Neben dem Faktor Echtzeit ist die Verlässlichkeit die zweite wichtige Größe eingebetteter Systeme. In der Tat wird bei der Entwicklung eingebetteter Systeme in kritischen Bereichen (Kraftwerken, Luft- und Raumfahrt, KFZ-Technik etc.) ein Großteil des Entwicklungsaufwands in die Sicherstellung der Systemverlässlichkeit gesteckt, wobei diese in die beiden Klassen

- Sicherheit: Garantie, dass das System keinen Unfall bzw. Schaden verursacht, und
- Zuverlässigkeit: Garantie, dass das System nicht ausfällt

untergliedert wird.

Beide Aspekte haben auch Auswirkungen auf das Kommunikationssystem. Maßnahmen zur Erhöhung der Zuverlässigkeit findet man auf analoger Ebene (Reduktion von Störungen) und auf den darüber liegenden digitalen Schichten (Fehlersicherung).

Sicherheit

Sicherheit im Zusammenhang mit dem Kommunikationssystem heißt in der industriellen Praxis im Wesentlichen explosionsgeschützte Übertragung. Vor allem in der Prozessautomatisierung, wo wir es bei bestimmten Fließgutprozessen mit explosionsgefährdeten Gasen, Dämpfen und Stäuben zu tun haben, tritt dieser Aspekt als ein K.O.-Kriterium zur Wahl einer Kommunikationstechnologie in den Vordergrund.

Heute gibt es eine weitgehend eigene Klasse von explosionsgeschützten Bussen, die allerdings nicht sehr groß ist. Gelöst wird der Aspekt der Sicherheit durch mechanische Maßnahmen wie spezielle Leitungsisolierungen oder druckfeste Kapselung.

Reduktion von Störungen

Prinzipiell muss man davon ausgehen, dass alle technischen Geräte und physikalischen Übertragungswege fehlerbehaftet sind. Ein großes Problem für Kommunikationssysteme in industrieller Umgebung stellt die elektromagnetische Verträglichkeit (EMV) dar. Hierbei ist sowohl die Beeinflussung von außen als auch die Abstrahlung des Kommunikationsmediums selbst zu beachten. Beispiele für Störungen auf unsere Übertragungswege sind:

- thermisches Rauschen in (Halb-) Leitern,
- elektromagnetische Einstrahlungen beim Schalten größerer, leistungsstarker elektrischer Verbraucher (Übersprechen, Motoren, Zündanlagen, Blitze, ...) und
- radioaktive Einstrahlungen (Höhenstrahlung, ...).

Maßnahmen zur Vermeidung der elektromagnetischen Einwirkung sind im Wesentlichen

- ein massesymmetrischer Aufbau der Busankopplung,
- Schirmung der Leitungen und
- Verdrillung der Adern.

Zur Reduktion der elektromagnetischen Abstrahlung können darüber hinaus weitere Maßnahmen wie oberwellenarme Impulsfolgen, d.h. Rechtecksignale ohne hochfrequente Anteile, zum Einsatz kommen.

Fehlersicherung

Egal, wie sehr wir uns bei der Reduktion von Störungen durch Gegenmaßnahmen auf analoger Ebene auch anstrengen, wir werden nie eine garantiert hundertprozentig sichere Signalübertragung erreichen. Es wird immer zu Signalverfälschungen kommen, die bei der Übertragung digitaler Signale zu Fehlern durch Änderung des Bitmusters (Bitfehler) führen. Oft treten solche Fehler gehäuft während eines Zeitabschnitts auf (Fehlerbündel, engl. Error Bursts). Die Fehlerrate steigt im Allgemeinen mit der Übertragungsgeschwindigkeit an.

Oben genannte technische Maßnahmen wie Schirmung, Potenzialtrennung etc. helfen zwar, die Bitfehlerwahrscheinlichkeit zu reduzieren, sie können aber keine korrekte Übertragung garantieren. Allerdings lässt sich durch die heute eingesetzten Methoden die Restfehlerwahrscheinlichkeit so weit reduzieren, dass man dies als sicher ansieht. Letzteres erlangt man heute durch zusätzliche Softwaremaßnahmen, wobei man eine empfangene Nachricht auf Fehler untersucht und im Fehlerfall auf geeignete Weise einschreitet. Diese Datensicherung besteht immer aus den beiden Schritten *Fehlererkennung* und *Fehlerkorrektur*.

In der Praxis kommt der Fehlererkennung eine gewichtigere Rolle zu als einer automatischen Fehlerkorrektur mittels fehlerkorrigierender Codes. Ist die Bitfehlerwahrscheinlichkeit gering, so ist es wesentlich effizienter, eine als fehlerhaft erkannte Nachricht wiederholen zu lassen (ARQ, automatic repeat request), als aufwändige fehlerkorrigierende Codes einzusetzen.

Bei hochgradig gestörten Kanälen wie der Funkübertragung werden dagegen effiziente fehlerkorrigierende Codes verwendet, die in der Regel keine vollständig korrekte Übertragung garantieren, aber die Restfehler so stark reduzieren, dass das o. g. ARQ-Verfahren einsetzbar ist, ohne das Medium mit dauernden Nachrichtenwiederholungen zu blockieren.

Voraussetzung zur Fehlererkennung sind redundante Daten. Hierzu teilt der Sender einen Datenstrom in eine Sequenz von Datenblöcken auf und berechnet für jeden (Nutz-) Datenblock der Länge k Bit redundante Prüfinformation der Länge r Bit. Nutzdaten und Prüfinformation werden dann zum Empfänger gesendet, der nach Erhalt der Daten die Prüfinformation noch einmal berechnet. Stimmt die erneut berechnete Prüfinformation nicht mit der empfangenen überein, so wird angenommen, dass bei der Übertragung ein Fehler aufgetreten ist. Die Gesamtlänge des übertragenen Datenblocks beträgt $n = k + r$ Bit. Die mit der Prüfinformation eingeführte Redundanz ist r/k.

Prinzipiell gilt, dass mit der Anzahl von Prüfbits auch die Wahrscheinlichkeit der Fehlererkennung wächst. Andererseits darf aber nicht vergessen werden, dass die übertragenen Prüfdaten selbst auch verfälscht werden können, d. h. die Fehlerwahrscheinlichkeit wächst mit der Länge der Prüfdaten. In der Praxis ist daher ein Kompromiss in der Länge der Prüfdaten zu finden, der zusätzlich noch ökonomischen Aspekten genügen muss.

Heute finden wir überwiegend zwei Ansätze zur Fehlersicherung:

- *Paritätsprüfung* und
- *zyklische Redundanzprüfung* (engl. *cyclic redundancy check CRC*).

Bei der Paritätsprüfung wird zu jedem Datenblock von k Bit Länge ein Prüfbit hinzugefügt. Dieses Prüfbit wird so belegt, dass die Anzahl aller Einsen im erweiterten Datenblock gerade bzw. ungerade ist. Die Redundanz bei einem Paritätsbit beträgt *1/k*. Mit einer solchen 1-Bit-Parität kann jede ungerade Anzahl verfälschter Bits, insbesondere aber alle 1-Bit-Fehler, im Block erkannt werden. Nicht erkannt werden beispielsweise 2-Bit-Fehler und andere Fehlerbündel (engl. error bursts).

Bei der seriellen Datenübertragung über Netzwerke - seien es Feldbusse, LANs oder Draht-
losnetzwerke - kommt die Paritätsprüfung jedoch nicht zum Einsatz., da hier Fehlerbündel
eher die Regel als die Ausnahme sind. Das Problem kann auch durch eine Erhöhung der Anzahl von Paritätsbits nicht prinzipiell gelöst werden. Computernetzwerke verwenden daher
ein mathematisch aufwändigeres, aber leicht zu implementierendes Prüfverfahren, die *CRC-*
Prüfung. Das *CRC*-Verfahren sichert Datenblöcke von wenigen Bytes bis zu mehreren Kilo-
Bytes Länge durch 8 bis 32 Prüfbits ausreichend.

5.2   Busse in der Produktion

Unter „industrieller Automatisierung" fassen wir hier die Fertigungs- und Prozessautomatisierung zusammen, da die vorherrschenden Busnormen (z. B. *Profibus*) in beiden Gebieten
vorkommen. Viele Busse - meist innerhalb von Einzelaggregaten - sind proprietär oder so
speziell, dass sie den Rahmen dieses Kapitels sprengen würden. Aus dem Bereich der Sensor-Aktuator-Busse sollen hier zwei exemplarisch vorgestellt werden. Diese sind das *Aktor-*
Sensor-Interface ASI und der *Interbus*.

Oberhalb der Sensor-Aktuator-Ebene sind die Feldbusse angesiedelt, wobei sich die beiden
Ebenen nicht immer genau abgrenzen lassen. Oft werden Sensor-Aktuator-Busse zu den
Feldbussen gerechnet, da viele Sensoren und Aktuatoren auch direkt an Feldbusse angeschlossen werden können. Der wesentliche Unterschied zwischen den beiden Bustechnolo-
gien liegt darin, dass es bei Sensor-Aktuator-Bussen nur eine Master-Station gibt, die die
Sensoren und Aktuatoren pollt (z. B. auch *RS-485*-Netze, die auf der seriellen Schnittstelle
RS-232 beruhen). Damit wird das Übertragungsprotokoll um ein gutes Stück einfacher als
bei den Multimaster-Feldbussen, die um eine Arbitrierung bzw. Buszugriffskontrolle nicht
herumkommen. Aus der Gruppe der Feldbusse soll ein führendes Beispiel besprochen werden, der *Profibus*.

Weitergehende Information zum Thema Busse in der Automation finden sich in [Fem94]
und [Sne94].

5.2.1   Sensor-Aktuator-Ebene: Aktor-Sensor-Interface

ASI ist ein Zweidraht-Bussystem zur direkten Kopplung von binären Sensoren und Aktuatoren über einen Bus mit einer übergeordneten Steuerung (z. B. *SPS*, *CNC*, Mikrocontroller,
PC) bzw. einem übergeordneten Feldbus (Abb. 5-1).

ASI wurde ursprünglich von 11 Herstellern von Sensoren und Aktuatoren entwickelt. Die
Vorgabe bei der Entwicklung von *ASI* waren neben den allgemeinen Anforderungen an Sensor-Aktuator-Busse

* Zweileiterkabel,
* Daten und Energie für alle Sensoren und die meisten Aktuatoren sollten auf
   dem Bus übertragen werden,
* anspruchsloses und robustes Übertragungsverfahren ohne Einschränkung bzgl.
   Netztopologie,
* kleiner, kompakter, billiger Busanschluss und

• Master-Slave-Konzept mit einem Master.

Für die Topologie des Netzwerks gibt es wie bei der normalen Elektroinstallation keine Einschränkung. Sie kann linienförmig, mit Stichleitungen oder baumartig verzweigt sein. Die
Busenden müssen nicht abgeschlossen werden, doch ist die maximale Leitungslänge auf
100 m beschränkt. Größere Entfernungen müssen über Repeater überbrückt werden. Verzweigungen werden über Koppelmodule, die zwei Leitungen passiv miteinander verbinden,
realisiert.

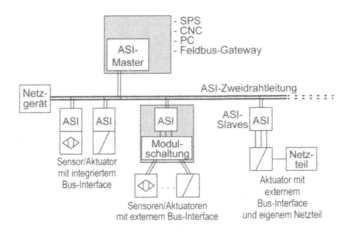

Abb. 5-1:   Aufbau eines ASI-Bussystems

Pro Bus bzw. Strang sind bei *ASI* nur ein Master und 31 Slaves mit insgesamt 124 Sensoren/
Aktuatoren zugelassen. Es können allerdings mehrere *ASI*-Stränge parallel geschaltet werden.

Bei der Festlegung des Modulationsverfahrens musste darauf geachtet werden, dass das
Übertragungssignal gleichstromfrei und schmalbandig ist. Die Gleichstromfreiheit ist notwendig, damit das Datensignal und die Energieversorgung überlagert werden können. Die
Schmalbandigkeit wurde gefordert, da die Dämpfung der Leitung schnell mit der Frequenz
ansteigt und um EMV-Abstrahlung zu vermeiden. Neben diesen beiden Hauptforderungen
sollte darauf geachtet werden, dass das Signal einfach zu erzeugen ist.

Aus diesen Gründen wird die *Alternating Pulse Modulation* (*APM*) verwendet. Hierbei wer-
den die Rohdaten zunächst *Manchester*-kodiert, woraus dann ein Sendestrom erzeugt wird.
Dieser Sendestrom induziert über eine nur einmal im System vorhandene Induktivität einen
Signalspannungspegel, der größer als die Versorgungsspannung des Senders sein kann.
Beim Anstieg des Sendestroms ergibt sich eine negative Spannung auf der Leitung, beim
Stromabfall eine positive Spannung (Abb. 5-2). Die Grenzfrequenz dieser Art der Modulati-
on bleibt niedrig, wenn die Spannungspulse etwa als $\sin^2$-Pulse geformt sind. Auf den *ASI*-
Leitungen sind durch die *AMP*-Modulation Bitzeiten von 6 µs, d. h. eine Übertragungsrate
von 167 kBit/s realisierbar.

Die Slaves werden vom Master zyklisch in immer gleicher Reihenfolge adressiert (zykli-
sches Polling). Der Master sendet jeweils einen Rahmen mit der Adresse eines Slave, wor-
auf der Slave innerhalb einer vorgegebenen Zeit antworten muss. Die *ASI*-Rahmen enthalten
mit nur 5 Bit sehr kurze Informationsfelder, um die Nachrichten und die Busbelegung durch

einzelne Sensoren/Aktuatoren kurz zu halten. Addiert man alle Felder eines Zyklus auf, so kommt man auf 150 µs je Zyklus bzw. 5 ms Gesamtzykluszeit bei 31 Slaves und 20 ms bei der maximalen Ausbaustufe von 124 Sensoren/Aktuatoren. Diese Zeiten sind ausreichend für *SPS*-Steuerungen.

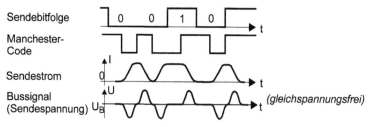

Abb. 5-2:   AMP-Modulation

5.2.2   Sensor-Aktuator-Ebene: Interbus

Der zweite Sensor-Aktuator-Bus ist der von *Phoenix Contact* entwickelte *Interbus*. Das Anwendungsfeld dieses Busses sind alle zeitkritischen Anwendungen, bei denen ein deterministisches Verhalten benötigt wird. Beim *Interbus* sind die Zykluszeiten aufgrund des Übertragungsprotokolls eindeutig berechenbar. Die Zykluszeit ist nur abhängig von der Anzahl von Stationen im Netzwerk. Sie beträgt i. Allg. wenige Millisekunden.

Die Topologie des Netzes entspricht einem Ring, wobei die Hin- und Rückleitungen durch alle Stationen laufen. An einen vom Master ausgehenden Hauptring können über spezielle Koppelkomponenten Subringe angekoppelt werden (Abb. 5-3). Dieser Fernbus hat eine maximale Länge von 13 km und enthält bis zu 512 Stationen, die nicht weiter als 400 m auseinander sein dürfen. Die Stationen übernehmen auch die Rolle von Repeater. Der *Interbus* hat eine Übertragungsgeschwindigkeit von bis zu 2 MBit/s.

Neben den Fernbus-Subringen können auch kleine, lokale Ringe (*Interbus-Loops*) in den Hauptring eingebunden werden. Diese maximal 10 m langen Ringe mit bis zu 8 Stationen können Sensoren und Aktuatoren über die Datenleitungen mit Strom versorgen, wobei die Busklemme zum Fernbus das Netzteil bereitstellt.

Der Medienzugriff erfolgt über ein deterministisches Zeitscheibenverfahren, bei dem jede Station einen festen Zeitschlitz in einem gemeinsamen Rahmen erhält. Der Vorteil des für alle Stationen gemeinsamen Rahmens liegt darin, dass der Protokoll-Overhead mit steigender Zahl von Stationen abnimmt. Die Rahmen werden vom Master initiiert und dann von Station zu Station weitergereicht. Jede Station entnimmt die für sie bestimmten Teildaten aus dem Rahmen und fügt eigene Daten für den Master an den Anfang des Rahmens ein. Dies ergibt eine verteilte Schieberegisterstruktur.

5.2.3   Systembusebene: Profibus

Der *Profibus* (*PROcess FIeld BUS*) wurde herstellerübergreifend von 14 Herstellern und 5 wissenschaftlichen Instituten entwickelt und ist in Deutschland eine nationale Feldbusnorm. Es gibt ihn in drei Varianten:

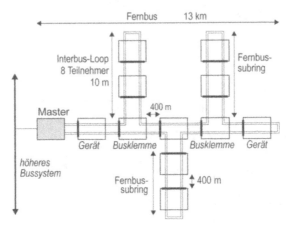

Abb. 5-3:   Topologie des Interbus.

- *Profibus-FMS*
- *Profibus-DP*
- *Profibus-PA.*

Die grundlegende Variante *Profibus-FMS* ist aufgrund seiner geringen Geschwindigkeit auf den höheren Systembusebenen angesiedelt. Der *Profibus-DP* erweitert diesen in den objektnahen Systembereich. Auch anspruchsvolle Sensoren und Aktuatoren sollen ihn nutzen. *Profibus-PA* ist eine weitere Erweiterung für den Bereich der Prozessautomatisierung, der eine eigensichere Datenübertragung verlangt.

Profibus-DP

Mit *Profibus-DP* (*Dezentrale Peripherie*) können sowohl Single- als auch Multimaster-Systeme über einen Bus (Linienstruktur mit Abzweigungen) realisiert werden. Während Multimaster-Systeme aufgrund der Kompatibilität mit *Profibus-FMS*, der über das selbe Medium betrieben werden kann, möglich sind, dominiert bei *Profibus-DP* der Singlemaster-Ansatz wegen der dadurch erzielbaren Geschwindigkeitsvorteile. Prinzipiell gibt es bei *Profibus* zwei Medienzugangsverfahren: unter allen Master-Stationen wird ein Tokenbus realisiert, während zwischen Master- und Slave-Stationen das schnellere Polling herangezogen wird.

Als *Profibus*-Master sind zwei Klassen festgelegt. Die Master-Klasse 1 ist die zentrale Steuerungskomponente für das Polling-Verfahren mit den ihr zugeordneten Slave-Stationen. Dagegen dient die Master-Klasse 2 als Projektierungsgerät, das vor allem während der Inbetriebnahme des Bussystems herangezogen wird. Wir finden daher beim *Profibus-DP* die in Abb. 5-4 dargestellte prinzipielle Struktur. Neben dem im Betrieb in der Regel einzigen Master der Klasse 1 gibt es noch einen Master der Klasse 2 und bis zu 32 Slaves, die an mehreren, über Repeater gekoppelten Segmenten angeschlossen sind.

Bei einer recht geringen Geschwindigkeit von etwa 94 kBit/s kann der *Profibus* über maximal 7 Repeater auf bis zu 9.600 m ausgedehnt werden. Ohne Repeater erreicht der *Profibus* dagegen 12 MBit/s über maximal 100 m. Werden sowohl *Profibus-DP* als auch *Profibus-FMS* über den selben Bus betrieben, muss sich *Profibus-DP* an die geringere Geschwindigkeit des *Profibus-FMS* (0,5 MBit/s) anpassen, wodurch meist die Echtzeitvorteile von *Profibus-DP* verloren gingen.

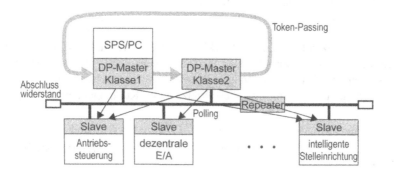

Abb. 5-4: Profibus-DP-Netz.

Der Overhead eines *Profibus-DP*-Rahmens ist mit 154 Bit Rahmenlänge im Fall eines einzelnen Datenbytes sehr hoch, sodass der *Profibus* in der Rolle als Sensor-Aktuator-Bus mit sehr kurzen Rahmen äußerst unwirtschaftlich wäre. Der *Profibus* ist für größere Datenpakete ausgelegt. Auf der Sensor-Aktuator-Ebene sind Sensor-Aktuator-Busse wie bspw. das oben vorgestelle *ASI*, für das es ein *Profibus*-Gateway gibt, wesentlich besser geeignet.

Profibus-PA

Der *Profibus-PA* (*Prozess-Automatisierung*) erweitert den *Profibus-DP* um die Einsatzmöglichkeit in explosionsgefährdeten Bereichen, wie sie in der Prozessautomatisierung, z. B. in der chemischen Industrie, häufig vorliegen.

Profibus-FMS

Profibus-FMS (*Fieldbus Message Specification*) ist die umfangreichste *Profibus*-Variante. Sie ist als Feldbus auf der Systemebene angesiedelt. Wegen der komplexen Rahmenstruktur und deren Handhabung sowie der relativ geringen Übertragungsraten dient der *Profibus-FMS* der Kommunikation zwischen Systemen der Zellen- und Prozessleitebene mit geringen Echtzeitanforderungen.

An diesen Bus können Master- und Slave-Stationen angeschlossen werden (vgl. Abb. 5-4, jedoch mehrere Master-Stationen im Betrieb). Der Buszugriff ist ein hybrides Verfahren. Die Master-Stationen arbitrieren den Bus durch kontrolliertes Token-Passing (*Tokenbus*). Das Token wird von einem Master spätestens nach einer vorgegebenen Haltezeit, die sich aus der max. Token-Umlaufzeit ableitet, weitergegeben, um ein deterministisches Zeitverhalten zu garantieren. Dabei berücksichtigen die Master auch Prioritätsebenen, indem sie zunächst hochpriore Nachrichten abarbeiten. Falls die Haltezeit noch nicht abgelaufen ist, folgen zyklische und niederpriore azyklische Daten. Für den Zugriff einer Master-Station auf seine Slave-Stationen werden diese abgefragt (Master-Slave-Kommunikation bzw. Polling).

Mit Hilfe verschiedener Mechanismen kann der *Profibus-FMS* ausgefallene Stationen erkennen und aus dem Token-Passing-Ring herausnehmen. Ist eine ausgefallene Station wieder voll funktionstüchtig, wird sie auch wieder automatisch eingesetzt. Fehlerhafte Rahmen werden von den Empfängern verworfen und müssen wiederholt werden.

5.3   Busse im Automobilbereich

Seit vielen Jahren vollzieht sich eine Entwicklung im Kfz-Bereich, bei der die mechanischen und elektrischen Steuerungskomponenten mehr und mehr durch softwarebasierte Komponenten ersetzt werden. Hinzu kommen ganz neue Softwarekomponenten wie beispielsweise Navigationssysteme. Heute kann man diese Vielzahl von Komponenten in folgende beiden Klassen unterteilen:

- Steuergeräte, z. B. Motorregelung, *ABS*, *ESP*, Drive-by-Wire und
- Telematik-/Multimediakomponenten, z. B. CD-Wechsler, Navigationsgerät, Telefon.

Moderne Oberklasse-PKWs sind bereits heute schon „fahrende Parallelrechner" mit 60 bis 100 Prozessoren unterschiedlichster Größenordnung. Zukünftige X-by-Wire-Systeme werden diesen Trend noch verstärken.

Mit der Zunahme an Steuergeräten war der konventionelle Kabelbaum im Auto schnell überfordert und die Kfz-Industrie stand vor der Notwendigkeit, ein Bussystem zu definieren, das den Anforderungen im Auto genügt. Das Ergebnis ihrer Bemühungen war die Definition des *CAN*-Busses, der heute im Kfz-Bereich Standard ist. Durch den Preisdruck und die hohen Stückzahlen wurden die Buskomponenten so günstig, dass der *CAN*-Bus auch in anderen Automatisierungsbereichen Einzug hielt. Es gibt mittlerweile sogar eine internationale Organisation *CIA* (*CAN In Automation*).

Aktuell vollzieht sich im Kfz-Bereich ein weiterer Generationenwechsel. Der *CAN*-Bus ist nicht mehr in der Lage, die steigenden Kommunikationsanforderungen in modernen Autos zu befriedigen. Die Kfz-Industrie führt daher zurzeit ein hierarchisches Kommunikationsnetz ein (vgl. Abb. 5-5). Auf Sensor-Aktuator-Ebene wird der *CAN*-Bus durch einen einfachen Sensor-Aktuator-Bus *LIN* entlastet. Für zukünftige X-by-Wire-Systeme wird *CAN* auf der Steuergeräteseite nach oben hin durch ein ganz junges, sehr schnelles Bussystem *Flex-Ray* erweitert. Schließlich rundet *MOST* die Kommunikationsplattform im Auto für den Bereich Infotainment ab. Für geringere Kommunikationsanforderungen im Multimedia-Bereich, wie beispielsweise Telefon-Headsets - wird auch im Auto vermehrt der drahtlose Kommunikationsstandard *Bluetooth* eingesetzt. Da *Bluetooth* kein Kfz-spezifischer Standard ist, wird hierauf nicht näher eigegangen.

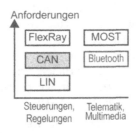

Abb. 5-5:   Aktuelle Busse im Automobilbereich

5.3.1   Sensor-Aktuator-Ebene: LIN

LIN (*Local Interconnect Network*) soll als „Billigbus" unterhalb von *CAN* für eine kosten-günstige Vernetzung von einfachen Sensoren (z. B. Temperatur- und Feuchtigkeitssensoren) und Aktuatoren (z. B. Beleuchtungselementen) einzelner Subsysteme eingesetzt werden. *LIN* kommt überall dort zum Einsatz, wo die Bandbreite und Flexibilität von *CAN* nicht be-nötigt wird bzw. wo *CAN*-Controller aus Platz- und Kostengründen nicht sinnvoll wären. Im Allgemeinen werden die mit *LIN* vernetzten Sub-Systeme (z. B. Türen, Sitze, Lenkrad) an übergeordnete, *CAN*-basierte Netzwerke (Body, Cassis) angeschlossen. Hierdurch ergibt sich auch ein einfacher Zugang für *CAN*-basierte Diagnose- und Servicewerkzeuge.

Typisch für Sensor-Aktuator-Busse, gibt es auch bei *LIN* nur eine Master-Station. Dies - zu-sammen mit dem Rahmenformat - garantiert die Echtzeitfähigkeit. Als physikalisches Medi-um wird ein 12 V-Eindrahtbus verwendet. Ein typisches *LIN*-System hat bis zu 16 Teilneh-mer. Dies ist allerdings keine absolute Obergrenze.

Die Übertragung eines *LIN*-Rahmens (Abb. 5-6) beginnt mit einem vom Master gesendeten dominanten Pegel (*sync break*), welcher zur Erkennung des Rahmenanfangs verwendet wird. Im Anschluss sendet der Master eine wechselnde 1-0 Folge (*sync field*), die von den Slave-Knoten zur Taktsynchronisation verwendet werden kann. Danach wird vom Master ein Bezeichner (*identifier*) gesendet. Der Master oder ein Slave, welcher über die Nachrich-ten-ID angesprochen wird, versendet nun seine maximal acht Datenbytes, gefolgt von einer Prüfsumme.

Abb. 5-6:   LIN-Rahmenformat

Wie beim im Folgenden dargestellten *CAN*-Bus, ist auch hier der Identifier nicht die Adresse einer Slave-Station, sondern beschreibt den Inhalt der Nachricht. Dies ermöglicht einen Da-tenaustausch auf verschiedene Weise:

- von der Master-Station zu einer oder mehreren Slave-Stationen
- von einer Slave-Station zur Master-Station und/oder anderen Slave-Stationen.

Mit diesem Ansatz ist auch eine direkte Slave-to-Slave-Übertragung möglich, wobei die Reihenfolge der Nachrichten vom Master bestimmt wird. Jeder *LIN*-Rahmen wird von der Master-Station initiiert, die eigentlichen Daten können jedoch von einer Slave-Station ge-sendet und von vielen Stationen gelesen werden.

5.3.2   Objektnahe Systembusebene: CAN

CAN (*Controller Area Network*) wurde 1981 von *Bosch* und *Intel* mit dem Ziel der Vernet-zung komplexer Controller und Steuergeräte entwickelt. Internationale Verbreitung fand das Bussystem ab den 90er Jahren in seiner Spezifikation *CAN 2.0* vor allem im Kfz-Bereich, aber auch im Haushaltsgerätesektor, in Apparaten der Medizintechnik und einigen anderen Anwendungen. Da der Bus im Prinzip auch als Sensor-Aktuator-Bus unter Einhaltung von

Echtzeitanforderungen einsetzbar ist, erschließen sich in jüngerer Zeit immer mehr Anwendungsfelder wie etwa die Gebäudeautomatisierung. Ein Vorteil von *CAN* liegt in den preisgünstigen Buskomponenten aufgrund hoher Stückzahlen. In der Zwischenzeit wurde *CAN* in Richtung eines größeren Adressraums (*CAN 2.0B*) weiterentwickelt.

CAN ist ein serieller Multi-Master-Bus in Linientopologie. Der Bus erlaubt eine recht hohe Übertragungsrate von 10 kBit/s bei wenigen Kilometer Buslänge bis zu 1 MBit/s bei einer Buslänge von dann nur noch 40 m. In der Praxis reduziert sich die maximale Übertragungsrate auf effektive 500 kBit/s. Besonderer Wert wurde bei der Busspezifikation auch auf die Übertragungssicherheit und Datenkonsistenz gelegt, da der Bus nicht nur im Auto starken Störungen ausgesetzt ist.

Maximal 32 Knoten dürfen an einen *CAN*-Bus angeschlossen werden. Durch eine Aufteilung des Busses in mehrere Segmente wird jedoch eine wesentlich größere Gesamtzahl möglich.

Als Buszugriffsverfahren wird *CSMA/CA* verwendet. Während der Arbitrierungsphase am Anfang eines Übertragungszyklus wird die sendewillige Station mit der höchstprioren Nachricht bestimmt. Dies ist die Station mit der kleinsten Nachrichten-ID. Die bitweise, prioritätsgesteuerte Arbitrierung unterscheidet zwischen dominanten Null- und rezessiven Eins-Spannungspegeln. Voraussetzung für dieses *CSMA/CA*-Verfahren ist natürlich, dass alle Stationen zur gleichen Zeit mit dem Buszugriff (Arbitrierung) beginnen.

Über den *CAN*-Bus werden kurze Nachrichten in Blöcken von max. 8 Byte übertragen, um kurze Reaktionszeiten zu ermöglichen. Aufgrund des prioritätsorientierten Buszugriffes wird zwischen hochprioren und normalen Nachrichten unterschieden. Bei 40 m Buslänge und einer Übertragungsrate von 1 MBit/s ergibt sich eine maximale Reaktionszeit von 134 µs für hochpriore Nachrichten. Es muss jedoch beachtet werden, dass viele hochpriore Nachrichten normalen Nachrichten den Buszugang versperren können.

Im Gegensatz zu den meisten Busprotokollen ist *CAN* (wie auch *LIN*) nachrichten- bzw. objektorientiert und nicht teilnehmerorientiert. Dies bedeutet, dass *CAN*-Rahmen keine Adressen enthalten. Jede Nachricht ist eine Broadcast-Nachricht. Eine Station muss selbst aus einem Rahmen herausfinden, ob die aktuelle Nachricht, genauer: der Nachrichtentyp, für sie bestimmt ist. Hierzu steht am Anfang des *CAN*-Rahmens ein Bezeichnerfeld (*Ident*) zur Verfügung, dessen Wert den Nachrichtentyp und damit im Allg. den Absender beschreibt.

Für das Bezeichnerfeld sind bei *CAN 2.0A* 11 Bit vorgesehen, sodass maximal 2032 verschiedene Nachrichtentypen durch die Bezeichner unterschieden werden können (16 Bezeichner sind reserviert). Das typische *CAN*-Rahmenformat ist in Abb. 5-7 dargestellt. Bei *CAN 2.0A* ist das erste Bit des Steuerfelds eine Null. Bei der Erweiterung *CAN 2.0B* steht hier eine Eins, gefolgt von weiteren 18 Bezeichnerbits, was die gesamte Bezeichnerlänge auf 29 Bit erhöht. Dieser große Adressraum vereinfacht eine umfassende Prioritätenvergabe enorm. Beide *CAN*-Versionen können gleichzeitig betrieben werden.

Das *CAN*-Protokoll legt einen großen Wert auf die Fehlersicherung. Diese soll u. a. durch folgende Maßnahmen sichergestellt werden:

- *CRC-Prüfung*
  Die *CRC*-Prüfung über eine 15 Bit lange Prüfsumme reduziert die Restfehlerwahrscheinlichkeit auf 10^{-13}.

- *Rahmenprüfung*
  Alle Empfänger prüfen die Länge und Struktur der Rahmen auf Einhaltung der Spezifikation.

- *Acknowledgement*
  Empfangene Rahmen werden positiv quittiert. Hierzu überschreiben ein oder mehrere Empfänger das vom Sender rezessiv auf Eins gesetzte zweite Bit des *ACK*-Feldes durch eine dominante Null.

- *Monitoring*
  Alle *CAN*-Sender überwachen den Buspegel und können so Differenzen zwischen gesendeten und empfangenen Signalen erkennen.

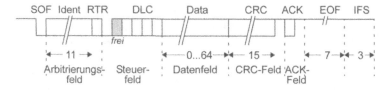

Abb. 5-7:   CAN-Rahmenformat (hier CAN 2.0A)

5.3.3   Objektnahe Systembusebene: FlexRay

FlexRay ist ein recht junges Bussystem, das ursprünglich von *BMW* und *DaimlerChrysler* für X-by-Wire-Systeme entwickelt wurde. Bei *FlexRay* wurde die ereignisorientierte Übertragung von *CAN* durch ein Zeitfenster-basiertes Protokoll ersetzt. Mittlerweile beteiligen sich auch *Bosch* und andere Firmen an der Entwicklung von *FlexRay*.

Als High-End-Bus im Kfz-Steuerungsbereich ermöglicht *FlexRay* eine konfigurierbare synchrone und asynchrone Übertragung von bis zu 10 MBit/s. *FlexRay* spezifiziert aber kein bestimmtes pysikalisches Medium. Es sollen sowohl Kupfer- als auch Lichtwellenleiter zum Einsatz kommen. Auch in Hinsicht der Busstruktur sind vielfältige Formen möglich. Ein optionaler zweiter Kanal dient entweder als Redundanz zur Erhöhung der Ausfallsicherheit oder zur Erhöhung der Bandbreite (Abb. 5-8).

Ein Übertragungszyklus wird in mehrere Zeitfenster unterteilt (Abb. 5-8). Der Zyklus beginnt mit einem *SYNC*-Signal einer zentralen Station zur Synchronisation aller Stationen. Eine exakte globale Zeitbasis ist Grundvoraussetzung für das Zeitschlitz- bzw. Zeitfensterverfahren, das unter dem Begriff *TDMA* (*Time Division Multiple Access*) bekannt ist. Auf das *SYNC*-Signal folgt zunächst ein statischer Teil des Kommunikationszyklus, in dem die Zeitschlitze fest bestimmten Nachrichten zugeordnet sind. Im anschließenden dynamischen Teil des Zyklus werden asynchrone Nachrichten prioritätsbasiert übertragen. Damit der Bus in diesem Teil möglichst wenig ungenutzt bleibt, beginnen die Stationen nach einer sehr kurzen Timeout-Zeit mit einem neuen Zeitschlitz, wenn kein Übertragungswunsch vorliegt (Abb. 5-8).

Die Aufteilung des Übertragungszyklus in einen statischen und einen dynamischen Teil dient zum einen der Notwendigkeit nach einem deterministischen Bus für kritische X-by-Wire-Daten (feste Zeitschlitze im statischen Teil), als auch der maximalen Ausnutzung der zur Verfügung stehenden Bandbreite (Auffüllen eines Zyklus mit asynchronen Nachrichten im dynamischen Teil).

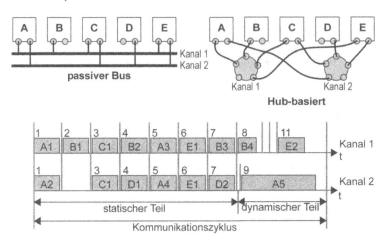

Abb. 5-8:   FlexRay-Bustopologien (oben) und Übertragungszyklus (unten)

5.3.4   Systembusebene: MOST

MOST (*Media Oriented Systems Transport*) wird seit 1998 von der Automobilindustrie (wieder angeführt von *BMW* und *DaimlerChrysler*) als Kommunikationsmedium für alle Multimedia- und Telematik-Anwendungen (so genannte Infotainment-Systeme) entwickelt und eingesetzt.

Zur Übertragung einer Vielzahl verschiedener Audio-, Video-, Navigations- und andere Multimedia-Daten genügt es nicht, eine Netzwerkschicht mit hoher Bandbreite und Echtzeitgarantien bereitzustellen. Zu *MOST* gehört deshalb die gesamte Kommunikationsplattform, vom Übertragungsmedium bis zur Anwendungsschicht.

Als Übertragungsmedium verwendet *MOST* einen preisgünstigen Kunststoff-Lichtwellenleiter, mit geringem Gewicht und hoher elektromagnetischer Störfestigkeit. Mit diesem können Ring-, Stern- und Kettenstrukturen aufgebaut werden. An den Bus können bis zu 64 Knoten auch im laufenden Betrieb an- und abgekoppelt werden (*Plug&Play*). Jeder Knoten hat eine eindeutige Sende- und Empfangsadresse für asynchrone Daten.

Auch *MOST* unterstützt eine synchrone und asynchrone Übertragung. Die maximale Datenrate liegt heute bei 24 MBit/s für synchrone Audio- und Videodaten bzw. 14 MBit/s für alle anfallenden asynchronen Daten. Zusätzlich gibt es noch einen asynchronen Steuerkanal mit 700 kBit/s zur Gerätesteuerung und Mensch-Maschine-Interaktion. Die nächste Generation mit bis zu 150 MBit/s wurde 2007 vorgestellt. Für die unterschiedlichen Datentypen teilen sich die *MOST*-Stationen mehrere Datenkanäle. Auch der Buszugriff und die Nachrichtenstruktur ist abhängig vom Datentyp. Für die synchronen Echtzeitdaten werden von den Anwendungen feste Kanäle reserviert (vgl. *TDMA* bei *FlexRay*). Die Daten werden vom Sender ohne vorgegebenes Nachrichtenformat und ohne Zieladresse abgeschickt (Broadcast), damit alle interessierten Empfänger dieselben Daten annehmen können (z. B. zwei Fond-Displays das selbe Bild). Dagegen finden wir für die asynchronen Daten- und Kontrollnachrichten den *CSMA/CA*-Zugriff des *CAN*-Busses, allerdings werden hier Sender- und Zieladressen spezifiziert.

5.4 Internet in der Automatisierung

Etwa Mitte der 70er Jahre zogen die ersten Bussysteme in die industrielle Automatisierung ein. Die ersten Systeme waren alles proprietäre Linienstrukturen, aus denen sich die Feldbusse, wie sie oben beispielhaft vorgestellt wurden, entwickelten. Zur selben Zeit etablierten sich *Ethernet* und *TCP/IP* (die Grundlage des Internet) zur Kopplung von PCs und Workstations in lokalen Netzen (LANs). Etwas später erfolgte die Kopplung der Feldbusse an übergeordnete LANs zum Datenaustausch zwischen dem Feldbereich und den Leitsystemen. Mit dem Erfolg der Internet-Technologie (*Ethernet, TCP/IP, WWW*) im Bürobereich wuchs aber auch das Interesse, diese Technologie ebenfalls im Automatisierungsbereich einzusetzen. Hier scheint sich im Netzwerkbereich die gleiche Entwicklung abzuzeichnen, die sich im Bereich der Kontrollsysteme bereits vollzogen hat. Auch dort verdrängt die *Intel x86*-Architektur in Form von Industrie-PCs (IPCs) immer mehr spezialisierte Kontrollsysteme. Genau das Gleiche - inklusive Vor- und Nachteile - erleben wir beim *Industrie-Ethernet*.

5.4.1 Industrie-Ethernet

Für die industrielle Anwendung müssen lokale Netze im Wesentlichen zwei Anforderungen erfüllen, die beim *Ethernet* im Bürobereich allerdings beide nicht vorliegen:
- zuverlässige Datenübertragung in industrieller Umgebung und
- Echtzeitfähigkeit.

Fehlerhafte Rahmen werden zwar von den Empfängern erkannt (*CRC*-Prüfung) und nicht weiterverarbeitet, doch wird dies dem Absender nicht mitgeteilt. Eine sichere Übertragung kann erst durch die übergeordneten Kommunikationsschichten, z. B. *TCP/IP*, garantiert werden. Die Übertragungszeiten von *Ethernet* nehmen durch das zufällige Buszugriffsverfahren *CSMA/CD*, das keine Kollisionen vermeidet, mit steigender Buslast stark zu, sodass von Echtzeitgarantien keine Rede sein kann.

Industrietaugliche Ethernet-Installation

Vielfach sind die Störungen und Umweltbedingungen im industriellen Umfeld so extrem, dass die *Ethernet*-Medien des Bürobereichs nicht geeignet sind. Die Medien dieser Umgebungen müssen zusätzlich folgende Bedingungen genügen:
- resistent gegenüber elektromagnetischen Störeinflüssen und geringe Störabstrahlung (EMV),
- keine Potentialdifferenzen und Erdungsprobleme,
- Einhaltung elektrischer Schutzvorschriften und
- größerer Temperaturbereich, resistent gegenüber aggressiver Umwelt und Schwingungen/Stöße.

Zur Lösung dieser Probleme können auch beim *Industrie-Ethernet* die Maßnahmen aus dem Feldbusbereich übernommen werden:

- galvanische Abtrennung der Leitung durch Optokoppler,
- Erdung (ohne die galvanische Trennung zu überbrücken),
- Zerstörungsschutz (Überspannungsschutz),
- doppelte Schirmung,
- redundante Leitungen und
- Lichtwellenleiter.

Echtzeitfähiges Ethernet

Ethernet kann wegen seines *CSMA-CD*-Zugriffsverfahrens keine Garantien in dieser Hinsicht geben. Bei stark ausgelastetem Bus können Nachrichten beliebig spät bei Empfänger ankommen. Je nach Anwendungsbereich und den dabei vorliegenden Zeitrestriktionen findet man daher beim *Industrie-Ethernet* eine der folgenden Maßnahmen zur Einhaltung der Echtzeitanforderungen.

- *Lasteinschränkung, Überversorgung*
  Durch die bereits recht hohe Übertragungsleistung von *Standard-Ethernet* (10 MBit/s) im Vergleich zu herkömmlichen Feldbussen ist eine weiche Echtzeitfähigkeit in der Regel kein Problem. Echtzeitbedingung im Bereich von 10 ms können bei geringer Last leicht eingehalten werden. Bei anspruchsvolleren Systemen kann darüber hinaus *Fast-* bzw. *Gigabit-Ethernet* in Betracht gezogen werden, auch wenn diese im eingebetteten Bereich noch mit Vorsicht zu genießen sind.

- *Switching-Technologie*
  Die sternförmige Verdrahtung mittels verdrillter Zweidrahtleitungen kann ebenfalls zur Verbesserung der Echtzeitfähigkeit von *Ethernet* eingesetzt werden, wenn anstelle primitiver Hubs (Repeater) intelligentere Switches eingesetzt werden. Die Echtzeitfähigkeit hängt dann vor allem von der Geschwindigkeit des zentralen Switches ab. Moderne Switches sind aber so schnell, dass Reaktionen von wenigen Millisekunden oder weniger kein Problem mehr sind. Selbst harte Echtzeitbedingungen sind mit Switch-basiertem *Ethernet* realisierbar. In der Tat sind die schnellen und heute sehr preisgünstigen Switches die Antriebsfeder für *Ethernet* im echtzeitrelevanten Automatisierungsbereich.

- *IEEE 801.p*
  Der *IEEE 801.p*-Standard erlaubt den System-Designern ihre Nachrichten zu priorisieren und so systemweite Echtzeitgarantien zu vergeben.

- *Virtuelles Token-Passing*
  Es ist auch möglich, auf der Anwendungsschicht oberhalb von *Ethernet* ein virtuelles Token-Passing-Verfahren zu implementieren.

Industrie-APIs (Schicht-7-Protokolle)

Einen sehr großen Vorteil von *Ethernet* stellt dessen Flexibilität gegenüber den Anwendungen dar. *Ethernet* legt lediglich die untersten beiden Schichten des OSI-7-Schichten-Modells fest. Auch wenn *Ethernet* sehr eng mit *TCP/IP* auf den Schichten 3 und 4 verknüpft ist, können beliebige anwendungsnahe Protokolle auf den Schichten 5 bis 7 aufgesetzt werden. Ein Beispiel ist die *IEEE 1451*-Norm. *IEEE 1451* ist eine junge Familie von Standards zur Kopplung von „smarten" Sensoren und Aktuatoren über ein Netzwerk.

Die Flexibilität, die uns der Austausch der anwendungsnahen Protokolle bietet, ermöglicht uns zudem die Emulation erfolgreicher Feldbusse durch *Ethernet*. Genauso wie mit *Soft-SP-Sen* die *SPS*-Architektur durch Industrie-PCs emuliert wird, können Feldbusse durch *Ether-*

net ersetzt werden, indem das Schicht-7-Protokoll angepasst wird. Zwei von vielen Beispielen für diesen Ansatz sind

- *ProfiNet (Profibus on Ethernet)*
  Wie *IEEE 1451.2* bietet auch *ProfiNet* eine „intelligente" Schnittstelle zu *Profibus*-Geräten.

- *Modbus/TCP*
  Modbus ist ein weit verbreiteter Bus der industriellen Automatisierung basierend auf den seriellen Schnittstellen *RS-232* und *RS-485*.

5.4.2   Embedded-Web-Technologie

Der große und rasante Erfolg des heutigen *Internet* basiert jedoch nur zu einem kleinen Teil auf der Netzwerktechnologie, d. h. *Ethernet* und *TCP/IP*. Richtig erfolgreich wurde das Netz durch die Einführung des *wold wide web* (*WWW*) und seinen Möglichkeiten auf der Anwendungsebene. Dieser bequeme Fernzugang zu einem weit entfernten Rechner fasziniert natürlich auch die Automatisierungsingenieure. Die (Fern-) Wartung einer Maschine oder Anlage ist viel bequemer als für die Aufgaben vor Ort sein zu müssen. Mit der Einführung der Web-Technologie wurden viele Probleme der Fernwartung aus der Welt geschafft. Die nun möglich gewordene verteilte Visualisierung stellt darüber hinaus ganz neue Funktionen zur Verfügung. Mit Hilfe eines ganz normalen *WWW*-Browsers auf einem beliebigen PC mit Internet-Zugang können Steuerungsvariablen dargestellt und auch verändert werden. Zu beachten sind aber die Zeitrestriktionen der ferngesteuerten Anlage. Die *WWW*-Schnittstelle garantiert keine Echtzeit.

Realisiert werden diese Lösungen durch *eingebettete Web-Server*, die auf Feldseite die Schnittstelle zwischen der Steuerung und dem Inter-/Intranet darstellen. Neben dem Zugriff auf die Steuerungsvariablen zur Prozessvisualisierung und Fernwartung bieten eingebettete Web-Server auch die Möglichkeit einer geeigneten Dokumentation der Anlage. Die Web-Technologie kann sicherstellen, dass immer die richtige und aktuelle Dokumentation durch eine Anlage selbst über das Netz zur Verfügung gestellt wird.

Im Gegensatz zu traditionellen PC-Web-Server haben die eingebetteten Web-Server den Vorteil, dass sie sich auf das Notwendigste beschränken und nur einen Bruchteil der Ressourcen benötigen. Heutige eingebettete Web-Server kommen mit ein- bis zweihundert Kilobyte Speicherplatz aus. Gleichzeitig arbeiten eingebettete Web-Server in der Regel stabiler. Frei nutzbare Open-Source-Lösungen sind ebenfalls verfügbar.

Teil 2

Modellbasierte Softwareentwicklung für eingebettete Systeme

Die Bedeutung eingebetteter Systeme hat über die letzten beiden Jahrzehnte rasant zugenommen. Insbesondere der Einsatz von Software hat entscheidend zu diesem Erfolg beigetragen. In vielen Branchen, wie beispielsweise in der Automobilindustrie, geht man davon aus, dass mehr als 80% der Innovation überhaupt erst durch den Einsatz von Software ermöglicht werden. Zu Beginn war eingebettete Software nichts anderes als in Form von Algorithmen notierte Lösungen, um Regler, Filter etc. implementieren zu können. Mittlerweile hat eingebettete Software allerdings eine Komplexität erreicht, die sich nur durch eine ingenieurmäßige Entwicklung beherrschen lässt. In diesem Teil des Buches behandeln wir daher die systematische, schrittweise Entwicklung eingebetteter Software von den Anforderungen über den Entwurf bis zur Implementierung.

Bei der ingenieurmäßigen Entwicklung eingebetteter Software kommen vor allem so genannte modellbasierte Ansätze zum Einsatz. Dabei wird die Software nicht mehr textuell mit Programmiersprachen, wie beispielsweise C, programmiert, sondern mit graphischen Modellen auf einer höheren Abstraktionsebene spezifiziert und schrittweise über verschiedene Entwicklungsphasen von den Anforderungen über den Entwurf bis zur Implementierung verfeinert. Im Gegensatz zu den ersten Ansätzen des modellunterstützten Softwareengineerings stellen diese Modelle allerdings keine rein dokumentierenden und erklärenden „Bilder" dar, sondern sind das zentrale Entwicklungsartefakt, aus dem der Quellcode letztlich größtenteils automatisch generiert werden kann. Mittlerweile hat die modellbasierte Entwicklung auch in der Industrie eine sehr weite Verbreitung erreicht und man geht davon aus, dass in Zukunft die modellbasierte Entwicklung in vielen Anwendungsdomänen zum Standard wird.

In diesem Buch geben wir daher eine Einführung in die modellbasierte Entwicklung eingebetteter Softwaresysteme. Dabei werden wir dieses komplexe und facettenreiche Thema sicherlich nicht erschöpfend behandeln können. Vielmehr möchten wir einen Ein- und einen Überblick über dieses Themengebiet geben, die wichtigen Zusammenhänge vermitteln und die notwendigen Grundlagen vermitteln, um einen Einstieg in die modellbasierte Softwareentwicklung für eingebettete Systeme zu ermöglichen. In den einzelnen Abschnitten geben wir daher jeweils Referenzen zu weiterführender Literatur an, die man zur Vertiefung einzelner Themengebiete heran ziehen kann.

Um einen Einstieg in dieses Themengebiet zu ermöglichen, setzt sich dieser Teil des Buchs aus drei wesentlichen Bestandteilen zusammen: *Allgemeine Grundlagen*, die einen Einstieg in die Thematik der eingebetteten Software vermitteln sollen; *Modellierungstechniken*, die das „Handwerkszeug" beschreiben, mit dem man Softwaresysteme modellieren kann; und letztlich die *Methodik*, die erklärt, wie man die Modelle im Rahmen einer Entwicklung sinn-voll einsetzen kann, um eingebettete Software ingenieurmäßig entwickeln zu können.

Daraus leitet sich die folgende Kapitelstruktur ab:

Kapitel 6 führt zunächst die Besonderheiten eingebetteter Software ein und zeigt die wesent-lichen Grundlagen der Softwareentwicklung für eingebettete Systeme auf.

Im Anschluss gibt Kapitel 7 eine Einführung in die wichtigsten Modellierungstechniken, die in der Entwicklung eingebetteter Systeme zum Einsatz kommen. Dabei geben wir eine Ein-führung in die wesentlichen Sprachelemente, die man zum Verständnis und zur Anwendung der Modelle für die Entwicklung eingebetteter Systeme benötigt.

Um darauf basierend zu vermitteln, wie man letztlich ausgehend von den Anforderungen der Kunden schrittweise eine eingebettete Software entwickelt, wird Kapitel 8 anhand eines Fallbeispiels aufzeigen, wie die Modelle im Rahmen eines Entwicklungsprozesses in den einzelnen Entwicklungsphasen eingesetzt werden können. Dazu stellen wir zunächst ein Re-ferenzvorgehensmodell vor, das die Aktivitäten von den Anforderungen bis zur Implemen-tierung und Test beschreibt. Darauf basierend werden wir im Anschluss die einzelnen Ent-wicklungsphasen anhand des Fallbeispiels durchlaufen und schrittweise die Modelle verfei-nern bis aus den anfänglichen Anforderungen immer detailliertere Modelle und schließlich ausführbarer Code entsteht.

6 Grundlagen der Softwareentwicklung für eingebettete Systeme

Software bildet einen integralen Bestandteil heutiger eingebetteter Systeme. Die im ersten Teil dieses Buches dargelegten Besonderheiten eingebetteter Systeme wirken sich daher auch unmittelbar auf die Softwareentwicklung aus. Bevor wir deshalb in den nachfolgenden Kapiteln in die Entwicklung eingebetteter Softwaresysteme einführen, gibt Abschnitt 6.1 zunächst einen Einblick in die Besonderheiten eingebetteter Software und den Unterschieden zu klassischen IT-Systemen.

Betrachten wir uns unter diesen Randbedingungen die Entwicklung eingebetteter Softwaresysteme, so ist es zunächst wichtig den in Abschnitt 6.2 beschriebenen prinzipiellen Aufbau eingebetteter Software, ihre Integration mit der Hardware und die sich daraus ableitbaren Teilaufgaben der Entwicklung eingebetteter Software zu verstehen. Darin werden wir lernen, dass sich die Software grob in zwei elementare Bestandteile aufteilen lässt. Die *Plattformsoftware* hat die Aufgabe von der konkreten Hardware zu abstrahieren, indem sie beispielsweise logische Schnittstellen und Treiber zur Ansteuerung von Sensoren und Aktuatoren, Kommunikationsschnittstellen und Dienste wie das Scheduling oder die Interruptverarbeitung zur Verfügung stellt. Die eigentliche *Applikationssoftware* setzt auf der Plattformsoftware auf und implementiert dann die eigentliche Funktionalität des Systems, wie beispielsweise die Regler und Filter, weitestgehend hardwareunabhängig.

In diesem Buch werden wir uns auf die Entwicklung der Applikationssoftware konzentrieren. Da diese in modernen eingebetteten Systemen eine enorme Komplexität erreicht hat, ist es nicht möglich sich einfach an den Rechner zu setzen und die Software ad-hoc zu programmieren. Stattdessen sind eine ingenieurmäßige Vorgehensweise, Methoden, Techniken und Werkzeuge unerlässlich, um die Komplexität zu beherrschen und auch komplexe Systeme mit einer garantierbaren Qualität in der gegebenen Zeit und mit dem gegebenen Budget entwickeln zu können. Wie eingangs bereits erwähnt, ist die modellbasierte Entwicklung ein Ansatz, der sich über das letzte Jahrzehnt als sehr effektiv erwiesen hat, um auch komplexe eingebettete Softwaresysteme entwickeln zu können und somit auch im Fokus dieses Buches liegt. Abschnitt 6.3 gibt daher eine Einführung in die Grundlagen der modellbasierten Applikationsentwicklung bevor wir in den nachfolgenden Kapiteln die konkreten Modellierungstechniken (Kapitel 7) und deren Anwendung im Entwicklungsprozess (Kapitel 8) beschreiben.

6.1 Besonderheiten eingebetteter Software

Häufig werden die Unterschiede zwischen der Entwicklung von eingebetteter Software und IT-Software unterschätzt. Diese Fehleinschätzung hält sich in aller Regel vehement, bis man die Effekte in der Praxis bei der Entwicklung eines eingebetteten Systems selbst erlebt. Dieser Effekt lässt sich durch das folgende Beispiel aus der Ausbildungspraxis beschreiben: Im Rahmen eines Praktikums, das über viele Jahre hinweg im Rahmen des Informatikstudiums angeboten wurde, bekamen Studierende die Aufgabe als Teil einer Gebäudeautomatisierung eine einfache Helligkeitsregelung zu entwickeln. Der Nutzer soll eine Wunschhelligkeit einstellen können und sobald sich jemand in diesem Raum aufhält, soll das System diese Wunschhelligkeit einregeln. Da die Studierenden im Vorfeld natürlich in Vorlesungen bereits von den besonderen Eigenschaften eingebetteter Systeme gehört haben, haben sich die meisten auch durchaus Gedanken darüber gemacht, wie lange beispielsweise das System denn maximal brauchen darf, bis die Helligkeit eingeregelt sein muss und wie man dieses besonders performant auslegen kann. In der ersten Version des Systems ergab sich allerdings in fast allen Fällen und konstant über alle Jahrgänge hinweg ein „Diskoeffekt". Die Leuchten sind in einem mehr oder weniger schnellen Rhythmus permanent von minimaler zu maximaler Helligkeit und wieder zurück eingestellt worden. Der Hintergrund liegt darin, dass die meisten Studierenden zwar versucht hatten einen sehr schnellen Regler zu entwickeln, um die von ihnen selbst gesetzte Einregelzeit halten zu können. Dabei hatten sie allerdings vergessen, dass beispielsweise der Helligkeitssensor auch eine entsprechende Abtastrate (siehe Abtasttheorem, Abschnitt 3.1.1) zur Verfügung stellen und mit dem Regler synchronisiert werden muss. Dies führte zu folgendem Effekt: Der Regler bekam einen Helligkeitswert und stellte fest, dass es zu dunkel ist. Entsprechend erhöhte er die Helligkeit der Leuchten. Da der Regler aber mit maximaler Rechenleistung getaktet wurde, wurde er direkt wieder ausgeführt. Es lag aber immer noch derselbe Sensorwert an, sodass es natürlich immer noch zu dunkel war und die Helligkeit weiter erhöht wurde. In der Zeit bis der nächste Sensorwert zur Verfügung stand, wurde der Regler schon so häufig ausgeführt, dass die Helligkeit bereits bis zum Maximum erhöht wurde. Der neue Messwert zeigte nun natürlich einen zu hohen Wert, also reduzierte der Regler die Helligkeit auf das Minimum und der Zyklus begann erneut. Da es sich trotz der Einfachheit um einen Regler handelt, müssen natürlich auch in der Softwareentwicklung die regelungstechnischen Grundlagen berücksichtigt werden, was in vielen Fällen einen immensen Einfluss auf die gesamte Auslegung der Software hat.

So trivial dieses Beispiel auf den ersten Blick erscheinen mag, so zeigt es doch anhand eines einfachen Beispiels die Besonderheiten der Entwicklung eingebetteter Softwaresysteme auf. Die Studierenden waren zwar alle bereits sehr erfahren in der Entwicklung von Standardsoftware und hatten auch schon theoretisch von den Besonderheiten eingebetteter Systeme gehört. Trotzdem mussten sie feststellen, dass man selbst für ein trivial erscheinendes eingebettetes System sehr viele Aspekte berücksichtigen muss, denen sie bei der Entwicklung von Standardsoftware zuvor noch nie begegnet waren.

Im Gegensatz zu klassischen Softwaresystemen, wie beispielsweise Textverarbeitung, Tabellenkalkulation oder Internetbrowser, stellt eingebettete Software kein eigenständiges, unabhängig nutzbares Produkt dar. Wie der Name schon aufzeigt, ist eingebettete Software als integraler Bestandteil in ein technisches System eingebettet. Dies bedeutet unter anderem, dass eingebettete Software

- eine dedizierte Aufgabe als Teil des Gesamtsystems einnimmt und speziell für diese Aufgabe entwickelt wird,

- in vielen Fällen ein technisches System oder einen technischen Prozess überwacht und beeinflusst,

- speziell für die im Gerät vorhandene Hardware, also einen vorhandenen Mikrokontroller, DSP etc. und (falls vorhanden) ein spezielles Betriebssystem entwickelt und optimiert wird,

- auf die vorhandenen Sensoren und Aktuatoren, deren Schnittstellen, Ungenauigkeiten und Besonderheiten zugeschnitten wird.

Außerdem ergeben sich daraus eine Reihe so genannter nichtfunktionaler Anforderungen. Insbesondere muss eingebettete Software häufig

- Echtzeitanforderungen genügen, da sich die Reaktionszeiten der Software nicht durch die Rechenleistung der Hardware ergeben dürfen, sondern feste Zeitgrenzen eingehalten werden müssen, die sich durch das gesteuerte technische System ergeben,

- stark begrenzte Hardwareressourcen wie Speicher, Rechenleistung, maximaler Energieverbrauch etc. optimal nutzen,

- hohen Anforderungen an die Verfügbarkeit, Zuverlässigkeit und Betriebssicherheit des Gerätes genügen.

6.1.1   Eingebettete Software als Teil des Systems

Die wohl wichtigste Ursache für eine Reihe von Besonderheiten eingebetteter Software liegt sicherlich in der Tatsache, dass eingebettete Software ein Teil eines Gesamtsystems ist. Im Gegensatz zu klassischer IT-Software ist das entwickelte Produkt nicht die Software selbst, sondern das Gesamtsystem. Zusammen mit Mechanik, Elektrik und Elektronik übernimmt die Software eine Teilaufgabe, um die Funktionalität des Produktes zu erfüllen. Der Fokus der Entwicklung liegt somit immer an erster Stelle auf der Optimierung des Gesamtprodukts.

Häufig wird beispielsweise angeführt, dass sich die Entwicklung eingebetteter Software in naher Zukunft immer mehr der Entwicklung von IT-Systemen angleichen wird, da sich Standardplattformen etablieren, die, vergleichbar zu Windows und Intelprozessoren, eine Vereinheitlichung der Softwareentwicklung bewirken werden. Für die Softwareentwicklung hätte dies sicherlich einige Vorteile. Allerdings steht das Produkt und nicht die Software im Fokus. Und betrachtet man sich Produkte wie beispielsweise Mobiltelefone, so müssen diese sehr günstig und leicht sein, immer mehr Funktionen zur Verfügung stellen und einen enorm niedrigen Energieverbrauch aufweisen. Viele dieser nicht-funktionalen Systemeigenschaften führen dazu, dass häufig spezielle Hardware benötigt wird und es entweder auf die Hardware und die Anwendung zugeschnittene Betriebssysteme gibt, oder erst gar kein Betriebssystem zur Verfügung steht. Für die Softwareentwicklung bedeutet dies, dass die Software auf heterogene Zielplattformen zugeschnitten werden muss und häufig auch sehr viele hardwarenahe Funktionen umgesetzt werden, die auf einem IT-System komfortabel vom Betriebssystem übernommen werden.

Auch wenn es sicherlich in einzelnen Anwendungsbereichen domänenspezifische Plattformen geben wird, die die Softwareentwicklung vereinfachen sollen, unterscheidet sich eingebettete Software und deren Entwicklung auch in anderen Aspekten von IT-Software. Die primäre Aufgabe von eingebetteten Systemen liegt nämlich im Allgemeinen in der Überwachung und Steuerung von technischen Prozessen und Systemen wie beispielsweise Automobilen, Flugzeugen oder chemischen Anlagen. Dazu realisiert eingebettete Software in sehr vielen Fällen Regelungen, Steuerungen und Signalverarbeitungen, wie diese im ersten Teil dieses Buches eingeführt wurden.

Dies hat unterschiedliche Auswirkungen auf die Softwareentwicklung. Erstens lässt sich die Funktionalität eingebetteter Regelungs- und Steuerungssoftware meist leichter durch datenflussorientierte Notationen beschreiben, wohingegen sich interaktive Systeme in den meisten Fällen leichter mit kontrollflussorientierten Notationen beschreiben lassen. Dieser Fokus auf den Datenfluss von den Sensoren zu den Aktuatoren hat meist auch Auswirkungen auf die Architektur des Systems und die Methoden zur Ableitung einer geeigneten Struktur.

Als weitere Auswirkung erfordert die Entwicklung eingebetteter Software ein intensives Domänenwissen. Beispielsweise ist es unmöglich ein elektronisches Stabilitätsprogramm für Automobile zu entwickeln, ohne sich intensiv mit den physikalischen Prinzipien der Fahrdynamik auseinander zu setzen. Aus diesem Grund wurde eingebettete Software auch sehr lange von Regelungstechnikern und Maschinenbauingenieuren entwickelt, die in der Programmierung der Software das notwendige Übel und den letzten Schritt der Entwicklung sahen, um die von ihnen entwickelten Regler, Filter und Berechnungsmodelle mit Hilfe von Software umzusetzen. Mit der rasant wachsenden Komplexität eingebetteter Software stiegen allerdings die Qualitätsprobleme vieler Systeme. Ein Beispiel dafür ist die zeitweise stark gestiegene Anzahl an Rückrufaktionen in der Automobilindustrie, die in Softwarefehlern begründet waren. Aus diesem Grund haben Konzepte der ingenieurmäßigen Softwareentwicklung in den letzten Jahren auch im Bereich der Entwicklung eingebetteter Software schnell an Bedeutung gewonnen. Die unerlässliche, effiziente Kooperation zwischen Domänenexperten einerseits und Softwareingenieuren andererseits stellt allerdings noch immer eine große Herausforderung dar.

Wie im ersten Teil beschrieben unterliegen viele Sensoren und Aktuatoren zudem sehr vielen qualitativen Einschränkungen. Einerseits können Sensorsignale beispielsweise stark verrauscht sein. Andererseits unterliegt das Messprinzip der Sensoren häufig zahlreichen Einschränkungen. Beispielsweise werden Beschleunigungssensoren eingesetzt, um die Längsbeschleunigung von Fahrzeugen zu messen. Allerdings wird der Sensor beispielsweise durch die Erdbeschleunigung beeinflusst, sobald das Fahrzeug bergauf oder bergab fährt. Ähnliches gilt für Erschütterungen, die sehr leicht zu starken Ausschlägen in den Messwerten führen. In beiden Fällen arbeitet der Sensor zwar fehlerfrei, d.h. er erfüllt seine Spezifikation. Nichtsdestotrotz liefert er bedingt durch das Messprinzip Werte, die nicht der tatsächlichen Längsbeschleunigung des Fahrzeugs entsprechen. Eine weitere Quelle für Ungenauigkeiten ergibt sich durch den intensiven Einsatz stark approximativer Berechnungen, die auf vereinfachten (physikalischen) Modellen beruhen. Da es beispielsweise keinen kostengünstigen Geschwindigkeitssensor für Automobile gibt, muss die Fahrzeuggeschwindigkeit auf Basis physikalischer Modelle aus anderen, verfügbaren Messgrößen berechnet werden. So werden beispielsweise zunächst die Radgeschwindigkeiten aus der Anzahl der Umdrehungen der Räder bestimmt. Bereits hier kommt es zu Ungenauigkeiten, da der Umfang der Räder zwar in die Berechnung mit einfließt, aber durch Faktoren wie Luftdruck, Profilstärke und Reifentyp sehr stark schwanken kann. Im einfachsten Fall könnte man nun die Fahrzeuggeschwindigkeit als Mittelwert der Radgeschwindigkeiten der Hinterräder berechnen. Dieses Berechnungsmodell ist allerdings auch nur im Idealfall genau. Dreht eines der Räder durch oder blockiert beim Bremsen (Radschlupf), so wird die Fahrzeuggeschwindigkeit verfälscht, obwohl die Radsensoren fehlerfrei arbeiten.

Im Resultat bedeutet dies, dass man bei der Entwicklung eingebetteter Software immer bedenken muss, dass man ein nur sehr ungenaues und verfälschtes Bild der Umgebung hat.

Analog gilt dies auch für die nur sehr eingeschränkten Möglichkeiten das technische System über Aktuatoren zu beeinflussen. Eingebettete Software muss daher so robust entwickelt werden, dass sie mit diesen Ungenauigkeiten und Störungen umgehen kann.

6.1.2 Echtzeit

Da Eingebettete Systeme Bestandteil eines technischen Systems sind und in den meisten Fällen einen technischen Prozess steuern oder regeln, müssen diese häufig strikten Zeitanforderungen genügen. Die maximale Reaktionszeit des Systems wird also durch die Eigenschaften des gesteuerten technischen Prozesses und nicht durch die Leistungsfähigkeit der Hard- und Software vorgegeben. Betrachtet man sich beispielsweise einen Tempomaten, der die Geschwindigkeit eines Fahrzeugs regelt, so ergeben sich bei der Konzeption des Reglers Mindestanforderungen an die Abtastrate und somit an die Ausführungsgeschwindigkeit der Software, die den Regler implementiert. Betrachtet man sich als weiteres Beispiel ein Airbagsystem, so ist die maximale Zeitspanne zwischen erkennen eines Aufpralls und der Auslösung des Airbags fest vorgeschrieben, da eine zu frühe oder zu späte Auslösung fatale Folgen für die Fahrzeuginsassen haben kann. Um die Bedeutung des Begriffs Echtzeit für eingebettete Systeme noch einmal zu unterstreichen, sollte man sich vor Augen halten, dass zwischen dem Aufprall eines Fahrzeugs und der Auslösung des Airbags je nach Unfallart und Aufprallgeschwindigkeit gerade mal 10-15 Millisekunden liegen. Eine um nur wenige Millisekunden zu frühe oder zu späte Auslösung des Airbags entscheidet darüber, ob der Airbag das Verletzungsrisiko tatsächlich senken kann, wirkungslos bleibt oder den Insassen sogar schwerwiegende Verletzungen zufügt.

Während es bei klassischen IT-Systemen üblich ist, dass die Software selbst die Ausführungszeit bestimmt und sich der Nutzer anpassen muss, muss das zeitliche Verhalten eingebetteter Software an die Eigenschaften des gesteuerten technischen Prozesses angepasst werden. Dabei unterscheidet man zwischen *harten* und *weichen Echtzeitanforderungen*. Bei harten Echtzeitanforderungen muss das System garantiert bis zu einer vorgegebenen Zeitschranke reagiert haben. Dies ist beispielsweise bei einem Airbagsystem der Fall, da die verspätete Auslösung unmittelbare Folgen für die Insassen hätte.

Bei weichen Echtzeitanforderungen verfolgt die Software einen so genannten „best effort" Ansatz, d.h. die Software versucht so schnell wie möglich zu reagieren und garantiert, dass die vorgegebenen Reaktionszeiten im Mittel eingehalten werden. Beispielsweise ist es bei einem Mobiltelefon notwendig im Sinne der Kundenzufriedenheit bestimmte Reaktionszeiten einzuhalten. Eine Überschreitung einer Zeitschranke hat allerdings keine unmittelbaren Konsequenzen für den Nutzer.

In Abhängigkeit von den Echtzeitanforderungen, kommen prinzipiell zwei unterschiedliche Architekturen für Softwaresysteme zum Einsatz: *Zeitgesteuerte* und *Ereignisgesteuerte Systeme* [Kop77].

Liegen harte Echtzeitanforderungen vor, so kommen im Wesentlichen **zeitgesteuerte Systeme** zum Einsatz. Dabei wird den einzelnen Prozessen der Software in vordefinierten Perioden eine festgelegte Zeitscheibe zugeordnet, d.h. die Ausführung der Software wird intern durch einen festen Zeittakt gesteuert. Beispielsweise wird dem Prozess zur Verarbeitung eines Geschwindigkeitssensors alle 100ms genau 15ms Rechenzeit zugeteilt. Dadurch lässt sich die Zuteilung der Rechenzeit (Scheduling) statisch festlegen und es ist möglich Echtzeitgarantien zu geben. Außerdem entspricht dieses Ausführungsmodell den Prinzipien digitaler Regler und Filter, wie diese im ersten Teil beschrieben wurden.

Betrachtet man sich allerdings einen Bewegungsmelder, so ändert sich dessen Zustand nur sehr selten. Falls er sich allerdings ändert, muss das System schnell reagieren. Deshalb müsste der entsprechende Softwareprozess zur Abfrage des Wertes in einem zeitgetriggerten System sehr häufig ausgeführt werden. Gerade bei großen Systemen, in denen sehr viele Sensoren überwacht müssen, erfordert dies eine enorme Rechenleistung. Deshalb kommen auch sehr häufig **ereignisgesteuerte Systeme** zum Einsatz. Dabei wird die Ausführung der Software nicht durch einen internen Zeittakt, sondern durch äußere Ereignisse gesteuert. Meistens werden dabei die Interrupt-Mechanismen der Hardware genutzt, um sehr schnell auf ein auftretendes Ereignis reagieren zu können. Im Beispiel des Bewegungsmelders würde eine Wertänderung einen Interrupt auslösen, der eine Softwareroutine zum Einschalten des Lichtes aufruft. Dadurch kann man sehr schnell reagieren, ohne den Sensorwert regelmäßig abtasten zu müssen und somit Rechenleistung zu verbrauchen. Im Hinblick auf Echtzeitanforderungen, kann die Ausführung der Software allerdings a-priori nur sehr schwer abgeschätzt werden, da die Zuteilung der Rechenleistung dynamisch in Abhängigkeit der auftretenden Ereignisse erfolgen muss. Treten sehr viele Ereignisse gleichzeitig auf kann es auch leicht passieren, dass das System nicht mehr ausreichend schnell reagieren kann.

6.1.3   Ressourcenverbrauch

Eine weitere nicht-funktionale Eigenschaft stellt der Ressourcenverbrauch dar. Viele eingebettete Systeme wie beispielsweise Mobiltelefone, MP3-Player aber auch Steuergeräte in Automobilen gelten als Massenprodukte und unterliegen somit einem enormen Kostendruck. Umso größer die Stückzahl, desto geringer wirken sich Entwicklungskosten auf den Stückpreis aus, während sich Kosten für die Hardware direkt auswirken. Aus dieser Überlegung heraus versucht man die Hardwarekosten zu reduzieren und nimmt einen gegebenenfalls notwendigen höheren Entwicklungsaufwand in Kauf, um die Software so zu optimieren, dass trotz beschränkter Ressourcen die gewünschte Funktionalität in der notwendigen Qualität erreicht wird.

Für die Softwareentwicklung bedeutet dies, dass man diese von Beginn so gestalten muss, dass der Speicherverbrauch minimiert wird und man durch geeignete Optimierung die verfügbare Rechenleistung optimal ausnutzt. Aufgrund dieser Ressourcenbeschränkung sind komfortable Betriebssysteme oder gar virtuelle Maschinen, wie diese beispielsweise für Java benötigt werden, für viele Anwendungsbereiche eher die Ausnahme. Vielmehr muss die Software häufig entweder direkt auf eine spezielle Hardware, oder auf sehr rudimentäre Betriebssysteme zugeschnitten werden. Hierbei kommt insbesondere auch der Plattformsoftware eine wichtige Rolle zu.

Die Reduktion des Ressourcenverbrauchs wirkt sich aber auch bereits auf frühere Phasen der Softwareentwicklung aus. Geht man beispielsweise in der Applikationsentwicklung von einer objektorientierten Entwicklung mit der UML aus, so tendieren manche Entwickler dazu Systeme sehr tief zu hierarchisieren und zu strukturieren. Ein einfacher Methodenaufruf löst dann eine Kette von zahlreichen Aufrufen von Methoden anderer Klassen aus, bis schließlich nach dem letzten Aufruf wenige Zeilen Quellcode ausgeführt werden und die Ergebnisse wieder schrittweise zum Gesamtergebnis komponiert werden müssen. Aus der reinen Sicht der Modularisierung, Wartung oder auch Wiederverwendung ist eine solche Strukturierung vielleicht durchaus berechtigt oder sogar ideal. Bedenkt man aber, dass auch bei einer modellbasierten Entwicklung letztlich C-Code generiert wird, so kostet jeder Funktionsaufruf ohne weitere Codeoptimierungen alleine schon dadurch Zeit und Speicher, dass zunächst alle Parameter auf den Stack gelegt und zur weiteren Verwendung in Register kopiert werden müssen. Analog verläuft dies für die Rückgabewerte. Die tiefe Verschachtelung von Aufrufen verursacht somit einen großen Overhead an Speicher und Rechenzeit, der keinerlei Beitrag zur eigentlichen Funktion des Systems hat.

Aus diesem Grund kann man sich nicht auf nachträgliche Codeoptimierungen zurückziehen sondern muss Ressourcenrestriktionen durchgängig in der Entwicklung systematisch berücksichtigen.

6.1.4 Energieverbrauch

Ein weiterer Faktor, der sich neben den Kosten auf die Ressourcenbeschränkung auswirkt, ist der Energieverbrauch des Systems und auch die damit verbundene Wärmeentwicklung. Insgesamt nimmt der Energieverbrauch einen schnell wachsenden Stellenwert bei der Entwicklung eingebetteter Systeme ein. Beispielsweise wird häufig argumentiert, dass eingebettete Systeme in wenigen Jahren nur noch Standardplattformen (vergleichbar zu Windows in Kombination mit x86-Prozessorarchitekturen) nutzen werden, da die Kosten für Speicher und Prozessorleistung rasant fielen und man sich dann den zusätzlichen Aufwand für die Anpassung an Spezialarchitekturen sparen könne. Dies wird in vielen Bereichen alleine schon aufgrund des Energieverbrauchs kaum möglich sein. Während ein heutiger PC mehrere hundert Watt Leistung benötigt, müssen heutige eingebettete Systeme häufig mit wenigen Milliwatt Leistungsaufnahme zurechtkommen. Ein Grund dafür ist die Leistungsfähigkeit heutiger Akkus. Da sich diese bei weitem nicht so schnell weiterentwickeln wie Prozessoren und Speicher, wird der Energieverbrauch der Systeme auch noch in mittelfristiger Zukunft von entscheidender Bedeutung sein. Als weiterer Faktor muss die mit dem Energieverbrauch in Verbindung stehende Wärmeentwicklung berücksichtigt werden. Jeder PC-Besitzer kennt das typische Geräusch der Prozessorlüfter, die unerlässlich sind, um den Prozessor vor einer Überhitzung zu schützen. Für viele eingebettete Systeme, wie beispielsweise Automotivesysteme, ist aufgrund des sehr geringen Verbauraums, sowie der besonderen Anforderungen an die Gehäuse der Geräte eine Hitzeableitung über Kühlungssysteme nur sehr aufwendig oder gar nicht möglich. Die Problematik wird zusätzlich dadurch verschärft, dass viele eingebettete Systeme für Außentemperaturen von bis zu 85°C oder mehr ausgelegt sein müssen, handelsübliche PC-Prozessoren allerdings schon bei einer Prozessortemperatur von ca. 90°C Schaden nehmen.

Die Problematik des Energieverbrauchs wirkt sich gleich zweifach auf die Softwareentwicklung aus. Erstens erfordert diese Anforderung spezielle Hardware, die Auswirkungen auf Ressourcenbeschränkungen hat und zudem dazu führt, dass auch in Zukunft häufig Spezialarchitekturen zum Einsatz kommen werden, auf die die Software angepasst werden muss. Zweitens hat die Software selbst großen Einfluss auf den Energieverbrauch des Systems. Die Optimierung von Speicherzugriffen oder auch die aktive Anpassung der Prozessortaktung während der Laufzeit können nachweislich den Energieverbrauch eingebetteter Systeme signifikant reduzieren.

6.1.5   Verlässlichkeit

Eine weitere typische Eigenschaft eingebetteter Systeme ist die Verlässlichkeit. Als Teil der Verlässlichkeit sind insbesondere die Zuverlässigkeit, die Verfügbarkeit und die funktionale Sicherheit (engl. Safety) zu nennen. Da eingebettete Software technische Systeme wie beispielsweise Autos, Flugzeuge, Züge oder auch Atomkraftwerke steuert, kann ein Ausfall des Systems fatale Folgen haben. Selbst bei weniger kritischen Systemen wie beispielsweise DVD-Playern haben die Kunden wesentliche höhere Ansprüche an die Zuverlässigkeit der Systeme. Während man bei PC-Software schon fast an Programmabstürze und Neustarts des Systems gewöhnt ist, so hat man an Geräte und Produkte, und somit auch an die darin eingebettete Software wesentlich höhere Qualitätsansprüche.

Die Zuverlässigkeit, Verfügbarkeit und Sicherheit eingebetteter Systeme sind daher von zentraler Bedeutung für die Entwicklung eingebetteter Software. Deshalb ist es sehr wichtig diese Begriffe und die damit verbundenen Folgen für die Softwareentwicklung zu verstehen. Dies gilt insbesondere, da diese Begriffe häufig falsch verwendet werden und teils sogar als Synonyme betrachtet werden. Sie beschreiben allerdings drei klar definierbare, unterschiedliche und teils sogar widersprüchliche Systemeigenschaften.

Die **Zuverlässigkeit** R (engl. Reliability) eines Systems ist die Wahrscheinlichkeit, dass das System eine vorgegebene Funktion unter vorgegebenen Bedingungen für einen bestimmten Zeitraum durchgängig fehlerfrei erfüllt. Wie in Abb. 6-1 beispielhaft dargestellt, ist die Zuverlässigkeit somit eine Funktion über die Zeit $R(t)$, die für jeden Zeitpunkt der Systemlebenszeit die Wahrscheinlichkeit angibt, dass das System bis zu diesem Zeitpunkt seine Funktion fehlerfrei und durchgängig erfüllt hat.

Abb. 6-1:   Typischer Verlauf der Zuverlässigkeit

Die **Verfügbarkeit** A (engl. Availability) ist der Anteil an der Betriebsdauer innerhalb dessen das System seine Funktion erfüllt:

$$\text{Verfügbarkeit} = \frac{\text{Gesamtzeit} - \text{Ausfallzeit}}{\text{Gesamtzeit}}$$

Im Gegensatz zur Zuverlässigkeit berücksichtigt die Verfügbarkeit nicht die Durchgängigkeit der Leistungserbringung und ist somit keine Funktion über die Zeit, sondern ein einzelner Wert. Betrachtet man beispielsweise ein System, das alle drei Stunden für eine Minute ausfällt, so hat dieses eine recht hohe Verfügbarkeit von über 99%. Überträgt man dies allerdings auf ein Flugzeug, würde dies bedeuten, dass dieses alle drei Stunden einen Systemausfall hat. Offensichtlich kann also auch ein verfügbares System sehr unzuverlässig sein. Während bei IT-Servern häufig die Verfügbarkeit als Qualitätsmaß genutzt wird, ist im Bereich der eingebetteten Systeme die Zuverlässigkeit die meist wesentlich wichtigere Größe.

Dies gilt insbesondere, wenn man sich die dritte Eigenschaft, die funktionale Sicherheit oder auch Betriebssicherheit (engl. Safety) betrachtet. Im Allgemeinen wird die **funktionale Sicherheit** schlicht als die Freiheit von nicht akzeptierbaren Risiken definiert. Diese schlichte Definition führt allerdings zu zahlreichen Implikationen. Das Risiko ergibt sich aus der Wahrscheinlichkeit, dass eine Gefährdung eintritt und der schwere des Schadens, der bei Eintritt der Gefährdung zu erwarten ist. Betrachten wir uns ein Airbagsystem als Beispiel, so ist eine mögliche Gefährdung gegeben, wenn der Airbag fälschlicherweise auslöst, das heißt, der Airbag wird beispielsweise bei freier Fahrt auf der Autobahn ausgelöst. Die Folge wäre, dass der Fahrer das Fahrzeug in diesem Moment nicht kontrollieren kann und einen Unfall verursacht, der schwere Verletzungen oder sogar den Tod der Insassen und anderer beteiligter Verkehrsteilnehmer zur Folge haben kann. Aufgrund der Schwere der Unfallfolgen, lässt sich das Risiko nur dadurch auf ein akzeptables Maß reduzieren, indem die Eintretenswahrscheinlichkeit der Gefährdung reduziert wird. Man muss also sicherstellen, dass ein Airbag innerhalb seiner gesamten Lebenszeit nur mit einer ausreichend geringen Wahrscheinlichkeit fehlerhaft auslösen wird. Komplementär zur Zuverlässigkeit wird also die Wahrscheinlichkeit betrachtet, dass das Ereignis innerhalb eines gegebenen Zeitraums *nicht* eintritt. Trotzdem sind Zuverlässigkeit und funktionale Sicherheit nicht gleichzusetzen. Um beispielsweise die funktionale Sicherheit eines Zuges zu steigern, können zahlreiche Fehlererkennungsmechanismen integriert werden und im Verdachtsfall eine Notbremsung einleiten. Ein stehender Zug ist sicherlich sicher. Allerdings erfüllt er damit nicht mehr seine zugedachte Funktion. Während eine hohe Empfindlichkeit der Fehlererkennungen die funktionale Sicherheit steigert, senken sie gleichzeitig die Zuverlässigkeit und Verfügbarkeit des Zuges.

Diese drei Eigenschaften haben zentrale Auswirkungen auf die Softwareentwicklung für eingebettete Systeme. Eingebettete Systeme müssen trotz aller Widrigkeiten wie deren Komplexität, ungenaue Sensordaten, Ressourcenbeschränkungen etc. so entwickelt werden, dass man deren Zuverlässigkeit und Sicherheit gewährleisten und nachweisen kann. Aufgrund der fatalen Folgen, die der Ausfall eines sicherheitskritischen Systems haben kann, unterliegt die Entwicklung solcher Systeme strengen regularischen Vorgaben, die in zahlreichen Normen definiert sind. Diese Normen beeinflussen und regulieren insbesondere auch die Softwareentwicklung. Die Anforderungen der Normen reichen von der Vorgabe von Entwicklungsprozessen bis hin zu detaillierten Vorschriften welche Programmier- und Modellierungssprachen eingesetzt werden dürfen, welche Fehlererkennungsmechanismen eingebaut oder welche Testverfahren eingesetzt werden müssen.

Um die Sicherheit und Zuverlässigkeit eingebetteter Software sicherstellen zu können, muss man sich stets darüber bewusst sein, dass zahlreiche Faktoren wie ungenaue Sensorwerte, fehlerbehaftete Berechnungsmodelle oder auch Implementierungsfehler ein Fehlverhalten des Systems auslösen können. Eingebettete Software muss daher *robust* entwickelt werden, um auch mit ungenauen Werten arbeiten zu können. Und sie muss *defensiv* entwickel werden, das heißt, dass mögliche Fehler über entsprechende Fehlererkennungsmechanismen erkannt werden und geeignete Gegenmaßnahmen das System in einen sicheren Zustand überführen müssen. Während der gesamten Entwicklungszeit muss man also immer auch den Fehlerfall berücksichtigen und das System so gestalten, dass dieses trotzdem sicher und zuverlässig bleibt. Sicherheit und Zuverlässigkeit beeinflussen somit alle Phasen der Softwareentwicklung von der Anforderungserfassung über die Architektur und den Entwurf bis zur Implementierung und Test.

6.1.6   Nicht-funktionale Softwareeigenschaften

Neben den bislang vorgestellten nicht-funktionalen Systemeigenschaften spielen aber auch bei der Entwicklung eingebetteter Software nicht-funktionale Softwareeigenschaften eine wichtige Rolle. Mit der schnell wachsenden Komplexität werden Eigenschaften wie Erweiterbarkeit, Wartbarkeit, Änderbarkeit oder Wiederverwendbarkeit immer bedeutender.

Durch den intensiven Einsatz von Software in der Entwicklung eingebetteter Systeme werden die Innovationszyklen immer kürzer. Immer mehr Funktionalitäten und Gerätevarianten kommen in kürzerer Zeit auf den Markt. Für die Software bedeutet dies, dass diese permanent weiter entwickelt, geändert, erweitert und an neue Varianten angepasst werden muss.

Um diese nicht-funktionalen Eigenschaften umsetzen zu können, muss die Software ingenieurmäßig entwickelt werden. Ausgehend von den Anforderungen an das aktuelle Produkt, sowie einer Vorausplanung auf kommende Produktgenerationen und –varianten, muss die Software systematisch strukturiert werden, um die Wiederverwendung, Änder- und Erweiterbarkeit sicherzustellen. Die Einhaltung grundlegender Prinzipien der Softwareentwicklung wie Modularität und „Information Hiding" sind hierbei von entscheidender Bedeutung.

Dabei ist allerdings zu beachten, dass dem Einsatzspektrum eingebetteter Software im Vergleich zu IT-Software durch sich ändernde Randbedingungen wie Hardwareplattformen, Betriebssysteme oder der angeschlossenen Peripherie wie Sensoren und Aktuatoren engere Grenzen gesetzt sind. Auch wenn die nicht-funktionalen Softwareeigenschaften von entscheidender Bedeutung für den nachhaltigen Produkterfolg sind, so muss doch beachtet werden, dass man die Wiederverwendung, Erweiterung und Anpassungen der Software auf tatsächlich realistische Szenarien beschränkt. Dies gilt insbesondere da eine steigende Flexibilität der Software meist Systemeigenschaften wie Performanz und Ressourcenverbrauch entgegen wirken. Dies zeigt erneut die hohe Bedeutung auf, eingebettete Software immer im Kontext des Gesamtsystems zu sehen und zu optimieren.

6.2   Aufbau eingebetteter Systeme

Offensichtlich hat die Einbettung der Software in ein Gesamtsystem vielfältige Auswirkungen auf die Softwareentwicklung. Neben den zuvor beschriebenen nicht-funktionalen Eigenschaften wirkt sich die Integration der Software in eine häufig produktspezifische Hardwareplattform auch auf den prinzipiellen Aufbau des Systems aus. Daraus leiten sich wiederum verschiedene Teilaufgaben ab, die im Rahmen der Softwareentwicklung für eingebettete Systeme durchgeführt werden müssen.

Betrachten wir uns dazu zunächst den prinzipiellen Aufbau vieler eingebetteter Systeme, wie dieser in Abb. 6-2 skizziert ist, so erkannt man, dass eingebettete Systeme häufig sehr komplexe, verteilte Systeme sind, die nicht von einem einzelnen Entwicklungsteam in einem Entwicklungsprojekt entwickelt werden. Spricht man daher von der Entwicklung eingebetteter Systeme, so subsumiert dies die Entwicklung verschiedenster Teilsysteme und Komponenten, die meist von unterschiedlichen Teams und häufig sogar unterschiedlichen Firmen durchgeführt werden.

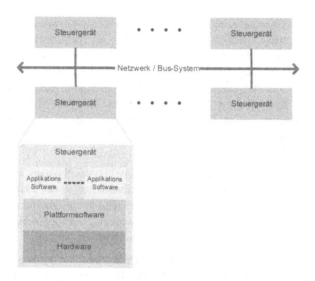

Abb. 6-2:   Prinzipieller Aufbau eingebetteter Systeme

Zunächst muss bedacht werden, dass eingebettete Systeme meist aus mehreren Rechnerknoten, sogenannten Steuergeräten (*engl. Electronic Control Unit – ECU*) bestehen. Dabei kann es sich um verschiedenste Hardwareplattformen handeln, wie beispielsweise Mikrokontroller, Digitale Signalprozessoren (DSP) oder auch Spezialhardware. Beispielsweise agieren in einem Automobil mittlerweile mehr als fünfzig Steuergeräte, die über verschiedene, hierarchisch angeordnete Bussysteme miteinander vernetzt sind. Nur um beispielsweise die Außenbeleuchtung eines Fahrzeugs, wie Abblend- und Fernlicht, Bremslicht und Blinker etc., zu steuern, müssen teils mehr als zehn Steuergeräte miteinander agieren, um den vollen Funktionsumfang realisieren zu können. Die einzelnen Steuergeräte werden dann von unterschiedlichen Teams und unterschiedlichen Zulieferern entwickelt. Analog gilt dies für viele andere Branchen. Die Definition einer solchen Steuergerätetopologie, d.h. einer elektrisch/elektronischen Systemarchitektur (*E/E-Architektur*), und die Zuweisung einzelner Teilaufgaben der Funktionen eines Fahrzeugs auf die einzelnen Steuergeräte ist eine komplexe Aufgabe des *Systemengineerings*.

Aber auch die Entwicklung der Software für ein einzelnes Steuergerät, auf die wir uns im weiteren Verlauf des Buchs fokussieren werden, lässt sich in mehrere Entwicklungsaufgaben aufteilen. Häufig wird dazu die Software in die *Plattformsoftware* einerseits und die *Applikationssoftware* andererseits aufgeteilt.

Die Aufgabe der **Plattformsoftware** liegt dabei in der Abstraktion von der darunter liegenden Hardware. Zum einen übernimmt die Plattformsoftware klassische Aufgaben eines Betriebssystems, indem sie beispielsweise das Scheduling von Multithreaded-Applikationen oder die Interruptverarbeitung übernimmt. Dazu können teils spezielle Betriebssysteme eingesetzt werden. Insbesondere wenn eine Spezialhardware eingesetzt wird oder eine sehr starke Ressourcenbeschränkung vorliegt, kommen auch kleinere Betriebssystemkerne zum Einsatz. Dabei handelt es sich im Gegensatz zu einem eigenständig laufenden Betriebssystem im Wesentlichen um eine Bibliothek mit fertigen Komponenten, die Aufgaben wie das Scheduling oder die Interruptverarbeitung übernehmen und wie ganz gewöhnliche Softwarekomponenten in das System integriert werden müssen.

Neben den Betriebssystemaufgaben beinhaltet die Plattformsoftware auch alle hardwarespezifischen Softwareanteile wie beispielsweise Treiber für die Hardwareperipherie wie die Ein-/Ausgabeschnittstellen (beispielsweise A/D-Wandler, Bustreiber etc.). Da eingebettete Hardwareplattformen im Gegensatz zur weitgehend standardisierten PC-Hardware in einer sehr diversitären Vielfalt vorliegen, ist es auch die besondere Aufgabe der Plattformsoftware, eine von den Spezifika der jeweils eingesetzten Hardware abstrahierende Softwareschicht zur Verfügung zu stellen. Die Plattformsoftware in einer idealisierten Form ist also eine rein technische und anwendungsunabhängige Softwareschicht, die keinerlei funktionales Verhalten beinhaltet.

Auf dieser Basis kann dann die eigentliche Funktionalität des Systems in der **Applikationssoftware** umgesetzt werden. Durch die Hardwareabstraktion in der Plattformsoftware lässt sich die Applikationssoftware weitestgehend unabhängig von Hardwarespezifika entwickeln. Da Hardwaredetails vor der eigentlichen Anwendung verborgen bleiben, kann auf diese Weise die Komplexität der Applikationssoftware reduziert werden.

Um die Aufgaben der einzelnen Schichten eines Eingebetteten Systems nochmals zu verdeutlichen zeigt Abb. 6-3 einen stark vereinfachten Geschwindigkeitsregler eines Fahrzeugs als Beispiel.

Um die Geschwindigkeit zu regeln, brauchen wir neben der Sollgeschwindigkeit insbesondere die Ist-Geschwindigkeit des Fahrzeugs. Dazu werden sowohl die aktuelle Längsbeschleunigung, als auch die Raddrehzahlen an den Rädern heran gezogen. Im technischen System (also dem Fahrzeug) gibt es daher zunächst einen Beschleunigungssensor, der ein Spannungssignal liefert, das in Abhängigkeit zur gemessenen Beschleunigung steht. Dieses Spannungssignal wird durch einen A/D-Wandler zunächst digitalisiert. Die Ansteuerung des A/D-Wandlers übernimmt ein Treiber, der in der Plattformsoftware realisiert ist. Anschließend wird der Messwert noch in der Plattformsoftware gefiltert, um beispielsweise Signalrauschen zu reduzieren, und der Wert wird an der Schnittstelle zur Applikationssoftware zur Verfügung gestellt. Je nach Umsetzung ist dieser Wert für die Plattformsoftware zunächst allerdings lediglich ein Messwert ohne jegliche Semantik. Erst die Applikationssoftware macht aus diesem digitalisierten und gefilterten Spannungswert eine Längsbeschleunigung ax. Analog gilt dies für die Drehzahlen der Räder $nRad$ mit dem Unterschied, dass der Raddrehzahlsensor ein Rechtecksignal liefert, in dem jede positive Flanke eine Teildrehung repräsentiert. Anstelle eines A/D-Wandlers steuert der Treiber der Plattformsoftware daher einen Timer/Counter der Hardware an, um den Wert zu digitalisieren und ihn nach einer Filterung der Applikationssoftware zur Verfügung zu stellen, die ihrerseits aus dem bislang semantiklosen Messwert eine Raddrehzahl macht. Aus diesen beiden Werten lässt sich dann in der Applikationssoftware die eigentliche Fahrzeuggeschwindigkeit $vFahrzeug$ bestimmen, die nach weiteren Verarbeitungsschritten als Ist-Größe in den Geschwindigkeitsregler eingeht. Dieser könnte beispielsweise als PID-Regler oder als Fuzzy-Regler ausgelegt sein und berechnet einen Ausgangswert, der letztlich wieder das Motordrehmoment $MMotor$ vorgibt, das im Fahrzeug eingestellt werden soll. Der entsprechende Motordrehmomentsteller wird wiederum über ein Spannungssignal angesteuert. Dazu übernimmt die Plattformsoftware das Sollmoment als Stellwert und erzeugt daraus über die Ansteuerung eines D/A-Wandlers ein analoges Spannungssignal, das den Steller ansteuert.

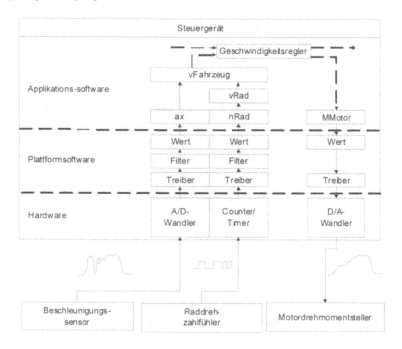

Abb. 6-3:   Zusammenspiel der einzelnen Systemschichten

Die Plattformsoftware auf der einen Seite ist plattformspezifisch, aber anwendungsunabhängig. Die Applikationssoftware auf der anderen Seite ist plattformunabhängig, aber anwendungsspezifisch. Daher ist es einerseits leicht möglich die Plattform zu tauschen, da „lediglich" die Plattformsoftware angepasst werden muss und die Applikationssoftware optimalerweise weitestgehend unverändert übernommen werden kann. Andererseits lässt sich die Plattform auch sehr leicht für verschiedene Anwendungen wieder verwenden.

Aus diesen Gründen findet man in vielen Fällen eine Trennung der *Applikationssoftwareentwicklung* einerseits und der *Plattformsoftwareentwicklung* andererseits. Insbesondere in größeren Firmen, die eingebettete Systeme entwickeln, gibt es aufgrund der unterschiedlichen Zielsetzungen und der unterschiedlichen benötigen Kompetenzen häufig sogar unabhängige Entwicklungsteams.

Die Entwicklung der Plattformsoftware ist einerseits sehr abhängig von der eingesetzten Hardwareplattform und benötigt eine tiefe Betrachtung technischer Details. Andererseits können durch die Unabhängigkeit von der eigentlichen Anwendung auch sehr viele Standardkomponenten, Treiber und Betriebssysteme wieder verwendet werden. Im Folgenden werden wir daher davon ausgehen, dass uns eine Plattformsoftware zur Verfügung steht und uns auf die Entwicklung der Applikationssoftware fokussieren.

6.3   Modellbasierte Applikationssoftwareentwicklung

Um auch komplexe Applikationssoftware mit hoher Qualität entwickeln zu können, ist es notwendig verschiedene Entwicklungsphasen zu durchlaufen. Wie dies in Kapitel 8 noch detailliert beschrieben wird, werden zu Beginn die Anforderungen an die Software erfasst, anschließend eine Softwarearchitektur definiert, der detaillierte Entwurf der Software erstellt und erst im letzten Schritt der Quellcode erzeugt.

Bis vor einiger Zeit war es allerdings weit verbreitet unmittelbar nach einer groben Erfassung der Anforderungen mit der Programmierung der eingebetteten Software in C zu beginnen. Über die letzten Jahre hat allerdings die modellbasierte Entwicklung eingebetteter Software schnell an Bedeutung gewonnen und hat in vielen Projekten bewiesen, dass ihr Einsatz die Komplexität der Entwicklung senkt, die Qualität steigert und Entwicklungszeiten und – kosten senkt. Deshalb geht man heute davon aus, dass in Zukunft die modellbasierte Entwicklung die Programmierung in vielen Anwendungsgebieten ablösen wird - ähnlich wie höhere Programmiersprachen die Softwareentwicklung mit Assembler mittlerweile fast vollständig abgelöst haben.

Bevor wir allerdings in den nachfolgenden Kapiteln aufzeigen werden, wie man unter Verwendung von Modellen Software ingenieurmäßig und systematisch von den Anforderungen bis zur Implementierung entwickeln kann, gehen wir in diesem Abschnitt zunächst auf die Grundlagen der modellbasierten Entwicklung ein. In Abschnitt 6.3.1 geben wir zunächst einen kurzen Abriss der Historie der Entwicklung eingebetteter Softwaresysteme, um den Hintergrund und die Motivation modellbasierter Entwicklungsansätze näher zu erläutern. In Abschnitt 6.3.2 gehen wir auf aktuell verfügbare modellbasierte Entwicklungsansätze ein. Die konkreten Modellierungstechniken werden dann in Kapitel 7 behandelt und Kapitel 8 wird deren Verwendung im Entwicklungsprozess von den Anforderungen bis zur Implementierung aufzeigen.

6.3.1   Historie der modellbasierten Entwicklung

Über lange Zeit war die Entwicklung eingebetteter Systeme vor allem durch die Entwicklung des Systems geprägt. Im Fokus standen die Hardware, die Sensorik und Aktuatorik, die dazu notwendige Mechanik, sowie die Entwicklung der benötigten Regler, Filter und Berechnungsmodelle. Software wurde letztlich nur als notwendiges Hilfsmittel gesehen - den letzten kleinen Schritt, um die Funktionen umzusetzen. Die Entwicklung eingebetteter Software war in der Wahrnehmung also keine Aufgabe des Softwareengineerings, sondern beispielsweise eine Teilaufgabe der Regelungstechnik oder des Maschinenbaus. Aufgrund der ursprünglich sehr begrenzten Ressourcen eingebetteter Hardware, war der Funktionsumfang der Systeme und somit die Komplexität der entwickelten Software auch sehr überschaubar und leicht beherrschbar. Die Tatsache, dass die Entwicklung komplexer Software für sich selbst eine Ingenieursleistung darstellt, wurde daher lange vernachlässigt. Die Prozesse, Methoden und Techniken, die für eine ingenieurmäßige Softwareentwicklung unerlässlich sind, sind entsprechend bis heute in vielen Fällen nicht oder nur unzureichend vorhanden.

Würde man heute eine Umfrage starten, in welcher Sprache eingebettete Software entwickelt wird, so wäre zurzeit wohl C noch die am häufigsten angetroffene Antwort. Sobald man glaubt ein einigermaßen vollständiges Bild der Anforderungen zu haben, wird das System programmiert. Gerade auch in der Praxis ist man lange Zeit auf Kommentare gestoßen wie „Die einzige Wahrheit liegt im Code, alles andere ist nur inkonsistente Dokumentation.". In der Tat ist diese Aussage nicht ganz unbegründet. Betrachtet man sich die ersten Entwicklungsprozesse und die darin erstellten zusätzlichen Dokumente, so hatten diese in der Tat eher einen dokumentierenden und erklärenden Charakter, da der Code letztlich dann doch komplett manuell erzeugt werden musste. Auch wenn der Nutzen solcher Modelle trotz dieser Nachteile außer Frage steht, ist es dennoch nachvollziehbar, dass sich die Entwickler in der Praxis mit zunehmendem Projektdruck auf den Quellcode fokussiert haben.

Schaut man allerdings noch etwas weiter in der Zeit zurück, so wurden eingebettete Systeme nicht in C sondern in Assembler programmiert. Der Übergang zu C kam erst mit der wachsenden Komplexität. Anstelle direkt mit Registern, Speicheradressen und Sprungmarken im Programmspeicher zu arbeiten, stellte C als höhere Programmiersprache Konzepte wie Variablen, Datenstrukturen, Schleifen oder Funktionen zur Verfügung. Der Entwickler konnte also von vielen hardwarespezifischen Aspekten abstrahieren und konnte ausdrucksmächtigere Befehle nutzen. Dadurch wurde die Komplexität der Softwareentwicklung entscheidend reduziert. Zudem kann der C-Code leichter auf neue Plattformen portiert werden, als dies bei Assembler der Fall war.

Die Komplexität eingebetteter Software wuchs allerdings so schnell, dass diese auch mit einer Programmierung in C nicht mehr beherrschbar war. Viele Fallbeispiele aus der Praxis haben gezeigt, dass die Software kaum noch zu warten war. In letzter Konsequenz führte dies zu Qualitätsproblemen, langen Entwicklungszeiten und hohen Entwicklungskosten. Zahlreiche Rückrufaktionen aufgrund von Softwarefehlern in der Automobilindustrie sind nur ein Beispiel für die Ausmaße einer unzureichend beherrschten Softwarekomplexität.

Um diesem Problem zu begegnen bediente man sich (bewusst oder unbewusst) derselben Grundidee, die beim Übergang von Assembler nach C bereits sehr erfolgreich funktioniert hatte. Durch die Einführung der modellbasierten Entwicklung wurde es dem Entwickler ermöglicht Systeme zu modellieren anstatt diese programmieren zu müssen. Modellierungssprachen bieten ausdrucksstärkere Modellierungselemente und abstrahieren weitgehend von der Implementierung. Anstatt mit Variablen, Schleifen und Funktionsaufrufen zu arbeiten, stehen in Modellierungssprachen Konstrukte wie Übertragungsfunktionen, Fouriertransformationen oder Zustandsautomaten zur Verfügung. Der eigentliche Quellcode wird dann nicht mehr manuell geschrieben, sondern weitgehend automatisch generiert. Die Modelle stellen somit nicht mehr eine inkonsistente Dokumentation dar, sondern sind das zentrale Entwicklungsartefakt der Entwickler.

Aktuell stellt die Autocodegenerierung noch ein gewisses Nadelöhr dar, da der Code häufig noch manuell optimiert und in die eigentliche Ausführungsplattform integriert werden muss. Mit der fortschreitenden Verwendung der Ansätze machen allerdings auch die Codegeneratoren schnelle Fortschritte und es ist damit zu rechnen, dass eine manuelle Optimierung generierten Quellcodes die Ausnahme sein wird.

Auch wenn die modellbasierte Entwicklung heute sicherlich noch nicht flächendeckend eingesetzt wird, so ist doch deutlich zu erkennen, dass die Abstraktion von der Implementierungs- auf die konzeptionelle Modellierungsebene deutlich die Entwicklungskomplexität reduziert und der Ansatz eine entsprechend große Akzeptanz erfährt. In vielen Domänen, in denen komplexe Systeme entwickelt werden, wie beispielsweise im Automobilbau oder der Luftfahrt, werden bereits heute sehr viele Systeme auch in der Serie modellbasiert entwikkelt. In der nahen Zukunft ist damit zu rechnen, dass die modellbasierte Entwicklung in vielen Anwendungsbereichen die Programmierung ersetzen wird.

6.3.2   Modellbasierte Entwicklungsansätze

Ein zentrales Grundprinzip der modellbasierten Entwicklung besteht darin, dass man Software nicht mehr (textuell) programmiert, sondern (graphisch) modelliert. Im Gegensatz zu früheren Ansätzen, in denen Modelle, wie beispielsweise Architekturmodelle, eher den Charakter dokumentierender und erklärender „Bilder" hatten, so sind Modelle im Rahmen einer modellbasierten Entwicklung als graphische Programmiersprache mit einer klaren Syntax und Semantik zu sehen. Das bedeutet, dass die Modelle keine zusätzliche Dokumentation, sondern das zentrale Entwicklungsartefakt darstellen. Dies gilt insbesondere, da sich aus den Modellen automatisch Quellcode generieren lässt.

Analog wie beim Übergang von Assembler nach C-Code bietet auch die modellbasierte Entwicklung eine höhere Abstraktionsebene und ausdrucksstärkere Modellierungselemente. Wie bereits erwähnt, werden dadurch die Modelle einfacher und intuitiver, sodass die Komplexität der Modelle im Vergleich zur Komplexität des Quellcodes, der dieselbe Funktionalität realisiert, meist sehr viel geringer ist. Exemplarisch ist dieser Zusammenhang in Abb. 6-4 dargestellt. Während man auf der linken Seite erkennen kann, dass sich in Modellierungssprachen wie Matlab/Simulink ein PID-Regler mit einem einfachen Modellierungselement darstellen lassen, so sieht man auf der rechten Seite, dass der dazugehörige generierte Code eine Komplexität erreicht, sodass sich ein leserlicher Abzug des Codes über mehrere Seiten erstrecken würde. Sicherlich kann man argumentieren, dass man dies manuell ggf. effizienter programmieren könnte, letztlich wird sich allerdings an der Größenordnung des Komplexitätsunterschieds nichts ändern.

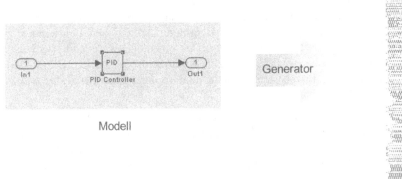

Abb. 6-4:   Vergleich zwischen Modell und daraus generiertem Quellcode

Dies gilt auch für das Argument, dass man analoge Effekte mit der Wiederverwendung von Komponenten auch bei der Programmierung erreichen könne. Sicherlich lässt sich durch

Wiederverwendung der Aufwand entscheidend reduzieren. Betrachtet man allerdings ein solches Modell, so gilt es nicht nur einen Algorithmus für den PID-Regler zu entwickeln. Vielmehr muss auch das ganze Ausführungsmodell und die Kommunikation zwischen Komponenten umgesetzt werden. Das bedeutet, ein Regler bekommt periodisch neue Abtastwerte und erzeugt neue Ausgabewerte, die wiederum in anderen Komponenten als Eingabe dienen. Der Regler arbeitet also nicht auf einzelnen Daten, sondern auf einem quasi-kontinuierlichen Datenstrom. Es ist also sicherzustellen, dass die einzelnen Komponenten in der richtigen Reihenfolge ausgeführt werden und die Ergebnisse zwischen den Komponenten transferiert werden. Was bei einfachen Modellen sicherlich noch recht leicht umsetzbar ist, stellt bei wachsender Systemkomplexität schnell eine große Herausforderung in der Programmierung dar.

Als zweites Gegenargument muss man bedenken, dass ein Modellierungselement wesentlich mächtiger ist als eine Komponente. Das Verhalten einer wieder verwendeten Komponente lässt sich nur durch Parameter anpassen. Alle Angaben im Modell müssen durch einen bereits fertigen und nicht mehr veränderlichen Code interpretiert werden. Der Flexibilität sind dadurch schnell Grenzen gesetzt und jede Ausdehnung der Flexibilität schlägt sich in der Performanz der Komponente nieder. Um viele Nutzungsmöglichkeiten auszunutzen wird die Komponente größer, komplexer und langsamer. Hingegen kann der Code für ein Modellierungselement frei, flexibel und effizient generiert werden. Betrachtet man beispielsweise einen Fuzzy-Regler, so lässt sich dieser über spezielle Modellierungselemente beschreiben, in denen die Fuzzyfizierung, die Inferenzbildung und die Defuzzyfizierung modelliert werden können, analog wie dies in Kapitel 4 vorgestellt wurde. Eine wieder verwendbare C-Bibliothek, die flexibel die ganzen Angaben eines Fuzzyreglers in Form von Parametern interpretieren muss, wäre viel zu groß und zu ineffizient für eingebettete Systeme. Analog zur manuellen Implementierung wird bei der modellbasierten Entwicklung Code generiert, der genau den modellierten Regler implementiert, wodurch sehr effizienter Code entsteht.

Die idealisierte Vorgehensweise bei der modellbasierten Entwicklung ist in Abb. 6-5 dargestellt. Die Modelle werden im Lauf der Entwicklung schrittweise verfeinert. Zu Beginn der Entwicklung arbeitet man mit eher abstrakten Modellen, um das System zunächst grundsätzlich zu verstehen und zu strukturieren. Darauf basierend wird das System schrittweise verfeinert bis zuletzt der eigentliche Quellcode entsteht. Da die Modelle der einzelnen Ebenen einer klaren Syntax und Semantik folgen, können teilautomatische Modelltransformationen eingesetzt werden, um die verfeinerten Modelle der nächsten Abstraktionsebene zu generieren. Dadurch wird erreicht, dass alle Informationen, die bereits in einer Abstraktionsebene definiert wurden, auch in der nächsten Ebene zur Verfügung stehen. Dadurch wird Mehraufwand vermieden und die Konsistenz zwischen Modellebenen gesichert. Die üblicherweise letzte Transformation generiert den benötigten Quellcode. Codegeneratoren stellen somit wohl die bekannteste und am weitesten verbreitete Klasse von Modelltransformationen dar.

In der Praxis ist eine durchgängige modellbasierte Entwicklung allerdings noch nicht möglich. Insbesondere die Modelltransformationen stellen dabei immer noch eine Herausforderung dar. Außerdem kommen insbesondere bei der Entwicklung eingebetteter Systeme im Laufe des Lebenszyklus mehrere Entwicklungswerkzeuge zum Einsatz, da es bislang keinen geschlossenen professionellen Modellierungsansatz gibt, der alle Lebenszyklusphasen von den Anforderungen bis zur Implementierung effizient umsetzt.

Prinzipiell gibt es im Kontext der modellbasierten Entwicklung zwei Ansatztypen, die sich lange parallel zueinander entwickelt haben und erst in den letzten Jahren in Einklang gebracht werden. Auf der einen Seite hat sich die so genannte *Model Driven Architecture*

(MDA) entwickelt. Diese wurde von der *Object Management Group (OMG)* getrieben, die sich auch für die UML verantwortlich zeichnet.

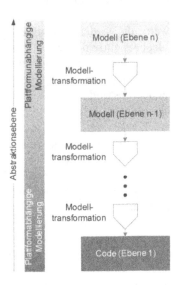

Abb. 6-5:   Schrittweise Verfeinerung von Modellen bei der modellbasierten Entwicklung

Die MDA hat ihren Ursprung in der Entwicklung von klassischen IT-Systemen. Daher wurde zunächst davon unabhängig in der Welt der eingebetteten Systeme die modellgetriebene Entwicklung vor allem durch Werkzeughersteller vorangetrieben. Der Zusammenhang zwischen beiden Ansätzen ist in Abbildung 10.6 dargestellt. Bei der MDA (Abb. 6-6 a) unterscheidet man zwischen drei Modelltypen. Am Anfang entsteht zunächst ein *Computation Independent Model (CIM)*. Diese Modelle werden vor allem genutzt, um die Anforderungen an ein System zu erfassen. Das bedeutet sie modellieren *was* das System machen soll, und *wie gut* es dies machen soll. Auf dieser Ebene werden allerdings in aller Regel keine Angaben gemacht, *wie* das System die Anforderungen umsetzen soll. Außerdem wird das CIM auch dazu genutzt, die Umgebung des Systems zu modellieren..

Das *Platform Independent Model (PIM)* wird genutzt, um unabhängig von der Ausführungsplattform zu modellieren, wie das System funktionieren soll. Im PIM wird also die eigentliche Anwendung definiert. Da die MDA aus dem Bereich der IT-Systeme stammt, war dieses Modell dazu gedacht Geschäftsabläufe und Funktionen zu modellieren, die das System umsetzen soll.

Details zur Plattform werden erst im *Platform Specific Model (PSM)* modelliert. Im ursprünglichen Kontext der MDA sind typische Ausführungsplattformen allerdings keine Mikrokontroller oder kompakte Betriebssystemkerne, sondern vielmehr sehr schwergewichtige Plattformen wie beispielsweise CORBA, .NET, or J2EE. Diese Plattformen werden in der MDA mit sogenannten *Platform Models (PM)* beschrieben, die auch in Transformationen von PIM nach PSM genutzt werden sollen.

Die MDA stellt also ein sehr generisches Konzept dar, das sich entsprechend flexibel auf verschiedenste konkrete Ansätze übertragen lässt. Die konkrete Umsetzung muss allerdings in eigenen Methoden und Werkzeugen erfolgen. Auch wenn die modellgetriebene Entwicklung, wie sie von vielen Entwicklungsumgebungen im Umfeld eingebetteter Systeme unterstützt wird, zunächst unabhängig entstanden ist, lässt sich diese auch auf die MDA abbilden, wie dies exemplarisch in Abb. 6-6 b) dargestellt ist.

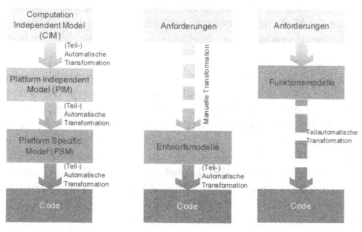

b) Modellgetriebener Entwurf

Abb. 6-6:   Zusammenhang der Model-Driven Architecture und der werkzeuggestützten modellgetriebenen Entwicklung

Im Bereich der eingebetteten Systeme wurde die modellgetriebene Entwicklung insbesondere durch Werkzeughersteller geprägt. Modellierungswerkzeuge wie beispielsweise Matlab/ Simulink werden bereits seit sehr langer Zeit zur Modellierung technischer Lösungen genutzt. Durch die Entwicklung effizienter Codegeneratoren hat man das Ziel verfolgt, diese Modelle nicht nur zur Definition von mathematischen Simulationsmodellen, sondern auch zur Softwareentwicklung nutzen zu können und die Ingenieure von der Bürde der Programmierung zu befreien. In der Praxis findet man im Wesentlichen zwei Varianten, wie solche Werkzeuge eingesetzt werden.

Zum einen werden Modellierungswerkzeuge als graphische Implementierungssprachen eingesetzt, die bereits sehr konkret sind und aus denen direkt effizienter Quellcode generiert wird. In solchen Modellen müssen dann allerdings bereits viele Implementierungsdetails wie beispielsweise das Scheduling hinterlegt sein. Dadurch ergibt sich meist ein recht großer Schritt zwischen den Anforderungen und den Modellen. Zwischenschritte wie beispielsweise eine Architekturmodellierung werden dann in vielen Fällen entweder ganz übersprungen oder nur informell beispielsweise in Form von Folien dokumentiert.

Eine weitere typische Verwendung besteht darin, dass Domänenexperten beispielsweise Simulinkmodelle erstellen, in denen die vollständigen Regler von der Sensorik bis zur Aktuatorik rein funktional und implementierungsunabhängig modelliert sind. Da diese Modelle bereits ausführbar sind, unterliegt man dann allerdings häufig der Vorstellung, dass die Softwareentwicklung damit abgeschlossen sei. Um allerdings effizienten Code zu erzeugen, der den Zeit und Speicherplatzanforderungen eingebetteter Systeme genügt, sind zahlreiche manuelle Schritte erforderlich. Beispielsweise sind die Modelle meist zu groß um en Block ausgeführt werden zu können. Daher müssen diese in mehrere Tasks partitioniert werden. Aspekte wie die Intertaskkommunikation, oder die Verteilung auf mehrere Steuergeräte lässt sich allerdings in vielen Werkzeugen nicht modellieren.

Über die letzten Jahre haben sich diese beiden Bestrebungen zur modellbasierten Entwicklung immer stärker synchronisiert. Mittlerweile ordnen viele Werkzeughersteller ihre Ansätze in die MDA ein. Zudem ist man zur Einsicht gelangt, dass es aktuell kein einzelnes Werkzeug gibt, um den gesamten Entwicklungsprozess nahtlos integriert adäquat abzudecken. Um daher den gesamten Modellierungsprozess modellbasiert abdecken zu können, kommt meist eine Kombination unterschiedlicher Werkzeug zu Einsatz, die sich miteinander koppeln lassen.

Abb. 6-7 zeigt eine mögliche Kombination von Werkzeugen, die es ermöglicht den gesamten Entwicklungslebenszyklus abzudecken. Geht man von einem typischen Phasenmodell aus, so werden die Anforderungen meist mit speziellen Anforderungsmanagementsystemen wie DOORS definiert. Bei Bedarf werden diese mit UML-Modellen wie Anwendungsfalldiagrammen oder Szenarien ergänzt. Für die Softwarearchitektur können dann beispielsweise UML-Werkzeuge zum Einsatz kommen, die alle zur Architekturspezifikation benötigten Modellarten abdecken und sich mit DOORS koppeln lassen. Die Ableitung einer Architektur aus den Anforderungen ist zurzeit ein vorwiegend manueller Schritt, da er ein großes Maß an Kreativität erfordert. Wird das System im Entwurf verfeinert können neben UML-Werkzeugen auch andere Werkzeuge wie beispielsweise Simulink zum Einsatz kommen, die es im Gegensatz zur UML ermöglichen auch quasi-kontinuierliches Verhalten zu modellieren, wie es beispielsweise für die Reglerentwicklung benötigt wird.

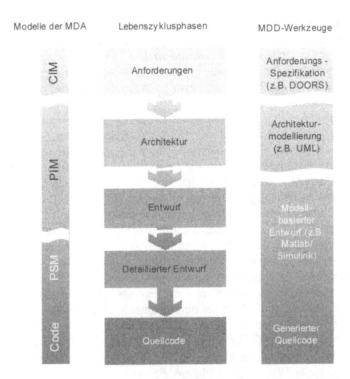

Abb. 6-7:   Mögliche Kombination von Werkzeugen zur durchgängigen modellbasierten Entwicklung.

7 Modellierungstechniken in der Softwareentwicklung

Um die Idee der modellbasierten Entwicklung umzusetzen, kommen durchgängig in allen Entwicklungsphasen Modelle zum Einsatz. Die genutzten Modellierungstechniken haben immer mehr den Charakter formalisierter, graphischer Sprachen, die einer klaren Syntax folgen und denen (zumindest wenn daraus Code generiert werden soll) eine Semantik unterliegt.

Dabei kann eine Modellierungstechnik in verschiedensten Phasen zum Einsatz kommen. Beispielsweise können Zustandsdiagramme in der Anforderungsphase, dem Funktionsentwurf und dem Entwurf des Modulverhaltens verwendet werden. Analog lassen sich Sequenzdiagramme in fast jeder Entwicklungsphase einsetzen. Deshalb stellen wir die elementaren Modellierungstechniken zunächst zentral an dieser Stelle vor. Dabei konzentrieren wir uns auf die für die Entwicklung eingebetteter Software wichtigen Sprachelemente und die Einsatzmöglichkeiten der jeweiligen Techniken.

In der Entwicklung eingebetteter Systeme kommen verschiedenste Modellierungssprachen und damit verbundene Werkzeuge zum Einsatz. Die Spanne reicht von der Unified Modeling Language – UML oder der SDL (Specification and Description Language) bis hin zu speziellen Werkzeugen wie Labview, Matlab/Simulink, ASCET, oder SCADE um nur einige Beispiele zu nennen. Zudem gibt es auch sehr viele spezielle Ansätze, die Teils auf einzelne Anwendungsgebiete zugeschnitten sind. Beispiele hierfür sind die AADL [FGH06] oder die EAST-ADL [ATT08]. Dies verdeutlicht die heterogene Landschaft an verüfgbaren Modellierungssprachen für eingebettete Systeme.

Um eine durchgängige Modellierung eingebetteter Software zu ermöglichen, ist es meist auch nicht ausreichend sich auf eine dieser Sprachen zu beschränken, sondern es müssen häufig mehrere Ansätze miteinander kombiniert werden. Während beispielsweise die UML ihre Stärken in der Modellierung der Systemarchitektur hat, lässt sich damit kein kontinuierliches Verhalten intuitiv modellieren, wie dies beispielsweise für die Entwicklung von Filtern und Reglern unerlässlich ist. Datenflussorientierte Sprachen, wie beispielsweise Matlab/Simulink, auf der anderen Seite unterstützen die Modellierung kontinuierlichen Verhaltens, haben ihre Schwäche allerdings in der Modellierung der Architektur und der Interaktion zwischen Komponenten. Aufgrund dieser Diversität der verfügbaren und einzusetzenden Modellierungssprachen beschränken wir uns in diesem Buch nicht auf die Vorstellung einer einzelnen Sprache. Stattdessen zeigen wir zunächst die grundlegenden Prinzipien auf, die sich in den unterschiedlichen Sprachen wiederfinden. Exemplarisch zeigen wir anhand der UML und von Matlab/Simulink jeweils eine konkrete Umsetzung dieser Prinzipien auf. Da die vollständige Einführung des vollen Sprachumfangs aller verfügbaren Sprachen den Rahmen dieses Buchs sprengen würde, sei für eine detaillierte Beschreibung der einzelnen verfügbaren Sprachen auf die entsprechenden Dokumentationen und die zahlreich verfügbaren Kompendien zu den jeweiligen Sprachen verwiesen. Tiefergehende Informationen zur Modellierung mit der UML finden sich beispielsweise in [RQZ07], [BHK04], [Kor08] und [Dou04]. Vertiefende Informationen zur Modellierung mit Simulink finden sich beispielsweise in [ABR09].

Prinzipiell unterscheiden wir zwischen drei Klassen von Modellierungstechniken wie sie in Abb. 7-1.dargestellt sind. Betrachtet man sich die Aufgaben der Modellierung in der Softwareentwicklung, so ist es zunächst notwendig die Struktur des Systems zu beschreiben. Dazu werden die einzelnen Komponenten, deren Schnittstellen, sowie deren Verbindung zueinander modelliert. Dies erfolgt durch die Verwendung von *Strukturmodellen*. Beispiele für Strukturmodelle sind u.a. UML Klassendiagramme, kompositionale Strukturdiagramme, Komponentendiagramme oder auch Verteilungsdiagramme, wobei die Liste noch sehr lange fortgesetzt werden könnte. All diesen Modellen ist gemein, dass sie die Beziehungen zwischen Komponenten rein statisch beschreiben, die Interaktion zwischen Komponenten allerdings meist dynamisch erfolgt. Daher wird zusätzlich die Klasse der *Interaktionsmodelle* benötigt, die das dynamische Zusammenspiel zwischen Komponenten modellieren. Beispiele dafür sind Sequenzdiagramme, die Abläufe innerhalb eines Systems im Zusammenspiel der einzelnen Komponenten aufzeigen, indem zeitlich geordnet die ausgetauschten Informationen und Daten modelliert werden. Alternativ zu Sequenzdiagrammen lassen sich auch Kollaborationsdiagramme verwenden. Als weitere Alternative stehen beispielsweise auch Aktivitätsdiagramme zur Verfügung, sofern sich diese über mehrere Komponenten hinweg erstrecken und eher für die Beziehungen zwischen den Komponenten als für das interne Verhalten einzelner Komponenten verwendet werden. *Verhaltensmodelle* werden genutzt, um das Verhalten einer einzelnen Systemeinheit zu beschreiben, d.h. Verhalten, das sich nicht durch die Kollaborationen mehrerer Komponenten ergibt. Dies beinhaltet zum einen das Verhalten von Modulen, d.h. von Komponenten, die nicht mehr weiter strukturell verfeinert werden. Verhaltensmodelle sind aber vielfältig einsetzbar und kommen beispielsweise auch im Rahmen der Funktionsentwicklung zum Einsatz, um das Verhalten von Funktionen zu modellieren. Neben den bereits genannten Aktivitätsdiagrammen, die in ihrem Ursprung primär als Verhaltensdiagramme dienten, sind Zustands- und Blockdiagramme die am weitest verbreiteten Modellierungstechniken zur Verhaltensmodellierung

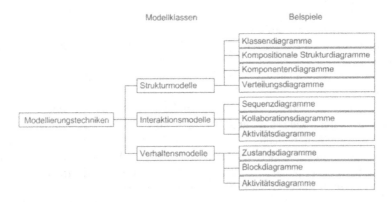

Abb. 7-1:   Klassifikation von Modellierungstechniken

Im Rahmen der modellbasierten Entwicklung ist es wichtig, dass die Modelle einer klaren Syntax folgen und eine Semantik besitzen. Auch wenn viele Entwicklungswerkzeuge im Bereich der Entwicklung eingebetteter Systeme noch proprietäre Wurzeln haben und die graphische Modellierung mehr eine Art graphische Benutzungsschnittstelle als eine graphische Modellierungssprache darstellt, so hat sich mittlerweile doch das Konzept der Metamodellierung durchgesetzt. Aufgrund dieser Bedeutung in der modellbasierten Entwicklung werden wir in Abschnitt 7.1einen kurzen Abriss zu den Konzepten der Metamodellierung geben, bevor wir in den nachfolgenden Abschnitten auf die wichtigen Modellierungstechniken der einzelnen Modellklassen eingehen.

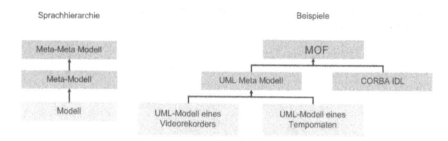

Abb. 7-2:   Zusammenhang zwischen Meta-Metamodellen, Metamodellen und Modellen

7.1   Metamodellierung

Jede Sprache besitzt eine Menge von Sprachelementen (das Vokabular), sowie eine Grammatik die, definiert, wie sich die Sprachelemente zu Sätzen zusammensetzen lassen. In der Entwicklung klassischer Programmiersprachen kommen dazu kontextfreie Grammatiken zum Einsatz, die meist in der so genannten erweiterten Backus Naur Form (EBNF) definiert werden. Die EBNF wird dabei häufig auch als Metasprache bezeichnet, da sie eine Sprache ist, mit der sich Programmiersprachen definieren lassen.

Da in der modellbasierten Entwicklung primär graphische Sprachen zum Einsatz kommen, lässt sich die EBNF für diesen Zweck nicht einsetzen. Analog zur Metasprache zur Definition von Programmiersprachen, gibt es allerdings so genannte *Metamodelle*. Metamodelle sind für ein tieferes Verständnis der modellbasierten Entwicklung von entscheidender Bedeutung. Mit dem Ziel eine Einführung in die modellbasierte Entwicklung eingebetteter Software zu geben, beschränken wir uns an dieser Stelle allerdings auf die grundlegenden Konzepte, die jedem Entwickler, der modellbasiert entwickelt, bekannt sein sollten.

Analog zu Metasprachen werden Metamodelle dazu genutzt Modellierungssprachen zu definieren. Die Sprache, die zur Definition von Metamodellen genutzt wird ist wiederum in einem *Meta-Metamodell* definiert. Dieses auf den ersten Blick sehr komplex und umständlich wirkende Konstrukt ist noch einmal in Abb. 7-2 dargestellt. Auf der linken Seite sieht man noch einmal den Zusammenhang zwischen Meta-Meta-Modell, Meta-Modell und Modell. Überträgt man dies als Beispiel auf die UML als eine Sprache, die intensiv das Konzept der Metamodelle umsetzt, so ist das Meta-Meta-Modell durch die so genannte *Meta Object Facility (MOF)* gegeben. Die MOF ist eine von der Object-Management-Group festgelegte Sprache, mit deren Hilfe sich Modellierungssprachen definieren lassen. Basierend auf MOF wurden beispielsweise die Meta-Modelle der UML oder auch der CORBA interface description language (IDL) definiert. Das UML Metamodell legt dabei die Sprache UML fest, wie sie in zahlreichen Modellierungswerkzeugen zur Verfügung steht. Basierend auf diesem Metamodell lässt sich dann die UML nutzen, um konkrete Systeme zu modellieren, wie beispielsweise einen Videorekorder, einen Tempomaten oder beliebige andere Systeme.

Abb. 7-3 zeigt zur weiteren Verdeutlichung ein konkretes Beispiel, das aufzeigt, wie bei der Modellierung mit der UML das Metamodell instantiiert wird. Betrachtet man sich lediglich die beiden Elemente auf der linken Seite, so findet man zunächst ein Element *Regler*, die welches alle Arten von Reglern repräsentiert. Als Spezialisierung wurde davon das Element *PID-Regler* abgeleitet. Oder umgekehrt betrachtet ist das Element *Regler* eine Generalisierung des Elements *PID-Regler*.

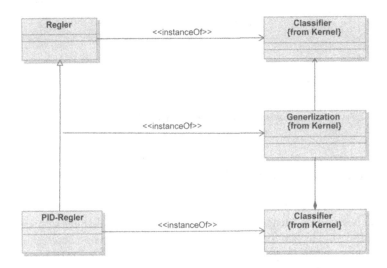

Abb. 7-3:   Beispiel zur Instantiierung eines Metamodells in einem konkreten Modell

Betrachtet man sich den Zusammenhang zum Metamodell, so sind viele Modellelemente der UML wie beispielsweise Komponenten durch das Sprachelement *Classifier* im Metamodell definiert. Im Metamodell ist ebenfalls definiert, dass zwei Instanzen von *Classifier* über eine *Generalization* miteinander verbunden sein können. Die graphisch als Linie mit einem Dreieck am Kopfende dargestellte Beziehung im Modell ist also eine Instanz des Elements *Generalization* des Metamodells. Jedes Modellierungselement, sowie alle Beziehungslemente, die in der UML zur Verfügung stehen, sind also im Metamodell fest hinterlegt. Man kann weder andere Modellierungselemente verwenden, noch kann man Modellierungselemente in Beziehung zueinander setzen, wenn nicht auch ein entsprechendes Beziehungselement im Metamodell definiert ist. Ähnlich wie sich ein Programmierer intensiv mit der Sprachdefinition auseinandersetzen sollte, sollte sich ein Modellierer intensiv mit dem Metamodell bzw. einer anderweitigen Definition der genutzten Modellierungssprache befassen, um diese effizient und korrekt nutzen zu können. Gerade für standardisierte Sprachen wie die UML steht die vollständige Metamodelldefinition für jeden zugänglich im Internet zur Verfügung [OMG09].

Um die Spracheelemente der UML auf den konkreten Anwendungskontext anpassen und erweitern zu können, lässt sich die UML mit so genannten *Profilen* anpassen und erweitern.

Dies ist vor allem auch für die Entwicklung eingebetteter Systeme von Bedeutung, da nicht alle notwendigen Modellierungselemente von der Sprache zur Verfügung gestellt werden. Insbesondere Werkzeuge, die sich auf die Entwicklung eingebetteter Systeme spezialisiert haben, nutzen diese Erweiterungskonzepte, um die Sprache auf die speziellen Bedürfnisse eingebetteter Systeme zu erweitern.

Auch diesem Buch nutzen wir einige Möglichkeiten von Profilen zur Erweiterung der UML. Insbesondere werden wir sogenannte *Stereotypen* einsetzen, um auf einfache Weise die im Metamodell der UML vorgegebenen Modellierungselemente zu erweitern. Möchte man beispielsweise anstatt mit allgemeinen Komponenten zu modellieren explizit zwischen Sensoren und Aktuatoren unterscheiden, so lässt sich dies über entsprechende Stereotypen umsetzen. Wie in Abb. 7-4 dargestellt stehen damit zum Modellieren nun nicht mehr nur allgemeine Komponenten zur Verfügung, sondern man kann über stereotypisierte Modellierungselemente explizit Sensoren und Aktuatoren als eine spezielle Art von Komponenten modellieren.

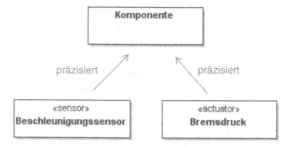

Abb. 7-4:   Über Stereotypen lassen sich die Modellierungselemente der UML erweitern und präzisieren.

In den nachfolgenden Abschnitten werden wir Stereotypen nutzen, um zusätzliche Modellierungselemente zu erhalten, die für die Modellierung eingebetteter Systeme sinnvoll sind. Dabei handelt es sich um sehr einfache Erweiterungen und Spezialisierungen. Mittlerweile wurden für die UML aber auch sehr umfangreiche Profile für eingebettete Systeme entwickelt, die spezielle Eigenschaften wie beispielsweise Echtzeit oder die integrierte Modellierung von Hard- und Software zu unterstützen [7].

7.2   Strukturmodelle

Strukturmodelle spielen in der modellbasierten Entwicklung von Softwaresystemen eine wichtige Rolle. Die schrittweise und iterative Dekomposition eines Systems in Komponenten ist von entscheidender Bedeutung, um die Komplexität beherrschen zu können. Grundprinzipien wie Modularität, Information Hiding und „Teile und Herrsche" werden erst durch geeignete Strukturierungsmöglichkeiten ermöglicht.

---

[7]   www.omgmarte.org

Betrachtet man sich die Entwicklung in Quellcode, so ist der Code selbst das Dokument mit dem entwickelt wird. Die Möglichkeiten zur Strukturierung sind allerdings durch Header-Dateien und Implementierungsdateien sehr eingeschränkt. Zwar lassen sich dadurch einzelne Module voneinander abgrenzen, allerdings sind keine echten Hierarchien möglich, sodass sich die Komplexität der Entwicklung nur sehr beschränkt reduzieren lässt.

Demgegenüber ermöglicht die modellbasierte Entwicklung nicht nur die Kapselung eines kohärenten Systemteils in einer Komponente, sondern auch die Definition fast beliebig tief geschachtelter Hierarchien und liefert somit einen entscheidenden Beitrag zur Komplexitätsreduktion in der Softwareentwicklung. Zur Modellierung dieser Strukturierung, d.h. der Modularisierung und der Hierarchisierung des Systems, kommen Strukturmodelle zum Einsatz. Im Allgemeinen muss es dazu mit einem Strukturmodell möglich sein die folgenden Aspekte zu modellieren:

- Strukturelle Einheiten mit klar definierten Schnittstellen

- Hierarchische Schachtelung der Struktureinheiten

- Statische Verbindungen zwischen Struktureinheiten

In der Entwicklung von Informationssystemen hat sich insbesondere die objekt-orientierte Entwicklung etabliert, deren wesentlichen Konzepte sich auch eins-zu-eins in der UML widerspiegeln. Auch wenn sich die Objektorientierung teils auch in der Entwicklung eingebetteter Systeme findet, so hat sich im Wesentlichen doch ein anderer Ansatz durchgesetzt. Insbesondere in der Forschung wird dieser Ansatz zum Teil als *actor-orientierte Entwicklung* [EJL03] bezeichnet. Dabei werden einzelne *Komponenten* (Actors) definiert, deren Schnittstellen über *Ports* definiert sind. Die Komponenten können dabei beliebig hierarchisch geschachtelt werden. Die Kommunikation zwischen Komponenten erfolgt, indem sie Daten über *Kommunikationskanäle* austauschen, die zwei Ports miteinander verbinden. Während Komponenten in der objekt-orientierten Entwicklung primär über die Übergabe der Rechenkontrolle durch Methodenaufrufe interagieren, agieren Aktoren rein durch den Datenaustausch über die Kommunikationskanäle. Dies bedeutet auch, dass im Gegensatz zur Objektorientierung ein Aktor nie direkt mit anderen Aktoren, sondern immer nur mit den Kommunikationskanälen interagiert, die mit ihm verbunden sind. Dadurch wird die Modularisierung verstärkt, da sich Komponentenschnittstellen völlig unabhängig von anderen Komponenten definieren lassen. Da der Fokus hierbei auf den Datenfluss zwischen den Komponenten gelegt wird, lässt sich dieser Ansatz auch als *datenflussorientierte Strukturmodellierung* bezeichnen. Dieser Ansatz findet sich in fast allen relevanten Modellierungsansätzen für die Entwicklung eingebetteter Systeme wieder. Matlab/Simulink, SCADE, Labview, oder SDL sind einige bekannte Vertreter. Während die UML ursprünglich auf Konzepte der objektorientierten Entwicklung beschränkt war, unterstützt die UML 2 aufgrund ihrer enormen Bedeutung - gerade auch für die Entwicklung eingebetteter Systeme - mittlerweile auch die Konzepte der datenflussorientierten Strukturmodellierung. Da dieser Ansatz in der Entwicklung eingebetteter Systeme klar dominiert und zudem der von den meisten Sprachen und Werkzeugen einzig unterstützte Ansatz ist, fokussieren wir uns im Folgenden auf die datenflussorientierte Strukturmodellierung und möchten für eine Einführung in die Konzepte der Objektorientierung auf die eingangs genannte spezielle Literatur zur UML-basierten Entwicklung verweisen.

In Abb. 7-5 ist ein Beispiel eines einfachen datenflussorientierten Strukurmodells dargestellt. Im Beispiel wurde ein *Composite Structure Diagram* der UML zur Modellierung der Struktur verwendet. Ohne an dieser Stelle bereits auf die Modellierungselemente und die Inhalte des Modells einzugehen, erkennt man, dass in dem Modell sowohl die Schnittstelle des Systems nach außen als auch die interne Zerlegung in Teilkomponenten, sowie deren Schnittstellen und Verbindungen untereinander dargestellt sind.

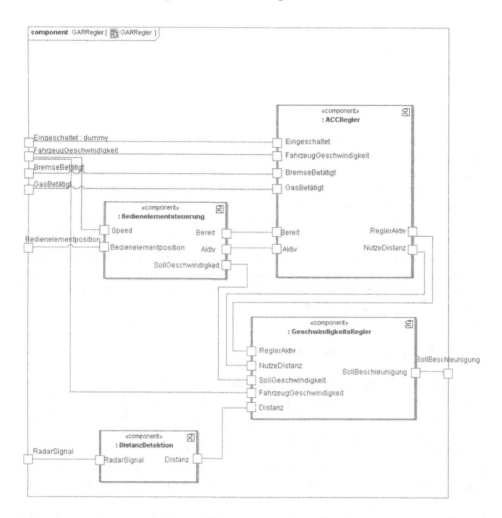

Abb. 7-5:   Beispiel Strukturmodell

Tab. 7-1 zeigt exemplarisch, in welcher Form die Elemente zur datenflussorientierten Strukturmodellierung in unterschiedlichen Modellierungssprachen zur Verfügung gestellt werden. In der UML gibt es gleich mehrere strukturelle Einheiten wie beispielsweise *Strukturierte Klassen* oder *Komponenten*. In Matlab/Simulink gibt es *Subsysteme*, in der SDL gibt es *Blöcke*. Schnittstellen zur datenflussorientierten Strukturmodellierung lassen sich in der UML mit *Ports* beschreiben. Simulink stellt ebenfalls *Ports* zur Verfügung. Das analoge Konzept in der SDL heißt *Gates*. Die Verbindung zwischen den Struktureinheiten lassen sich in der UML mit verschiedenen Konstrukten wie *Konnektoren*, in Simulink über *Lines* und in der SDL über *Signalrouten* und *Kanäle* darstellen.

Tab. 7-1:   Übersicht der Strukturmodellierungsmöglichkeiten in unterschiedlichen Modellierungs-
            sprachen

Sprache	Struktureinheiten	Schnittstellen	Verbindungen
UML	Strukturierte Klassen Komponenten ...	Ports ...	Konnektoren ...
Simulink	Subsysteme	Ports	Lines
SDL	Blöcke Blocktypen	Gates	Signalroutes Channels

So unterschiedlich die Modellierungskonzepte in den unterschiedlichen Sprachen auch heißen mögen, so basieren sie doch letztlich alle auf verwandten Konzepten. Die Prinzipien der
datenflussorientierten Strukturmodellierung (wie auch bei den anderen Modellierungstechniken) sind daher zunächst unabhängig von der konkreten Sprache und noch viel mehr vom
eingesetzten Modellierungswerkzeug. Deshalb möchten wir vor allem die Grundprinzipien
der Strukturmodellierung erläutern, die sich dann problemlos in verschiedensten Sprachen
umsetzen lassen.

Wie wir in Kapitel 8 noch detaillierter erläutern und begründen werden, verwenden wir im
Rahmen des Softwarearchitekturentwurfs die UML zur Modellierung der Struktur, sodass
wir auch an dieser Stelle die Konzepte der datenflussorientierten Strukturmodellierung am
Beispiel der UML 2 aufzeigen werden.

7.2.1   Komponenten und Units

Eines der zentralen Elemente der Strukturmodelle sind die modellierten strukturellen Einheiten. Wie oben beschrieben erhalten diese in den unterschiedlichen Modellierungssprachen unterschiedlichste Bezeichnungen. Letztlich haben sie aber immer die Aufgabe eine
kohärente Teilfunktion oder einen kohärenten Teilbereich des Systems in einer wieder verwendbaren und über klare Schnittstellen abgeschlossenen Einheit zu kapseln.

In diesem Buch bezeichnen wir diese Einheiten als *Komponente* und modellieren sie mit
dem UML-Modellelement *Component* wie dies in Abb. 7-6 dargestellt ist. Eine Komponente besitzt eine klare Schnittstelle, die sie zu ihrer Umgebung abgrenzt und sie somit zu einer
modularen, eindeutig identifizierbaren Einheit des Systems macht. Eine Komponente kann
intern wiederum in weitere Komponenten verfeinert werden. Wird eine Komponente nicht
weiter strukturell verfeinert, so ist diese *atomar*. Wir bezeichnen atomare Komponenten zum
leichteren Verständnis als *Unit*. In einigen Fällen wird insbesondere im Deutschen auch der
Begriff *Modul* anstelle von Unit verwendet. In der Modellierung können Units zur Verbesserung des Verständnisses mit dem Stereotyp «unit» versehen werden (siehe Abb. 7-6). Diese
Unterscheidung zwischen Komponenten und Units wird in vielen Modellierungssprachen
nicht explizit getroffen, erleichtert allerdings sowohl das Verständnis als auch die Kommunikation.

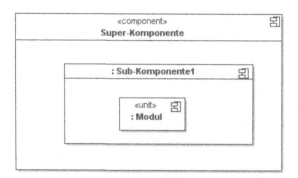

Abb. 7-6:   Komponenten und Module

7.2.2   Schnittstellen

Um die Vorteile der Dekomposition und Modularisierung in hierarchischen Strukturen tatsächlich nutzen zu können, muss eine echte Modularität der einzelnen Komponenten sichergestellt werden. Dabei spielen die Komponentenschnittstellen eine entscheidende Rolle. Wird eine Komponente verwendet, so muss die Schnittstelle alle Informationen enthalten, die nötig sind um diese korrekt einzubinden. Informationen über die interne Realisierung der Komponente müssen vollständig verborgen bleiben. Umgekehrt muss die Schnittstellenspezifikation auch alle Informationen beinhalten, die notwendig sind um die Komponente zu realisieren. Informationen über das externe System dürfen für die Realisierung nicht benötigt werden.

Betrachten wir zur Veranschaulichung der Prinzipien der Schnittstelle ein Hifi-Gerät, das mit anderen Geräten zu einer Stereoanlage kombiniert werden soll. Offensichtlich lassen sich die Geräte miteinander verbinden und im Verbund nutzen, ohne die Geräte aufzuschrauben, um zu überprüfen, wie diese im Inneren funktionieren. Und die Geräte wurden sicherlich auch entwickelt ohne genau zu wissen wie der Rest der Stereoanlage aussehen wird.
Ein Gerät, beispielsweise ein Verstärker, hat zum Anschluss an andere Geräte verschiedene Steckkontakte (z.B. Cinch-Anschlüsse). Über die Steckkontakte und entsprechende Kabel können die Geräte miteinander verbunden werden. Die Steckkontakte sind also eine Schnittstelle der Komponente. Dabei sorgen zum einen unterschiedliche Steckerformate dafür, dass sich beispielsweise ein digitaler Ausgang eines CD-Players nicht mit einem analogen Eingang des Verstärkers verbinden lässt. Zudem beachten alle beteiligten Komponenten klare Vorgaben, beispielsweise zum Pegel der Signale. Prinzipiell kann es aber passieren, dass zum Beispiel beim Anschluss der rechte und linke Kanal vertauscht werden, oder dass der Analogausgang des CD-Players an den Analogeingang für den Plattenspieler am Verstärker angeschlossen wird. Um dies zu verhindern, sind die Ein- und Ausgänge zusätzlich (hoffentlich) verständlich beschriftet und zudem liegt allen Geräten eine Dokumentation bei, die beschreibt, wie man die Geräte anzuschließen hat.

Analog dazu müssen auch die Schnittstellen von Softwarekomponenten definiert werden. Anstelle von Steckkontakten kommen *Ports* zum Einsatz. Anstatt von Konventionen zu Steckerformaten und Pegeln werden *Typen* vereinbart, die in einem *Typsystem* hinterlegt werden, das für alle Komponenten des Systems gültig ist. Die Beschriftungen lassen sich auf

Portnamen übertragen und für jede Softwarekomponente sollte auch eine *Dokumentation* beiliegen, die beschreibt wie die Komponente funktioniert und verwendet werden kann.

Das zentrale Element der Schnittstelle einer Komponente sind somit die **Ports**, die wir zur Veranschaulichung mit dem gleichnamigen Modellierungselement der UML darstellen. Über *Eingangsports* kann eine Komponente Daten empfangen und über *Ausgangsports* versenden. Jeglicher Kontakt zur Außenwelt erfolgt somit über Ports. Da manche Sprachen graphisch nicht eindeutig zwischen Ein- und Ausgangsports unterscheiden, ist es sinnvoll sich auf Modellierungskonventionen festzulegen. Im Folgenden modellieren wir daher Eingangsports auf der linken und Ausgangsports auf der rechten Seite der Komponente. Abb. 7-7 zeigt als Beispiel eine Komponente mit zwei Ein- und einem Ausgangsport. Wie bereits erwähnt werden die Schnittstellen in fast allen Modellierungssprachen, die eine datenflussorienterte Strukturmodellierung umsetzen, analog definiert. In Abb. 7-8 ist exemplarisch noch einmal dasselbe Beispiel unter Nutzung der Simulink-Notation dargestellt, um die Gemeinsamkeiten in der Syntax zu verdeutlichen.

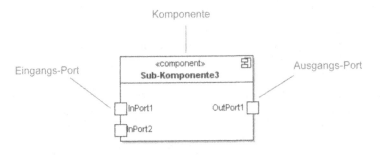

Abb. 7-7:   UML-Beispiel zu Komponenten mit Ports

Abb. 7-8:   Simulink Beispiel zu Komponenten mit Ports

Da die Ports die Tore der Komponenten zur Außenwelt darstellen, ist es von entscheidender Bedeutung genau festzulegen, welche Arten von Informationen über einen Port ausgetauscht werden dürfen. Dazu ist es notwendig ein **Typsystem** festzulegen. Ein Typsystem ist für das ganze System gültig und legt alle Typen von Daten fest, die im System ausgetauscht werden können. Ein Eingangsport, dem ein Typ zugewiesen ist, akzeptiert dann nur solche Daten, die einen kompatiblen Typ haben. Sie können daher auch nur mit Ausgangsports anderer Komponenten verbunden werden, die kompatible Typen liefern.

So trivial dies auf den ersten Blick scheinen mag, so problematisch zeigt sich dies meist in der Praxis. Man sollte dabei Typen nicht auf Basistypen wie Double oder Integer beschränken, auch wenn sich sicherlich alle Daten darauf zurückführen lassen. Anstelle diese einfachen, implementierungsspezifischen Typen zu nutzen, sollten anwendungsspezifische Typen auf Modellebene definiert werden, die immer auch die Semantik eines Datums hinterlegen. Typen auf der Modellierungsebene sind somit nicht „Double" oder „Integer", sondern zum Beispiel „Fahrzeuggeschwindigkeit", „Längsbeschleunigung" oder „Bremsmoment". Üblicherweise werden diese Typen noch weiter verfeinert, da es einen Unterschied in Semantik und Qualität macht, ob beispielsweise die Fahrzeuggeschwindigkeit aus den Radgeschwindigkeiten geschätzt wird und somit beispielsweise durch durchdrehende Räder beeinflusst ist oder ob die Geschwindigkeit tatsächlich gemessen wird. Zu jedem Typen gibt es auch eine eindeutige Beschreibung der Bedeutung wie beispielsweise „Fahrzeuggeschwindigkeit: Skalare Geschwindigkeit v des Fahrzeugs in x-Richtung in [m/s]". Diese Beschreibungen lassen sich gerade für physikalische Größen aber auch für alle anderen Größen recht leicht definieren. Dabei ist es auch grundlegend die physikalische Einheit des Datums zu hinterlegen. Denn viele Softwarefehler sind auf inkompatible Einheiten zurückzuführen. Beim Absturz des Mars-Orbiters der NASA hatte beispielsweise eine Komponente in der Einheit "Pounds of Force" gerechnet, während die andere Komponente in Newton gerechnet hat. Der dadurch entstandene Umrechnungsfehler bei der Wertübermittlung hat letztlich zum Absturz des Orbiters geführt.

Abb. 7-9 zeigt ein Beispiel für ein solches Typsystem. Zur Modellierung der Typen kann man beispielsweise die UML durch den Stereotypen "signaltype" erweitern. Um Typhierarchien zu definieren, können Subtypen über *Spezialisierungen* abgeleitet werden. In dem Beispiel unterscheiden wir zunächst prinzipiell zwischen Stell- und Ist-Größen. Eine mögliche *Ist-Größe* ist die *Fahrzeuggeschwindigkeit*, die wiederum in mehrere Subtypen verfeinert wird. Ordnet man einem Port einen speziellen Typ zu, so akzeptiert er diesen Typ sowie alle Subtypen. Ordnet man einem Port beispielsweise den Typ *Fahrzeuggeschwindigkeit* zu, so wird er auch Daten vom Typ *Zweiradbasierte Geschwindigkeit* akzeptieren, da dieser gemäß der Typhierarchie ebenfalls eine Fahrzeuggeschwindigkeit darstellt. Möchte man ausschließlich Daten des genaueren Typs *Fahrzeugreferenzgeschwindigkeit* akzeptieren, so ordnet man dem Port diesen Typ zu. Andere Subtypen der Fahrzeuggeschwindigkeit wie beispielsweise die *Radbasierte Fahrzeuggeschwindigkeit* werden dann nicht mehr akzeptiert.

Geeignete Typsysteme bewirken bereits eine signifikante Verbesserung der Semantik von Schnittstellen, da sie klar die Bedeutung der einzelnen Ports festlegen und durch geeignete Typprüfungen fehlerhafte Verbindungen stark reduzieren können. Nichtsdestotrotz braucht jede Komponente eine **Dokumentation**, also eine Art „Handbuch", das beschreibt, was die Komponente tut, wie gut sie dies tut, und was sie dazu benötigt. Die benötigten und gelieferte Daten werden zwar bereits über die Schnittstelle definiert, weitere Anforderungen wie beispielsweise die benötigte Rechenzeit, Speicherverbrauch oder auch Annahmen zum nutzenden System müssen ebenfalls dokumentiert werden. Beispielsweise geht die Sprengung der Ariane 5 darauf zurück, dass eine Komponente aus der Ariane 4 wiederverwendet wurde. Da die Ariane 5 Beschleunigungen erreichte, die bei der Ariane 4 unmöglich waren, war auch die Softwarekomponente nicht dafür vorgesehen und es kam zu einem Überlauf, der zu einem Absturz der Rechnersysteme führte und die Rakete gesprengt werden musste. Solche Randbedingungen wie der maximal unterstützte Beschleunigungsbereich müssen explizit als Vorbedingung als Teil der Komponentenspezifikation hinterlegt werden. Die Einhaltung dieser Vorbedingungen im aktuellen System muss vor der Verwendung der Komponente geprüft werden.

Das von außen sichtbare Verhalten der Komponente lässt sich auf verschiedene Arten und Weisen definieren. Beispielsweise können Verhaltensmodelle verwendet werden, oder Sequenzdiagramme können die exemplarische Nutzung aufzeigen. Alternativ kann das Verhalten auch natürlichsprachlich oder formal durch die Definition von Vor- und Nachbedinungen, sowie Invarianten beschrieben werden.

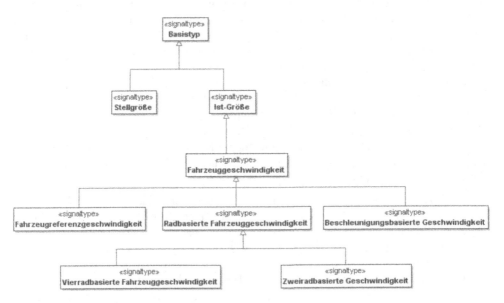

Abb. 7-9:   Beispiel für ein Typsystem

7.2.3   Komposition von Komponenten

Eine der primären Aufgabe von Strukturmodellen ist die Spezifikation der Zerlegung einer Komponente in Subkomponenten und der „Verschaltung" der Subkomponenten.

In diesem Zusammenhang unterscheiden wir zwischen *Typen* und *Instanzen*. In der objektorientierten Entwicklung würden die Klassen den Typen entsprechen und die Objekte den Instanzen. Wenn wir bislang von einer Komponenten gesprochen haben, haben wir den Typ gemeint. Verschaltet man Komponenten miteinander, d.h. wenn diese komponiert werden, passiert dies allerdings nicht auf Basis der Typen. Stattdessen werden Instanzen der Komponenten gebildet und die Instanzen miteinander verschaltet.

Im Wesentlichen sind bei der Dekomposition also drei Schritte notwendig. Im ersten Schritt müssen die benötigten Subkomponenten identifiziert und die entsprechenden Typen definiert werden. Im zweiten Schritt werden diese Typen in der entsprechenden Anzahl instanziiert. Im dritten Schritt werden die Ports der Komponenten miteinander verbunden.

In vielen Modellierungssprachen ist es nicht zwingend erforderlich auf eine strikte Trennung zwischen Typen und Instanzen zu achten. Dies ist allerdings empfehlenswert. Auch wenn man in eingebetteten Systemen meist statische Strukturen hat, d.h. dass keine Instanzen zur Laufzeit erzeugt werden, so werden Typen doch häufig mehrfach im System verwendet und können mehrfach instantiiert werden. Würde man diese einfach kopieren, führt dies schnell zu Inkonsistenzen und redundanter Arbeit, da bei Anpassungen immer alle Kopien angepasst werden müssten.

Um im ersten Schritt zunächst die **Typen der Subkomponenten** zu definieren, würde man in Simulink beispielsweise so genannte *Bibliotheken* anlegen, die man dann später als *Referenzen* instanziieren kann. In der SDL würde man *Blocktypen* definieren, die dann als *Block* instanziiert werden. In der UML gibt es verschiedene Möglichkeiten. In der Variante, die wir in diesem Buch verwenden, definieren wir zunächst die *Komponenten* wie in Abb. 7-10 dargestellt in einem Klassendiagramm.

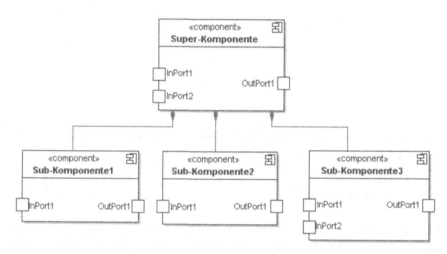

Abb. 7-10:   Definition der Komponententypen über Klassendiagramme

Um die interne **Struktur einer Komponente** zu beschreiben nutzen wir Kompositionsstrukturdiagramme wie in Abb. 7-11 dargestellt. Dazu werden die definierten Subkomponenten als Teile der Superkomponente instanziiert. Instanzen von Komponenten, die in einem Kompositionsstrukturdiagramm angelegt werden, werden in der UML mit dem Modellelement *Parts* dargestellt. Abschließend werden die jeweiligen Ports mit *Konnektoren* verbunden.

Auch wenn die Modellierungselemente sicherlich anders heißen, wird man ähnliche Modellierungskonzepte in den meisten Modellierungssprachen finden. Abgesehen von der graphischen Darstellung würde die Struktur der Superkomponente beispielsweise in Simulink quasi identisch aussehen.

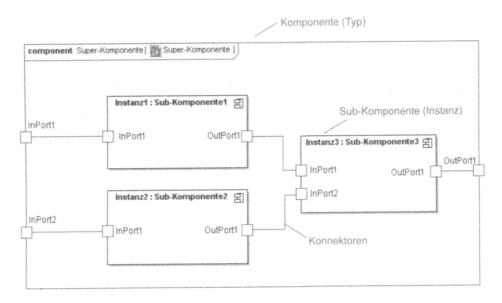

Abb. 7-11:   Definition der internen Komponentenstruktur über Kompositionsstrukturdiagramme

7.2.4   Ausführungsmodell

Während sich die unterschiedlichen Modellierungssprachen in ihrer Syntax sehr gleichen, so gibt es allerdings große Unterschiede in der Semantik. Sie haben meist unterschiedliche sogenannte Ausführungsmodelle. Ein Ausführungsmodell legt fest wann welche Komponente ausgeführt wird und wie die Kommunikation zwischen den Komponenten abläuft. An dieser Stelle möchten wir den Aspekt der Ausführungsreihenfolge nicht weiter vertiefen. Für die praktische Anwendung der Sprache gehen wir an dieser Stelle zunächst davon aus, dass die entsprechenden Codegeneratoren eine geeignete Ausführung der Komponenten sicherstellen.

Unerlässlich ist es allerdings festzulegen, welche Semantik eine Kommunikationsbeziehung zwischen zwei Komponenten hat, da dies unmittelbaren Einfluss auf die Modellierung hat. Prinzipiell gesehen, gibt es hierbei drei Klassen von Semantiken, die sich in den meisten Sprachen wiederfinden.

Die erste Semantik könnte man als **Datenfluss** oder **Shared-Variable** bezeichnen. Dabei erfolgt ein kontinuierlicher Austausch der Daten. Manchmal wird diese Art der Verbindung auch als *implizite Kommunikation* bezeichnet. Analog zu einer elektrischen Schaltung sind alle Wertänderungen am Ausgang unmittelbar an den Eingängen aller Empfänger sichtbar. Auch wenn die spätere Umsetzung im Code völlig anders aussehen kann, lässt sich dies auch über eine Shared-Variable Semantik erklären, d.h. der Ausgang einer Komponente ist direkt mit allen empfangenden Eingängen gekoppelt. Die Komponente schreibt dazu einen Wert in eine von Sender und Empfänger sichtbare Variable, der dann von allen verbundenen Komponenten gelesen wird.

Eine weitere Semantik ist der Austausch von **asynchronen Nachrichten** über eine Verbindung. Bei dieser Semantik sind zwei verbundene Komponenten sehr stark entkoppelt. Sie arbeiten zunächst völlig unabhängig von einander und kommunizieren über Nachrichten, wie beispielsweise zwei Computer in einem Netzwerk oder unterschiedliche Steuergeräte, die über einen Bus miteinander kommunizieren. Die Kommunikation erfolgt dabei asynchron, d.h. die Ausführung der Komponente ist von der Kommunikation entkoppelt, sodass sie sendende Komponente nach Absetzen einer Nachricht nicht blockiert ist sondern weiter arbeiten kann. Dazu muss allerdings nicht notwendigerweise ein Netzwerk als Kommunikationsmedium vorliegen. Viele Betriebssysteme bieten auch Nachrichtenkonzepte für die Kommunikation zwischen Prozessen. Alternativ lässt sich diese Semantik auch innerhalb eines Prozesses über entsprechende Programmierkonstrukte umsetzen. Bei der Nachrichtensemantik muss eine Nachricht explizit an die Empfänger geschickt werden. Dazu muss eine Nachrichtensignatur und ggf. ein Protokoll definiert werden. Die sendende Komponente baut aus den berechneten Werten eine Nachricht auf und sendet diese entsprechend des Protokolls an die Empfänger.

Diese Semantik findet sich beispielsweise in der SDL wieder. Hier erfolgt die Kommunikation zwischen Blöcken durch einen expliziten Nachrichtenaustausch und der Annahme, dass eine Verbindung eine FIFO-Queue umsetzt, in der keine Nachricht verloren geht, sondern nacheinander vom Empfänger über entsprechende Modellierungskonstrukte abgerufen werden muss.

Die dritte Semantik, die eine Verbindung im Allgemeinen haben kann, sind **synchrone Aufrufe**. Diese sind am ehesten vergleichbar mit Funktionsaufrufen in Programmiersprachen. Da diese synchron erfolgen, arbeiten die Komponenten nicht unabhängig voneinander, sondern wie bei einem Funktionsaufruf geht die Berechnungskontrolle vom Sender an den Empfänger über, sodass der Sender bis zur Rückgabe der Berechnungskontrolle blockiert ist. Wie eingangs bereits erwähnt wird über Verbindungen mit dieser Semantik nicht nur der Daten- sondern auch der Kontrollfluss festgelegt. In datenflussorientierten Modellierungssprachen findet diese Semantik daher eher selten Anwendung.

7.3 Interaktionsmodelle

Strukturmodelle definieren die statische Struktur von Systemen. Das bedeutet sie definieren in welche Komponenten ein System hierarchisch zerlegt wird und wie diese Komponenten miteinander verbunden sind. Sie definieren allerdings nicht wie diese Komponenten dynamisch miteinander agieren. Dies ist in gewisser Weise durch den Datenfluss in Kombination mit dem Ausführungsmodell implizit hinterlegt. In vielen Fällen ist es allerdings notwendig bzw. sinnvoll dieses Verhalten zu präzisieren oder zumindest zur einfacheren Verständlichkeit des Zusammenspiels explizit zu modellieren. Zu diesem Zweck kommt die Klasse der Interaktionsmodelle zum Einsatz.

Da diese Diagramme insbesondere auch außerhalb der Entwicklung eingebetteter Systeme recht verbreitet und recht intuitiv verständlich sind, werden wir in diesem Abschnitt nur einen kleinen Überblick zu den unterschiedlichen Modelltypen geben. Im Wesentlichen wollen wir dazu drei bekannte Vertreter dieser Modellklasse betrachten. Zum einen sind *Sequenzdiagramme* (Abschnitt 7.3.1) sehr weit verbreitet und stehen beispielsweise unter eben dieser Bezeichnung in der UML, oder beispielsweise als *Message Sequence Charts (MSC)* zur Verfügung. Zwei weitere Klassen, die durch die UML zur Verfügung gestellt werden, sind die *Kommunikationsdiagramme* (Abschnitt 7.3.2), sowie *Timing-Diagramme* (Abschnitt 7.3.3). Es gibt noch weitere Diagramme wie beispielsweise Interaktionsübersichtsdiagramme, die allerdings bislang von nur sehr wenigen Werkzeugen unterstützt werden und noch keine große Relevanz in der Modellierung eingebetteter Systeme besitzen.

7.3.1 Sequenzdiagramme

Sequenzdiagramme sind zeitorientierte Darstellungen der Interaktion zwischen Elementen. Im Fokus liegt also der zeitliche Ablauf der Interaktion, während beispielsweise der Fokus von Kommunikationsdiagrammen (Abschnitt 7.3.2) auf der Struktur liegt. Dabei lassen sie sich in fast allen Abstraktionsebenen nutzen. In der Anforderungsphase können sie die Interaktion zwischen Nutzer, System und externen Systemen modellieren. Im Funktionsentwurf können sie Abläufe zwischen Funktionen darstellen und in der Architektur bzw. im Entwurf können sie die Interaktionen zwischen Komponenten darstellen. In diesem Abschnitt werden wir die Diagramme der Einfachheit halber am Beispiel der Interaktion zwischen Komponenten darstellen.

Prinzipiell stellen Sequenzdiagramme Interaktionsszenarien dar. Das bedeutet, dass sie das Interaktionsverhalten nicht vollständig modellieren, sondern immer nur exemplarisch darstellen. Daher entstehen meist mehrere Sequenzdiagramme, die die Interaktionen zwischen Komponenten über mehrere Interaktionsszenarien beschreiben.

Am einfachsten lässt sich ein Überblick zu den Modellierungskonzepten der Sequenzdiargamme anhand eines Beispiels geben. Die wesentlichen Notationselemente sind daher im Beispiel in Abb. 7-12 (folgende Seite) dargestellt. Darin wird als einfaches Beispiel ein Fieberthermometer mit den vier Teilsystemen *Taster*, *Kontrollsystem*, *Messeinheit* und *Anzeige* betrachtet.

In der horizontalen Dimension werden die einzelnen an der Interaktion beteiligten Komponenten mit so genannten *Lebenslinien* dargestellt. Die vertikale Dimension des Diagramms stellt den zeitlichen Ablauf dar. Um die Interaktion darzustellen, werden die ausgetauschten *Nachrichten* oder *Funktionsaufrufe*, bzw. der *Datenfluss* zwischen den Komponenten durch Pfeile zwischen den Lebenslinien dargestellt. Die unterschiedlichen Semantiken einer Verbindung zwischen Komponenten, wie beispielsweise asynchrone Nachrichten oder synchrone Aufrufe lassen sich im Diagramm durch unterschiedliche Pfeiltypen unterscheiden (siehe Abb. 7-13). In unserem Beispiel kommunizieren die einzelnen Komponenten untereinander mit asynchronen Nachrichten.

Pfeiltyp	Semantik
⟶	Synchrone Aufrufe
⟶	Asynchrone Nachrichten
- - - ⟶	Datenfluss

Abb. 7-13: Unterschiedliche Pfeiltypen der UML zur Darstellung unterschiedlicher Verbindungssemantiken in Sequenzdiagrammen

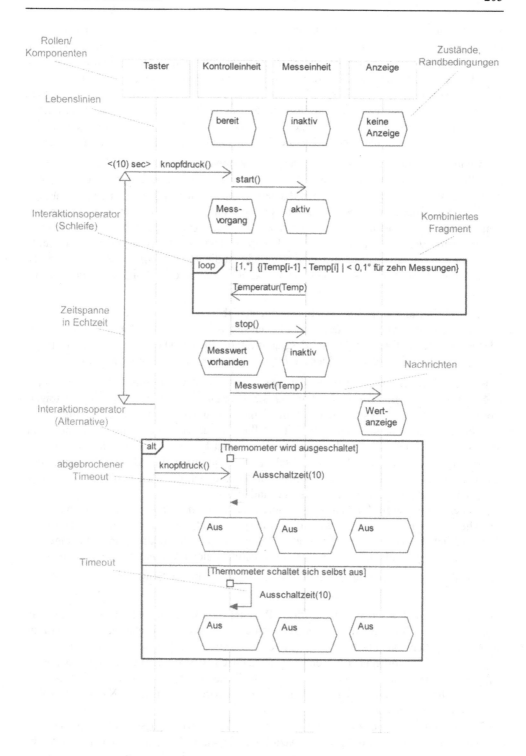

Abb. 7-12:   Beispiel Sequenzdiagramm

Wird dies nicht explizit anders modelliert gibt die Reihenfolge der Pfeile in der vertikalen Dimension dabei auch die zeitliche Ordnung der ausgetauschten Informationen an. Dabei ist allerdings zu beachten, dass insbesondere in der UML die Nachrichten nur partiell geordnet sind. Das bedeutet, alle von einer Lebenslinie versendeten und empfangenen Nachrichten, verlassen bzw. erreichen die entsprechende Komponente auch tatsächlich in der angegebenen Reihenfolge. Abgesehen von der Festlegung, dass das Versenden einer Nachricht immer vor dem Empfangen der Nachricht liegen muss, wird aber keine formale Aussage über die Reihenfolge von Nachrichten getroffen, die von unterschiedlichen Lebenslinien ausgehen.

Als weiteres Notationselement von Sequenzdiagrammen werden im Beispiel auch *Zustände* modelliert. Über die Zustandssymbole lässt sich zunächst der aktuelle Zustand der Komponenten in Form von Randbedingungen darstellen, die zu diesem Zeitpunkt gelten müssen. Zu Beginn des modellierten Szenarios ist das Thermometer eingeschaltet, was sich im Zustand *bereit* der Lebenslinie *Kontrolleinheit* widerspiegelt. Der Tastendruck zum Starten des Messvorgangs wird als Nachricht von der Komponente *Taster* zur *Kontrolleinheit* übermittelt. Darauf hin wird ebenfalls über eine Nachricht an die *Messeinheit* der Messvorgang gestartet. Sowohl die *Kontroll-* als auch die *Messeinheit* ändern darauf hin ihren internen Zustand.

Als ein sehr ausdrucksstarkes Notationselement, haben wir im Beispiel auch sogenannte *kombinierte Fragmente* verwendet. Damit lassen sich beispielsweise Schleifen, Alternativen oder Referenzen auf andere Sequenzdiagramme modellieren. Die genaue Funktion dieser Fragmente kann dabei über verschiedene *Interaktionsoperatoren* definiert werden.

In unserem Beispiel kommt zunächst der Interaktionsoperator *loop* zum Einsatz um zu modellieren, dass so lange *Messwerte* von der *Messeinheit* an die *Kontrolleinheit* übertragen werden, bis sich der Wert stabilisiert hat. In eckigen Klammern werden dabei die minimalen und die maximalen Schleifendurchläufe modelliert. In unserem Fall muss mindestens ein Messwert übermittelt werden; die maximale Anzahl ist hingegen nicht beschränkt. Zu diesem Zweck lässt sich optional auch in geschweiften Klammern eine Abbruchbedingung definieren. In unserem Fall bricht der Vorgang ab, sobald sich der Messwert über zehn Messungen nicht um mehr als um 0,1° Celsius geändert hat.

Ein weiteres Beispiel für Interaktionsoperatoren sind *Alternativen*. In unserem Beispiel wird das Thermometer entweder per Knopfdruck ausgeschaltet, oder aber nach einer gewissen Zeit wird sich das Thermometer selbst ausschalten. Für jede Alternative wird dabei eine Bedingung angegeben, die definiert in welcher Situation welche Alternative durchlaufen wird.

Eine Auflistung, der wichtigen in der UML verfügbaren Interaktionsoperatoren findet sich in Tab. 7-2.

Zwei weitere Notationselemente, die wir im Beispiel eingesetzt haben, beziehen sich auf das *Zeitverhalten* des Systems. Zum einen soll sich das Thermometer nach einer gewissen Zeit selbst ausschalten. Dazu lassen sich in einigen Werkzeugen so genannte *Timeouts* modellieren, die nach einer vorgegebenen Zeit (im Beispiel nach 10 Sekunden) ein Ereignis auslösen, auf das dann im System reagiert wird. Um diesen Timeout stoppen zu können, da zum Beispiel das Thermometer über den Taster ausgeschaltet wird, kann man das Notationselement *Cancel-Timeout* verwenden.

Außerdem soll im Sequenzdiagramm dargestellt werden können, dass ein bestimmter Vorgang eine bestimmte Zeit dauern soll. Dazu lässt sich die in Echtzeit zwischen zwei Nachrichten vergangene *Zeitspanne* darstellen. Im Beispiel wird dies dazu genutzt, um die maximale Zeit zu modellieren, die zwischen dem Start des Messvorgangs und der Anzeige des Messergebnisses vergehen darf.

Neben dem Nachrichtenaustausch, der wohl die bislang häufigste und am weitesten verbreitete Anwendung von Sequenzdiagrammen darstellt, erlauben einige Werkzeuge mittlerweile auch die Modellierung von *Datenfluss* zwischen Komponenten, der sich aus der Datenflusssemantik ergibt.

Tab. 7-2:   In UML-Sequenzdiagrammen verfügbare Interaktionsoperatoren

Abkürzung	Beschreibung
sd	Über den sd-Operator lassen sich Sequenzdiagramme in wieder verwendbare Fragmente gliedern.
ref	Der ref Operator definiert eine Referenz auf ein Fragment, das in einem anderen Sequenzdiagramm definiert wurde
opt	Der *opt* Operator definiert ein optionales Fragment. Die innerhalb eines *opt*-Fragmentes definierten Interaktionen sind optional. Dazu wird zusätzlich eine Bedingung angegeben. Die innerhalb des optionalen Fragmentes definierten Interaktionen werden nur durchgeführt, wenn die Bedingung erfüllt ist.
alt	Über den *alt*-Operator lassen sich Alternativen definieren, wobei nur eine der Alternativen tatsächlich durchlaufen wird. Wie im Beispiel in Abb. 7-12 dargestellt, lassen sich dazu mehrere Bereiche definieren, innerhalb derer die jeweiligen alternativen Abläufe definiert werden. Für jede Alternative wird wiederum eine Bedingung definiert. Zudem gibt es analog zu Verzweigungen in Programmiersprachen die *else*-Bedingung, die genau dann erfüllt ist, wenn keine andere der definierten Bedingungen erfüllt ist.
loop	Durch den *loop* Operator lassen sich zyklische Abläufe in Form von Schleifen modellieren. Auch hier lässt sich eine Anzahl der Wiederholungen und/oder eine Bedingung definieren.
par	Über den *par* Operator lassen sich nebenläufige Interaktionsabläufe definieren. Analog zum *alt* Operator lassen sich mehrere Bereiche definieren. Die in diesen Bereichen definierten Interaktionen werden allerdings nicht alternativ, sondern parallel ausgeführt.

Zur Darstellung der Modellierung von Datenfluss zeigt Abb. 7-14 noch einmal das Fieberthermometerbeispiel. Diesmal gehen wir allerdings davon aus, dass die Komponenten über eine Datenflusssemantik miteinander kommunizieren. Um dies darzustellen lässt sich das entsprechende Notationselement *Datenfluss* verwenden. Dabei werden keine Nachrichten oder Ereignisse, sondern konkrete Werte übermittelt.

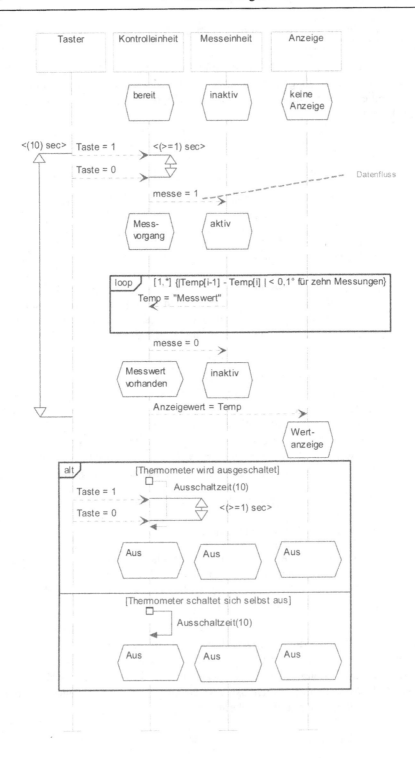

Abb. 7-14:　Beispiel Sequenzdiagramm mit Datenfluss

Neben dem anderen Notationselement, ergeben sich daraus auch weitere Auswirkungen. Beispielsweise gibt es in der Datenflusssemantik keine Ereignisse, wie beispielsweise „Taster gedrückt", sondern es werden kontinuierlich Werte übermittelt. Ereignisse ergeben sich hier aus Wertänderungen. Zum Beispiel ergibt sich ein Tastendruck durch eine Sequenz des Wertes *Taste* von «0-1-0», wobei der Wert «1» für mindestens eine Sekunde anliegen muss. Dies ist zunächst umständlicher als bei Ereignissen, bietet aber auch mehr Flexibilität, wenn beispielsweise das System in Abhängigkeit von der Dauer des Tastendrucks unterschiedlich reagieren soll.

Da sich die Werte bei einer Datenflusssemantik kontinuierlich ändern, werden in Sequenzdiagrammen nicht alle Wertefolgen aufgeführt, sondern lediglich wichtige und charakteristische Wertänderungen modelliert, die beispielsweise ein Ereignis oder eine spezielle Reaktion des Systems auslösen.

In realen Systemen kommt meist eine Mischung beider Verbindungssemantiken vor. Wird der Taster über ein Kabel an einen Mikrokontroller angeschlossen, hätte man eine Datenflusssemantik, die man auch als solche modellieren sollte, da ein einfacher Schalter nur einen Stromkreis öffnen oder schließen, aber keine Nachrichten senden kann. Viele Bedienelemente werden mittlerweile allerdings auch über einfache Bussysteme angebunden und die Interaktion erfolgt entsprechend über Nachrichten, was dann auch so in den Sequenzdiagrammen über Nachrichten modelliert werden sollte. Analog gilt dies für die Messeinheit. Diese kann beispielsweise über einen Bus (Nachrichtensemantik) oder aber auch über einen Sharedmemory (Datenfluss) angebunden werden. Letzteres macht beispielsweise Sinn, wenn es sich bei der Kontroll- und der Messeinheit um zwei Softwarekomponenten handelt, die auf demselben Controller ausgeführt werden und über einen gemeinsamen Speicherbereich kommunizieren.

Obwohl wir nur einen Teil der möglichen Notationselemente dargestellt haben, lassen sich damit die wesentlichen Aufgaben der Interaktionsmodellierung mit Sequenzdiagrammen abdecken. Zusätzlich wird mittlerweile eine Vielzahl weiterer Modellierungselemente angeboten. Die tatsächlich vorhandenen Notationselemente hängen allerdings meist sehr stark von dem tatsächlich verwendeten Werkzeug ab, da viele Werkzeuge nur einen eingeschränkten Notationsumfang zur Verfügung stellen. In vielen Werkzeugen lassen sich beispielsweise keine Zustände modellieren und meistens werden nur einige der Interaktionsoperatoren zur Verfügung gestellt.

Als Richtlinie für die Verwendung von Modellierungselementen in Sequenzdiagrammen sollte stets der Einsatzzweck im Blick behalten werden. In den meisten Fällen definieren Sequenzdiagramme die Interaktionen zwischen Elementen eines Systems basierend auf einer Menge von Interaktionsszenarien. Insbesondere die Interaktionsoperatoren wie Schleifen und Alternativen verleiten dazu die Sequenzdiagramme zu überladen. Anstatt mehrere einzelne Szenarien in separaten Diagrammen zu modellieren, werden verschiedenste Varianten über verschachtelte Alternativen und Schleifen in einem Sequenzdiagramm integriert. Dadurch verlieren die Sequenzdiagramme ihre Übersichtlichkeit. In Verbindung mit einer teils unvollständigen oder fehl interpretierten Semantik der Modellierungselemente schleichen sich zudem leicht viele Fehler in die Modelle ein.

7.3.2　Kommunikations- / Kollaborationsdiagramme

Während Sequenzdiagramme den zeitlichen Ablauf der Interaktion herausstellen, so unterstreichen *Kommunikationsdiagramme*, die auch häufig als *Kollaborationsdiagramme* bezeichnet werden, die Struktur der Interaktion.

Zur Erläuterung der Notationselemente zeigt Abb. 7-15 noch einmal das Szenario des Fieberthermometers, das wir zuvor bereits anhand der Sequenzdiagramme erläutert haben. Prinzipiell sind die Notationsmöglichkeiten im Vergleich zu Sequenzdiagrammen stark eingeschränkt. Im Fokus stehen dabei die Struktur des Systems und die Kommunikationsbeziehungen. Der zeitliche Ablauf wird durch die Nummerierung der Nachrichten dargestellt, sodass die Diagramme bei komplexen Szenarien schnell unübersichtlich werden und der zeitliche Ablauf schnell nicht mehr überschaubar ist.

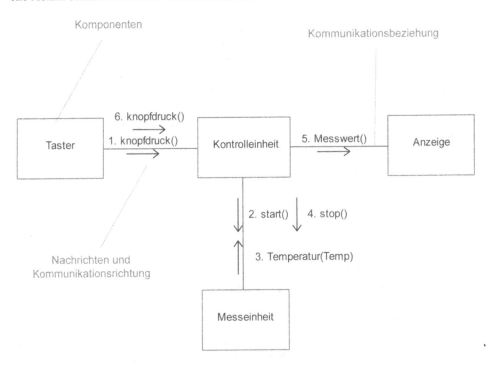

Abb. 7-15:　　Beispiel Kollaborationsdiagramm

Als Verbindungssemantik wird meist nur die Nachrichtensemantik unterstützt. Weitere Elemente wie Schleifen, Timer oder das Zeitverhalten lassen sich nicht darstellen.

Kollaborationsdiagramme machen daher insbesondere dann Sinn, wenn es darum geht die Struktur mit wichtigen Informationen zur Interaktion und somit zur Erläuterung des Zusammenspiels darzustellen. Dazu sind meist nur einfache Szenarien notwendig und die zusätzlichen Notationselemente werden nicht benötigt. Als Vorteil wird die Beschreibung der Interaktion direkt der Struktur überlagert und ermöglicht es somit die Struktursicht mit Informationen zur dynamischen Interaktion zu überlagern.

7.3.3   Timing-Diagramme

Neben den Sequenz- und Kommunikationsdiagrammen gibt es *Timing-Diagramme* als weitere Alternative zur Modellierung der Interaktionen zwischen Komponenten. Auch wenn diese mittlerweile Bestandteil der UML 2.0 sind, werden sie bislang von fast keinem Werkzeug zufriedenstellend unterstützt. Sie sind aber gerade für die Modellierung eingebetteter Systeme interessant. Deshalb möchten wir die wichtigsten Eigenschaften der Timing-Diagramme zumindest kurz beschreiben.

Wie auch die anderen Interaktionsdiagramme stellen Timing-Diagramme ein Szenario, also einen möglichen Ablauf der Interaktion dar. Sequenzdiagramme stellen den zeitlichen Ablauf und die ausgetauschten Nachrichten in den Vordergrund und bei Kommunikationsdiagrammen steht die Struktur im Fokus. Bei Timing-Diagrammen hingegen wird der zeitliche Verlauf von Zuständen und Werten in den Vordergrund gerückt.

In Abb. 7-16 ist beispielhaft ein Timing-Diagramm dargestellt, das die wichtigsten Notationselemente beinhaltet. Dazu haben wird erneut das Beispiel des Fieberthermometers verwendet und das Szenario in Form eines Timing-Diagramms dargestellt.

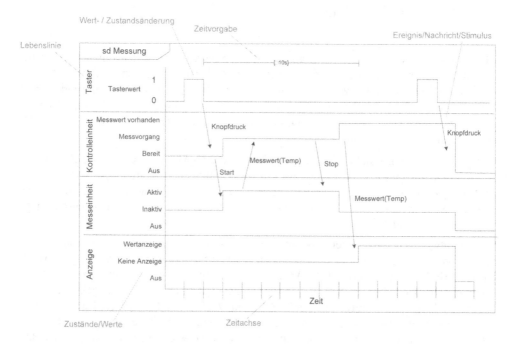

Abb. 7-16:   Beispiel Timing-Diagramm

In Timing-Diagrammen wird der Zeitfortschritt über die horizontale Achse aufgetragen. Für jede an der Interaktion beteiligte Komponente wird in der Vertikalen eine Lebenslinie angelegt, die im Gegensatz zu Sequenzdiagrammen nicht von oben nach unten, sondern von links nach rechts entlang der Zeitachse verlaufen. Innerhalb einer Lebenslinie kann vergleichbar zu einer graphischen Darstellung einer mathematischen Funktion der Zustand einer Komponente oder auch die Werte wichtiger Variablen über die Zeit aufgetragen werden.

Um den Zusammenhang zwischen den Verläufen der einzelnen Lebenslinien darzustellen werden die gegenseitigen Einflüsse über Pfeile dargestellt. Diese können sehr flexibel eingesetzt werden, um zum Beispiel aufgetretene Ereignisse, gesendete Nachrichten, Reaktionen auf bestimmte Werte bei der Datenflusssemantik oder auch einfach nur kausale Zusammenhänge darzustellen. Dieser flexiblen Nutzung fällt allerdings eine klare Semantik zum Opfer, sodass Timingdiagramme primär eine dokumentative und erklärende Aufgabe übernehmen.

Die Darstellung ermöglicht es zudem sehr leicht Zeitbedingungen zu definieren. Neben maximalen Laufzeiten, wie dies im Beispiel dargestellt ist, lässt sich beispielsweise bei periodischen Signalen auch die Periode inklusive Jitter darstellen. Oder man kann bei weichen Echtzeitanforderungen Zeitbereiche definieren.

Timing-Diagramme werden in vielen Ingenieursdisziplinen zur Darstellung zeitlicher Abläufe verwendet. Einer ihrer Hauptvorteile liegt daher darin, dass diese für viele Ingenieure intuitiv zu verwendende Notation nun auch als explizites Diagramm in der UML zur Verfügung gestellt wird.

7.4   Verhaltensmodelle

Über Strukturmodelle lässt sich die statische Struktur des Softwaresystems modellieren. Die dynamische Interaktion zwischen Komponenten wird über Interaktionsmodelle spezifiziert. Als letzte Modellklasse, die wir vorstellen möchten, verwendet man Verhaltensmodelle um das interne Verhalten einzelner Module zu spezifizieren. In frühen Phasen der Entwicklung werden Verhaltensmodelle zudem eingesetzt, um das Verhalten des Gesamtsystems oder einzelner Funktionen zu modellieren.

Gerade in der modellbasierten Entwicklung kommt diesen Modellen eine große Bedeutung zu. Während Interaktionsdiagramme meist dokumentativ und erklärend die Interaktionen spezifizieren, so dienen Verhaltensmodelle meist als Basis zur späteren Codegenerierung und müssen daher einer klaren Syntax und Semantik folgen und das Verhalten eines Moduls vollständig und eindeutig spezifizieren.

Für die Entwicklung eingebetteter Systeme sind insbesondere drei Typen von Verhaltensmodellen von Bedeutung. Zum einen lassen sich Kontrollflussdiagramme, wie beispielsweise UML-**Aktivitätsdiagramme** (siehe Abschnitt 7.4.1), nutzen um Algorithmen ähnlich zu Programmiersprachen zu definieren. Von sehr großer Bedeutung für die Entwicklung eingebetteter sind **Zustandsdiagramme**, die in Abschnitt 7.4.2 behandelt werden. Da eingebettete Systeme vor allem auch Regler und Filter und somit quasi-kontinuierliches Verhalten umsetzen müssen, sind zudem auch **Blockdiagramme** (siehe Abschnitt 7.4.3) von großer Bedeutung für die Verhaltensmodellierung.

7.4.1   Aktivitätsdiagramme

Aktivitätsdiagramme modellieren einen Algorithmus, indem sie analog zu Programmiersprachen den Kontrollfluss modellieren. Dazu definieren sie Sequenzen von Operationen und nutzen weitere Modellierungselemente wie Bedingungen und Schleifen, um die Ausführungsreihenfolge der Operationen festzulegen.

Abb. 7-17 zeigt beispielhaft ein Aktivitätsdiagramm, das die wesentlichen Modellierungselemente beinhaltet. Zunächst besteht ein Aktivitätsdiagramm aus mehreren *Aktionen*. Dies
sind atomare Operationen ähnlich zu Befehlen in Programmiersprachen, die auch nicht unterbrochen werden können. Zusätzlich lassen sich über *Entscheidungen* bedingte Abzweigungen im Kontrollfluss modellieren. Die Verbindungslinien zwischen Aktionen und Entscheidungen definieren den *Kontrollfluss* von dem Startpunkt bis zum Ende der *Aktivität* und
legen somit die Ausführungsreihenfolge der Aktionen im Aktivitätsdiagramm fest.

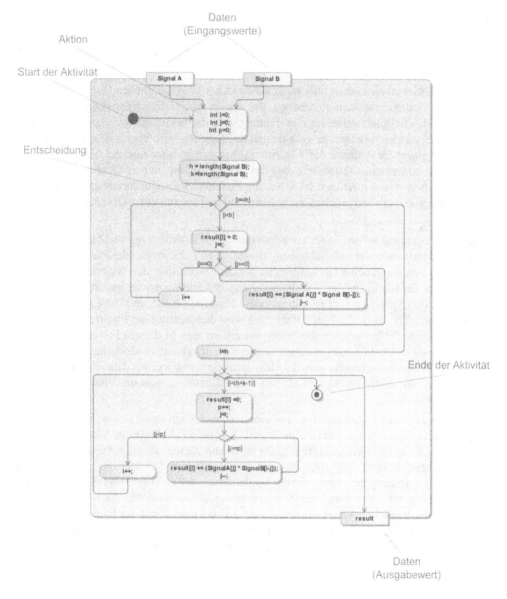

Abb. 7-17:   Beispiel für ein Aktivitätsdiagramm

Als Erweiterung zur reinen Kontrollflussmodellierung bietet die UML die Möglichkeit zusätzlich Daten und den Datenfluss zu modellieren. Im Beispiel wurde dies genutzt, um zu modellieren, welche Eingabewerte der Algorithmus benötigt und welche Ausgabewerte er als Ergebnis zurück liefert.

Letztlich entsprechen Aktivitätsdiagramme allerdings eher einer graphischen Darstellung der Implementierung von Algorithmen, wie man sie auch in Programmiersprachen definieren würde, als einer abstrahierenden Modellierung des Verhaltens. Dieser Effekt wird dadurch verstärkt, dass in den definierten Aktionen meistens Programmiersprachenkonstrukte verwendet werden. Dies ist insbesondere dann unumgänglich, wenn aus den Aktivitätsdiagrammen Code generiert werden soll. Aus diesem Grund bieten Aktivitätsdiagramme in dieser Form keine signifikante Abstraktion, die die Komplexität des Verhaltensmodells im Vergleich zum Code reduziert.

Viele Entwickler empfinden es teils sogar als einfacher den eigentlichen Quellcode zu lesen als mit Aktivitätsdiagrammen zu arbeiten. Bei dem in Abb. 7-17 dargestellten Algorithmus handelt es sich beispielsweise um eine Faltung, d.h. die beiden Eingangssignale *Signal A* und *Signal B* werden miteinander gefaltet und das Ergebnis wird als *result* zurück gegeben. Auch wenn einem die Aufgabe des Algorithmus bekannt ist, wird man bei dem Versuch den Algorithmus zu verstehen feststellen, dass das Modell im Vergleich zu Quellcode nur unwesentlich leichter zu interpretieren ist. Ohne die Funktion des Algorithmus zu kennen, ist es nur mit sehr viel Aufwand möglich die genaue Funktion anhand des Aktivitätsdiagramms zu verstehen.

Aktivitätsdiagramme sollten daher vor allem dazu genutzt werden nur recht einfache Datenverarbeitungsalgorithmen zu beschreiben, die analog zu Funktionen oder Prozeduren mit einer Menge von Eingabewerten aufgerufen werden, woraufhin der Algorithmus ausgeführt wird und mit der Rückgabe der berechneten Ausgabewerte wieder terminiert. Viele Module in eingebetteten Systemen sind allerdings aktive Module, d.h. sie sind aktiv solange das System eingeschaltet ist. In der Programmierung wird dies häufig über Endlosschleifen abgebildet. In der modellbasierten Entwicklung modelliert man in diesem Fall allerdings keine Endlosschleife in Aktivitätsdiagrammen, sondern greift auf andere Modellierungstechniken, wie bspw. Zustandsdiagramme zurück. Aktivitätsdiagramme werden dann ergänzend eingesetzt um einzelne Aktivitäten innerhalb des Zustandsautomaten zu modellieren (siehe dazu auch Abschnitt 7.4.2).

Aktivitätsdiagramme lassen sich aber insbesondere auch dann einsetzen, wenn nicht die Codegenerierung sondern die Veranschaulichung komplexer Abläufe im Vordergrund steht. Abb. 7-18 zeigt ein Aktivitätsdiagramm, das einen komplexen Ablauf auf einer höheren Abstraktionsebene darstellt. Das Beispiel zeigt die allgemeinen Schritte, die notwendig sind, um in einem Fahrzeug den Abstand zum Vordermann oder zu Hindernissen vor dem Fahrzeug zu bestimmen. Aufgrund der höheren Abstraktionsebene des Aktivitätsdiagramms stellt es die prinzipiellen Verarbeitungsschritte dar und trägt somit zur leichteren Verständlichkeit der Abläufe bei der Abstandsbestimmung bei. Dies führt gleichzeitig allerdings zum Nachteil, dass das Verhaltensmodell dadurch zu abstrakt wird um daraus Code generieren zu können.

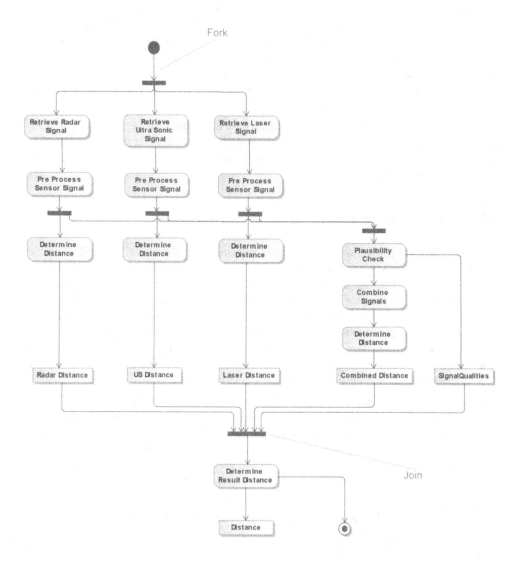

Abb. 7-18: Nebenläufigkeit in Aktivitätsdiagrammen

Als weiteren wichtigen Aspekt von Aktivitätsdiagrammen zeigt das Beispiel zudem wie sich nebenläufige Kontrollflüsse darstellen lassen. Durch das Modellierungslement *Fork* (engl. für Gabelung), lässt sich der Kontrollflüsse in mehrere parallele Abläufe aufspalten. Durch das Modellierungselement *Join* (engl. für Zusammenführen) lassen sich die parallelen Abläufe wieder zu einem einzelnen Kontrollfluss synchronisieren.

Im Beispiel kommen drei unterschiedliche Sensorsysteme zum Einsatz, um den Abstand zu Hindernissen vor dem Fahrzeug zu messen: Ein Radarsystem, ein Ultraschallsystem und ein laserbasiertes System. Alle Sensorwerte werden parallel und unabhängig voneinander erfasst (*retrieve signal)* und vorverarbeitet (*preprocess sensor signal).*

Basierend auf den vorverarbeiteten Signalen werden drei unterschiedliche Distanzwerte berechnet (*Determine Distance*). Parallel dazu werden die drei Signale der einzelnen Sensoren
gegenseitig plausibilisiert (*Plausibility Check*). Daraus werden zum einen die Signalqualitä-
ten (*SignalQualities*) bestimmt und zum anderen ein kombinierter Distanzwert berechnet.
Im Anschluss an diese Berechnungen werden die parallelen Verarbeitungsschritte über einen
Join-Knoten synchronisiert. Im letzten Schritt wird aus den einzelnen Werten das Endergeb-
nis berechnet und die Aktivität terminiert.

Insbesondere die UML2 bietet noch verschiedenste Erweiterungen der Notation, wie beispielsweise spezielle Konstrukte für Schleifen, Bedingungen. Für tiefer gehende Informationen zum vollen Sprachumfang sei an dieser Stelle allerdings auf ein entsprechendes UML-
Kompendium verwiesen.

7.4.2   Zustandsdiagramme

Viele eingebettete Systeme weisen ein zustandsbasiertes Verhalten auf. Abhängig von der
Historie von Eingabewerten nimmt das System einen anderen Zustand ein. Das Verhalten
und die erzeugten Ausgaben hängen dann nicht alleine von den Eingabewerten, sondern insbesondere auch vom aktuellen Zustand des Systems ab. Aus diesem Grund sind Zustandsautomaten von entscheidender Bedeutung um das zustandsbasierte Verhalten eingebetteter Systeme adäquat und intuitiv beschreiben zu können. Die modellbasierte Darstellung von Zustandsautomaten erfolgt über Zustandsdiagramme. Entsprechend sind Zustandsdiagramme
eine der am weitest verbreiteten Notationen zur Verhaltensmodellierung und bieten aufgrund
ihrer Formalität auch eine ideale Basis für die Codegenerierung.

Aus diesem Grund werden Zustandsdiagramme von verschiedensten Modellierungssprachen und von jedem professionellen Entwicklungswerkzeug unterstützt. Beispielsweise stehen Zustandsdiagramme in der UML, in Simulink, in ASCET, in SDL und vielen weiteren
Sprachen zur Verfügung. Auch wenn sich die Diagramme in ihrer Darstellung und ihrer konkreten Ausprägung leicht unterscheiden, so folgen die meisten Sprachen den grundlegenden
Konzepten von sogenannten *Harel State Charts*, wie sie von David Harel eingeführt wurden.

Wie in Abb. 7-19 dargestellt, definieren Zustandsdiagramme die Zustände eines Moduls, sowie die Transitionen, also die Übergänge zwischen den Zuständen. Die *Zustände* repräsen-
tieren die funktionalen Zustände, die ein System oder ein Modul einnehmen kann. Der *Startzustand* legt fest, welchen Zustand das Modul zu Beginn einnimmt. Die *Transitionen* definieren dann unter welchen Bedingungen ein anderer Zustand eingenommen wird.

Auch wenn die konkrete Syntax von Sprache zu Sprache variieren kann, so besteht eine
Transition in aller Regel aus fünf Elementen. Zum einen müssen der *Ausgangszustand* und
der *Zielzustand* der Transition festgelegt werden. Das bedeutet, die Transition legt die Regeln fest, unter welchen Bedingungen der Ausgangszustand verlassen und der Zielzustand
eingenommen wird. Dazu definiert man einen *Trigger*, eine *Bedingung* und einen *Effekt*.
Eine Transition kann durch verschiedene Arten von Ereignissen getriggert werden.

Tritt ein Ereignis ein wird zunächst geprüft, ob dieses Ereignis eine der Transitionen triggert,
die den aktuellen Zustand als Ausgangszustand haben. Ist dies der Fall, wird im zweiten
Schritt die Bedingung der Transition geprüft. Die Bedingung ist ein Boolescher Ausdruck,
der alle sichtbaren Variablen, Eingangs- und Ausgangswerte des Moduls als Operanden haben kann. Komplexe Bedingungen lassen sich auch als Funktion definieren, die einen Boo-

leschen Rückgabewert hat. In manchen Sprachen und Werkzeugen ist es daher möglich komplexere Bedingungen beispielsweise in Form von Aktivitätsdiagrammen zu modellieren. Ist die Bedingung erfüllt, so wird die Transition gefeuert. Dazu wird zunächst der Ausgangszustand verlassen. Im Anschluss wird der für die Transition definierte Effekt ausgeführt. Dies können Aktionen sein, mit denen beispielsweise neue Werte für lokale Variablen oder Ausgangsvariablen berechnet werden. Komplexe Effekte können in manchen Sprachen und Werkzeugen wiederum als Aktivitätsdiagramme modelliert werden. Als weitere Möglichkeit kann ein Effekt auch das Versenden einer Nachricht sein, wenn Komponenten beispielsweise über eine Nachrichtensemantik miteinander verbunden sind.

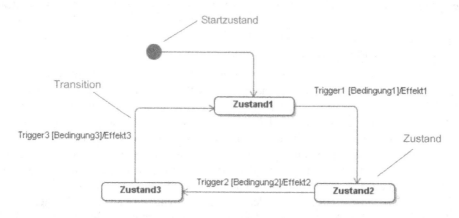

Abb. 7-19: Basiselemente von Zustandsdiagrammen

Betrachten wir uns zunächst den Trigger einer Transition, so können verschiedene Ereignistypen verwendet werden. Welche Ereignistypen konkret zur Verfügung stehen, hängt stark von der konkreten Sprache ab. Beispielsweise stehen in der UML im Wesentlichen fünf Ereignisarten zur Verfügung.

Ein *Nachrichtenereignis (engl. Signal Event)* tritt ein, wenn der Zustandsautomat eine Nachricht erhält. An der Transition wird dazu als Trigger der Name der auslösenden Nachricht angegeben. Dieser Ereignistyp kann also beispielsweise dann als Trigger verwendet werden, wenn ein Port eines Moduls Nachrichten empfangen kann, und man im Zustandsdiagramm die Reaktion des Moduls auf den Empfang einer Nachricht modellieren möchte. Das Nachrichtenereignis wird dabei unmittelbar nach dem Empfang der Nachricht ausgelöst.

Ein *Änderungsereignis (engl. Change Event)* tritt dann ein, wenn sich der Wert einer Variablen ändert. Dies können zum einen lokale Variablen eines Moduls sein. Sind ein oder mehrere Ports über eine Datenflusssemantik verbunden, können auch Wertänderungen an den Ports ein Änderungsereignis auslösen. Aus diesem Grund ist das Änderungsereignis vor allem dann von Bedeutung, wenn eine Datenflusssemantik in der Kommunikation vorliegt. Da sich in diesem Fall die Werte an einem Port kontinuierlich ändern können und auch keine Nachrichten empfangen werden, die einen Trigger auslösen könnten, lässt sich über das Änderungsereignis ein Trigger auf Basis von Wertänderungen auslösen. Ein Änderungstrigger wird über das Schlüsselwort *when* definiert, welches direkt von der Bedingung gefolgt wird.

Ein *Aufrufereignis (engl. Call Event)* ist spezifisch für eine objektorientierte Entwicklung. Das Ereignis tritt ein, wenn eine Funktion aufgerufen wird. Dieses Ereignis ist deshalb nur dann einsetzbar, wenn synchrone Aufrufe als Verbindungssemantik verwendet werden. Geht man davon aus, dass die Schnittstellen von Komponenten und Modulen über Ports definiert sind und diese über eine Nachrichten oder Datenflusssemantik miteinander verbunden sind, können Aufrufereignisse nicht verwendet werden.

Zeitereignisse (engl. Time Event) lassen sich einsetzen, um zeitabhängiges Verhalten zu modellieren. Ein Zeitereignis kann entweder zu einem absoluten Zeitpunkt, oder nach einer vorgegebenen Zeitspanne eintreten. Dargestellt werden Zeitereignisse durch das Schlüsselwort *After,* dem eine Zeitangabe folgt. Dies bedeutet, dass das Ereignis nach Ablauf der angegebenen Zeit ausgelöst wird. Sobald ein Zustand eingenommen wird, wird der Zeitzähler gestartet. Wird der Zustand vor Ablauf der angegebenen Zeit verlassen, so wird der Zeitzähler zurückgesetzt und hat keinen weiteren Effekt. Bleibt die Komponente hingegen für die angegebene Zeitspanne im Zustand, wird nach Ablauf der Zeit das Ereignis ausgelöst und dadurch die zugehörige Transition getriggert.

Das *Abschlussereignis (engl. Completion Event)* tritt ein, wenn nach der Aktivierung eines Zustands alle mit dem Zustand verbundenen Aktivitäten (siehe unten) abgeschlossen wurden. Dieser Ereignistyp ist der Standardfall, der angenommen wird, wenn an einer Transition kein anderer Trigger definiert wird. Viele Entwickler machen den Fehler keinen Transitionstrigger sondern nur eine Bedingung anzugeben. Dabei nehmen sie an, dass die Transition gefeuert wird, sobald die Bedingung erfüllt ist. Dies ist allerdings nicht der Fall. Das Abschlussereignis wird nur einmal aufgerufen, nachdem alle Aktivitäten abgeschlossen sind. Ist die Bedingung zu diesem Zeitpunkt nicht erfüllt, wird sie nicht mehr getriggert, solange sich das System in dem Zustand befindet und entsprechend wird auch die Bedingung nicht mehr ausgewertet. Um Auszudrücken, dass eine Transition gefeuert werden soll, sobald die Bedingung erfüllt ist, muss das oben beschriebene Änderungsereignis mit Hilfe des Schlüsselwortes *when* verwendet werden.

Neben den Effekten, die den Transitionen zugeordnet sind, lassen sich auch Aktionen und Aktivitäten den einzelnen Zuständen zuordnen. Diese *zustandsinternen Aktionen* werden beispielsweise beim Betreten oder Verlassen eines Zustands ausgeführt. Andere interne Aktionen werden ausgeführt werden, solange sich die Komponente in diesem Zustand befindet. Welche Arten von zustandsinternen Aktionen tatsächlich zur Verfügung stehen, unterscheidet sich leicht zwischen den einzelnen Sprachen. Die in Abb. 7-20 dargestellten Möglichkeiten, die in der UML zur Verfügung stehen, werden auch in den meisten anderen Sprachen über vergleichbare Konzepte zur Verfügung gestellt.

Abb. 7-20:   Zustandsinterne Aktionen

Die einzelnen Aktionen lassen sich direkt über eine Sequenz von Befehlen beschreiben. In diesem Fall werden die Befehle dann meist in der Zielsprache definiert, d.h. in der Sprache, für die die spätere Codegenerierung erfolgt. Komplexere Aktionen und Aktivitäten lassen sich alternativ häufig auch als separate Aktivitätsdiagramme modellieren.

Die *Eintrittsaktion (engl. Entry Action)* wird ausgeführt, sobald der Zustand betreten wird, d.h. sobald die Komponente den Zustand einnimmt. Diese Aktion wird immer beim Eintritt ausgeführt, unabhängig davon welche Transition zu dem Zustand geführt hat. Hängt die Ausführung einer Aktion nicht vom konkreten Übergang, also der Transition ab, sondern soll immer ausgeführt werden, wenn der Zustand eingenommen wird, ist es vorzuziehen eine Eintrittsaktion zu definieren, anstatt dieselbe Aktion in allen Transition, die zu dem Zustand führen, als Effekt zu definieren.

Die *Do-Aktivität (engl. Do Acitivity)* eines Zustands wird ausgeführt, nachdem die Eintrittsaktion abgeschlossen ist und solange sich die Komponente in diesem Zustand befindet. Wie im Rahmen der Aktivitätsdiagramme schon einmal erwähnt wurde (siehe Abschnitt 7.4.1), unterscheidet man in der UML dabei zwischen Aktionen und Aktivitäten. Aktionen sind atomar und können nicht unterbrochen werden, wohingegen Aktivitäten aus mehreren Aktionen bestehen und jeweils nach Abschluss einer Teilaktion unterbrochen werden können. Man spricht daher meist von Eintritts*aktionen*, um auszudrücken, dass diese immer vollständig abgearbeitet werden, bevor der Zustandsautomat beispielsweise auf neue Ereignisse reagiert. Analog spricht man von Do-*Aktivitäten*, da diese unterbrechbar sind, d.h. der Automat reagiert auf neue Ereignisse und der Zustand kann in Folge dessen potentiell verlassen werden, auch ohne dass zuvor die Do-Aktivität abgeschlossen wurde.

Eine weitere Möglichkeit, um das Verhalten innerhalb eines Zustandes zu definieren ist speziell in der UML durch das *Zurückstellen von Ereignissen* über das Schlüsselwort *defer* gegeben. Ist die Komponente in einem Zustand, innerhalb dessen sie nicht auf ein eingetretenes Ereignis reagiert (da beispielsweise das Ereignis keine Transition triggert), wird dieses Ereignis normalerweise verworfen und geht dadurch verloren. Handelt es sich aber um ein wichtiges Ereignis, das nicht verloren gehen darf, kann dieses mit Hilfe des Schlüsselwortes *defer* zurückgestellt werden. Alle zurückgestellten Ereignisse gehen nicht verloren, sondern werden „aufgehoben" bis das System einen anderen Zustand einnimmt und werden dann direkt ausgewertet. Wird das Ereignis auch im neuen Zustand nicht konsumiert (beispielsweise durch eine entsprechende Transition), kann es entweder erneut über das Schlüsselwort *defer* zurückgestellt werden, oder aber das Ereignis geht verloren.

Neben zustandsinternen Aktionen bieten *zustandsinterne Transitionen* eine weitere Möglichkeit zustandsinternes Verhalten zu modellieren. Analog zu gewöhnlichen Transitionen werden sie ebenfalls durch einen Trigger, eine Bedingung und einen Effekt definiert und auch ihre Auswertung und Ausführung erfolgt analog. Alternativ wäre es auch möglich eine gewöhnliche externe Transition zu definieren, die denselben Zustand als Ausgangs- und als Zielzustand hat. Wird allerdings eine interne Transition gefeuert, wird der Zustand nicht verlassen. Dies bedeutet insbesondere, dass beim Feuern einer internen Transition weder die Eintritts-, noch die Austrittsaktion (siehe unten) des Zustands ausgeführt werden. Im Gegensatz dazu wird bei einer externen Transition der Zustand verlassen. Das bedeutet, es wird zunächst eine potentiell aktive Do-Aktivität gestoppt, die Austrittsaktion des Zustands wird ausgeführt, dann wird der Effekt der externen Transition ausgeführt, danach wird der Zustand erneut eingenommen und entsprechend die Eintrittsaktion ausgeführt und abschließend die Do-Aktivität neu gestartet.

Abschließend lässt sich analog zur Eintrittsaktion auch eine *Austrittsaktion (engl. Exit Action)* definieren, die ausgeführt wird sobald der Zustand verlassen wird.

Betrachtet man sich die zustandsinternen Aktionen im Zusammenhang mit den gewöhnlichen Transitionen zwischen Zuständen, so ergibt sich die folgende Ausführungsreihenfolge: Wird eine externe Transition gefeuert, dann wird zunächst eine potentiell aktive Do-Aktivität des Ausgangszustands abgebrochen, dann wird die Austrittsaktion des Ausgangszustands ausgeführt. Danach kommt der Effekt der gefeuerten, externen Transition zur Ausführung. Im Anschluss wird der Zielzustand betreten und entsprechend dessen Eintrittsaktion ausgeführt. Sobald diese abgeschlossen ist, startet die Ausführung der Do-Aktivität des Zielzustands. Sind interne Transitionen definiert und werden gefeuert, so wird die Do-Aktivität unterbrochen, der Effekt der internen Transition ausgeführt und anschließend wird die Do-Aktivität fortgesetzt.

Basierend auf diesen Modellierungselementen lassen sich bereits sehr komplexe Verhalten modellieren. In vielen Fällen werden allerdings weitere Modellierungskonstrukte benötigt, um die Komplexität der Modelle weiter zu verringern. Die erste wesentliche Erweiterung ist die *Hierarchisierung* von Zustandsdiagrammen. Dies bedeutet, dass ein Zustand weitere interne Unterzustände und Transitionen beinhalten kann. In diesem Fall spricht man von einem *Oberzustand* oder einem *zusammengesetzten Zustand* (engl. *Composite State*).

In dem in Abb. 7-21 dargestellten Beispiel, ist Zustand *B* ein zusammengesetzter Zustand, der durch einen separaten Zustandsautomat verfeinert wird. Die Hierarchie von Zuständen kann fast beliebig geschachtelt sein. Beispielsweise ist der Zustand *B3* wiederum ein zusammengesetzter Zustand, der durch einen weiteren Zustandsautomaten mit den Zuständen *B31* und *B32* verfeinert wird. Dabei können Zustandsautomaten, die zusammengesetzte Zustände verfeinern, auch in eigene Diagramme ausgelagert werden um somit die Darstellungskomplexität der Modelle zu reduzieren.

Zusätzlich ist es notwendig die Semantik der Transitionen zu verfeinern. Führt eine Transition zu einem zusammengesetzten Zustand, ist zunächst unklar welcher Unterzustand einzunehmen ist. Deshalb muss in jedem Unterzustandsdiagramm ein eigener Startzustand festgelegt werden, der definiert, welcher der Unterzustände eingenommen wird. Nimmt die Komponente im Beispiel den Zustand *B* ein, so muss entschieden werden, welcher der Unterzustände tatsächlich eingenommen wird. Aufgrund der Definition des Startzustands wird im Beispiel daher der Unterzustand *B1* eingenommen. Wird die Transition von Zustand *B2* zu *B3* genommen, so wird der Unterzustand *B31* eingenommen, da dieser als Startzustand des Unterzustandsdiagramms von Zustand *B3* definiert ist.

Entspricht das durch die Startzustände vorgegebene Standardverhalten nicht der Intention des Modellierers, so lassen sich alternativ als Zielzustände von Transitionen auch direkt Unterzustände angeben. Im Beispiel führt beispielsweise eine Transition von Zustand *D* direkt zu Zustand *B32*. Das bedeutet, dass Transitionen auch über mehrere Hierarchieebenen im Zustandsdiagramm hinweg definiert werden können.

Analog gilt dies auch für Transitionen, die zusammgesetzte Zustände verlassen. Wird eine Transition gefeuert, die einen zusammengesetzten Zustand als Ausgangszustand hat, so wird dieser Zustand verlassen, unabhängig davon in welchem konkreten Unterzustand sich die Komponente gerade befindet. Befindet sich der Zustandsautomat aus Abbildung 11.19 beispielsweise in einem Unterzustand von *B* und das Ereignis *e13* tritt ein, so wird der Zustand *B* verlassen und der Zustand *C* eingenommen, unabhängig davon in welchem Unterzustand von *B* sich die Komponente gerade befindet. Dies gilt beispielsweise auch, wenn sich die Komponente im Unterzustand *B32* befindet.

Um ein anderes Verhalten zu erreichen, können ausgehende Transition direkt für die Unterzustände definiert werden. Ist unsere Beispielkomponente in Zustand *D21* und das Ereignis *e8* tritt ein, dann wird die Komponente in Zustand *B2* versetzt. In jedem anderen Unterzustand von *D* wird das Ereignis *e8* hingegen ignoriert und hat keinerlei Effekt.

Eine weitere Möglichkeit den Kontrollfluss in hierarchischen Zustandsautomaten zu beeinflussen ist durch sogenannte *History-Zustände (engl. History States)* gegeben. History-Zustände gehen ebenfalls auf Harel State Charts zurück und stehen daher in den meisten Modellierungssprachen zur Verfügung. In der UML gehören History States genauso wie auch die Startzustände zur Klasse der sogenannten *Pseudozustände*. Dies bedeutet, dass dies keine echten Zustände darstellen, die von dem System tatsächlich eingenommen werden können. Sondern sie stellen lediglich eine vereinfachende Notation dar, die die Modellierung von Zustandsdiagrammen vereinfachen und das Verhalten des Zustandsautomaten beeinflussen.

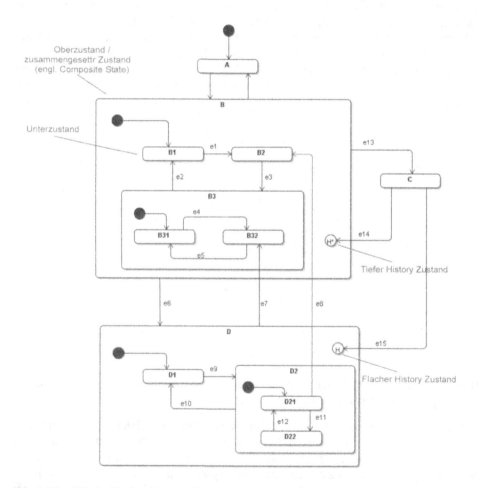

Abb. 7-21: Hierarchisches Zustandsdiagramm

History-Zustände können nur innerhalb von zusammengesetzten Zuständen verwendet werden. Führt eine Transition zu einem History-Zustand, dann geht der entsprechende zusammengesetzte Zustand nicht in den definierten Startzustand, sondern es wird der Unterzustand eingenommen, in dem die Komponente war, als der zusammengesetzte Zustand das letzte Mal verlassen wurde. Dabei unterscheidet man zwischen *flachen* und *tiefen* History-Zuständen. Im ersten Fall wird diese Semantik nur für genau die Hierarchieebene im Zustandsdiagramm angewendet, innerhalb derer auch der flache History-Zustand definiert ist. Bei einem tiefen History-Zustand wird diese Semantik auch rekursiv auf alle darunter liegenden Hierarchieebenen angewendet.

Um das Konzept von History-Zuständen nochmals zu verdeutlichen, zeigt Abb. 7-22 ein Sequenzdiagramm, das einen möglichen Pfad durch das Zustandsdiagramm aus Abb. 7-21 zeigt. Zu Beginn ist die Komponente in Zustand *D22* und Ereignis *e7* tritt ein. Daraufhin wird Zustand *B32* eingenommen. Sobald das Ereignis *e13* eintritt, nimmt die Komponente Zustand *C* ein. Wenn nun Ereignis *e15* eintritt, führt die entsprechende Transition zu einem flachen History-Zustand innerhalb des zusammengesetzten Zustandes *D*. Aus diesem Grund wird nicht der definierte Startzustand *D1* sondern Zustand *D2* eingenommen, da sich der zusammengesetzte Zustand *D* in diesem Unterzustand befand, als er zu Beginn des Szenarios verlassen wurde. Da es sich allerdings nur um einen flachen History-Zustand handelt, wirkt sich die History-Semantik nicht auf den Zustand *D2* aus, der ebenfalls ein zusammengesetzter Zustand ist. Aus diesem Grund, wird nicht der Zustand *D22* eingenommen, den die Komponente zu Beginn des Szenarios hatte. Stattdessen wird der definierte Startzustand *D21* eingenommen.

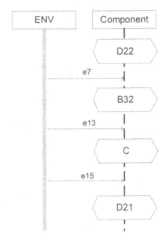

Abb. 7-22:   Möglicher Pfad durch das Zustandsdiagramm aus Abb. 7-21, der das Konzept flacher History-Zustände verdeutlicht.

Abb. 7-23 stellt einen weiteren Pfad dar, um die Semantik **tiefer History-Zustände** zu erläutern. Wenn sich die Komponente zu Beginn in Zustand *B32* befindet und das Ereignis *e13* empfängt, so nimmt sie den Zustand *C* ein. Tritt dann Ereignis *e14* auf, so führt die entsprechend getriggerte Transition zu einem tiefen History-Zustand, der innerhalb des zusammengesetzten Zustands *B* definiert ist. Aus diesem Grund wird nicht dessen Startzustand *B1* eingenommen, sondern Unterzustand *B3*, in dem sich die Komponente beim Verlassen von Zustand *B* zu Beginn des Szenarios befunden hatte. Da es sich in diesem Fall um einen tiefen History-Zustand handelt, wird die History-Semantik auch auf alle darunter liegenden Unterzustände angewendet. Aus diesem Grund wird innerhalb des zusammengesetzten Zustands

B3 nicht dessen Startzustand eingenommen, sondern Zustand *B32*, der beim Verlassen von *B3* zu Beginn des Szenarios aktiv war.

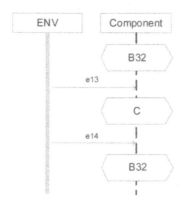

Abb. 7-23:   Pfad durch das Zustandsdiagramm aus Abb. 7-21, der das Konzept tiefer History-Zustände verdeutlicht

Ein weiteres wesentliches Konzept von Harel State Charts ist die Möglichkeit *Parallelität* zu modellieren. In gewöhnlichen Zustandsdiagrammen handelt es sich bei allen Zuständen um sogenannte *ODER-Zustände*. Dies bedeutet, dass sich eine Komponente *entweder* in einem Zustand *oder* in einem anderen Zustand befindet. Es kann also zu einem Zeitpunkt immer nur ein Zustand aktiv sein. Um Parallelität modellieren zu können, wird durch Harel State Charts das Prinzip der *UND-Zustände* eingeführt. Dies bedeutet, dass sich eine Komponente in einem Zustand *und* zugleich in einem anderen Zustand befinden kann. Der tatsächliche Zustand einer Komponente ergibt sich dann aus der Vereinigung aller zu einem Zeitpunkt aktiven Zustände.

Abb. 7-24 stellt die wesentlichen Modellierungselemente paralleler Zustandsdiagramme dar. Zur Vereinfachung der Lesbarkeit sind in diesem Beispiel die Annotationen der Transitionen entfallen. Im Beispiel ist Zustand *A* wiederum ein zusammengesetzter Zustand, d.h. er wird durch Unterzustände und -transitionen verfeinert. Dabei wird er allerdings nicht in ein einzelnes Zustandsdiagramm, sondern in zwei nebenläufige Diagramme verfeinert, die durch eine gestrichelte Linie voneinander getrennt sind. Analog zu zusammengesetzten *ODER-*Zuständen hat jeder parallele Bereich eines *UND-*Zustandes seinen eigenen Startzustand, da es ansonsten indeterministisch wäre, welcher Unterzustand bei der Aktivierung von Zustand *A* eingenommen wird. Wird Zustand *A* aktiviert, so nimmt der Automat den Unterzustand *AA1 und* gleichzeitig den Unterzustand *AB1* ein. Der tatsächliche Zustand der Komponente ist also durch die Vereinigung aller aktiver Unterzustände *{AA1,AB1}* gegeben. Im Anschluss arbeiten beide parallele Zustandsdiagramme unabhängig voneinander. Alle Kombinationen der Zustände *AA** mit den Zuständen *AB** sind dadurch möglich, wie beispielsweise *{AA2, AB1}*, *{AA3, AB2}* usw.

Analog zu hierarchischen Zustandsdiagrammen werden auch zur Modellierung von parallelen Zustandsdiagrammen Modellierungskonzepte angeboten, mit denen sich ein vom Standard abweichendes Verhalten definieren lässt. Dazu kommen die Modellierungselemente *Fork* und *Join* zum Einsatz, wie sie schon im Kontext von Aktivitätsdiagrammen (siehe Abschnitt 7.4.1) vorgestellt wurden.

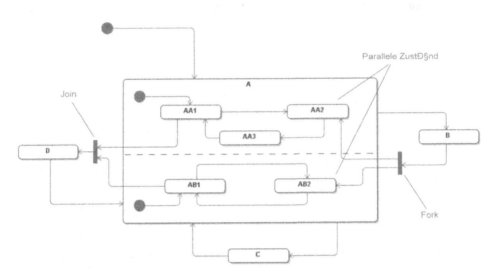

Abb. 7-24:　Parallele Zustandsdiagramme

Verlässt beispielsweise das Zustandsdiagramm aus Abb. 7-24 den Zustand *B*, so wird erneut Zustand *A* eingenommen. Allerdings werden dabei nicht die als Startzustand definierten Unterzustände eingenommen. Stattdessen werden die Zustände *AA2* und *AB2* eingenommen, da die Transition gezielt zu diesen Unterzuständen führt. Soll eine Transition wie im Beispiel einen *ODER*-Zustand mit mehreren *UND*-Zuständen verbinden, so kann das Modellierungselement *Fork* genutzt werden, um die Transition aufzuspalten und dadurch parallele Abläufe zu erzeugen.

Umgekehrt kann das Modellierungselement *Join* genutzt werden, um parallele Abläufe zu synchronisieren. Dadurch lässt sich eine Transition von mehreren *UND*-Zuständen auf einen einzelnen *ODER*-Zustand definieren, um die Parallelität im Automaten explizit aufzuheben. Im Beispiel werden die *UND*-Zustände *AA1* und *AB1* über ein *Join*-Element mit dem *ODER*-Zustand *D* verbunden. Werden unterschiedliche Transitionen über ein *Join*-Element vereinigt, so müssen diese denselben Trigger haben. Deshalb wird dieser meist dem Teil der Transition zugewiesen, der das *Join*-Element mit dem Zielzustand verbindet.

7.4.3　Blockdiagramme

Auch wenn Zustandsdiagramme von entscheidender Bedeutung für die Entwicklung eingebetteter System sind, so weisen viele Funktionen eingebetteter Systeme ein quasi-kontinuierliches Verhalten auf, wie beispielsweise Filter oder Regler. Ein solches Verhalten lässt sich mit Zustandsdiagrammen nicht modellieren. Zwar kann dieses Verhalten mit Aktivitätsdiagrammen modelliert werden, wobei das Aktivitätsdiagramm dann aber lediglich eine grafische Darstellung der Implementierung eines Algorithmus analog zur Programmierung darstellt. Dadurch bietet das Diagramm nicht die gewünschte Abstraktion von der Implementierung und kann die Komplexität der Verhaltensmodellierung nicht reduzieren.

Weit verbreitete Sprachen wie die UML sind allerdings auf diese beiden Formen der Verhaltensmodellierung beschränkt, sodass es nur sehr schwer möglich ist damit quasi-kontinuierliches Verhalten zu modellieren. Verwendet man in der Entwicklung eingebetteter Systeme ausschließlich die UML, geht man meist dazu über das quasi-kontinuierliche Verhalten in Form von Aktivitäten (beispielsweise auch Aktivitäten innerhalb von Zustandsdiagrammen) nicht zu modellieren, sondern zu programmieren. Die Vorteile der modellbasierten Entwicklung gehen dadurch verloren, da wesentliche Teile der Funktionalität dann letztlich doch programmiert werden müssen.

Aus diesem Grund spielen in der Entwicklung eingebetteter Softwaresysteme die *Blockdiagramme* als weitere Klasse von Verhaltensmodellen eine entscheidende Rolle. Diese Modelle konzentrieren sich nicht auf den Kontrollfluss, sondern auf den Datenfluss im Modell und ähneln dabei sehr stark datenflussorientieren Strukturdiagrammen. Vergleichbar zu elektrischen Schaltkreisen werden die Ein- und Ausgänge bekannter Basiselemente miteinander verbunden. Diese Basiselemente haben eine wohlbekannte Semantik. In Kombination mit der Verbindung dieser Basiselemente ergibt sich daraus eine eindeutige Semantik des Verhaltensmodells.

Beispielsweise zeigt Abb. 7-25 eine logische Digitalschaltung, anhand derer sich das Prinzip von Blockdiagrammen darstellen lässt. Die Semantik der einzelnen Blöcke ist bekannt. In diesem Fall sind dies *UND*, *ODER* und *XODER*-Gatter. Die Eingaben der modellierten Funktionen sind durch die *Quellen* des Datenflusses gegeben. Die Ausgaben bilden die *Senken*. Durch die Verbindung der Blöcke, Quellen und Senken wird der Datenfluss von den Quellen zu den Senken und somit das Verhalten der Schaltung vollständig definiert.

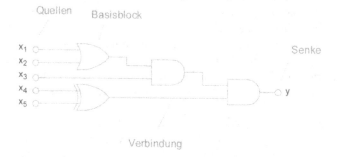

Abb. 7-25:   Beispiel: Logische Schaltung

Sind die Eingänge von oben nach unten mit x_1 bis x_5 und der Ausgang mit y bezeichnet, dann ist die modellierte Funktion über das Blockdiagramm eindeutig definiert als

$$y = f(x_1, x_2, x_3, x_4, x_5)$$
$$y = ((x_1 + x_2) \cdot x_3) \cdot (x_4 \oplus x_5)$$

Als weiteres Beispiel zeigt Abb. 7-26 das Filterdiagramm eines digitalen FIR-Filters. Auch in diesem Beispiel ist die Funktion des Filters vollständig durch eine datenflussorientierte Verschaltung von Basiselementen mit einer wohl definierten Semantik beschrieben.

Es gibt sehr viele weitere Beispiele, die verdeutlichen, dass Blockdiagramme sehr intuitiv den Notationen gleichen, wie sie in vielen Ingenieursdisziplinen zum Einsatz kommen. Dies gilt insbesondere auch für grundlegende Konzepte der Elektrotechnik, wie Regelungstechnik und digitale Filter, die eine elementare Grundlage für die Entwicklung vieler eingebetteter Systeme bilden.

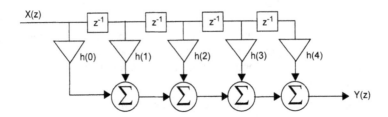

Abb. 7-26:   Filterdiagramm eines digitalen FIR filters

Aus diesem Grund unterstützen viele Werkzeuge, die in der Entwicklung eingebetteter Systeme eingesetzt werden, die datenflussorientierte Verhaltensmodellierung mit Blockdiagrammen. Beispiele sind Matlab/Simulink, ASCET, Labview, SCADE und viele mehr. Alle diese Werkzeuge haben leichte Unterschiede in der Syntax und der Semantik der unterstützten Blockdiagramme. Trotzdem folgen sie alle im Wesentlichen den grundlegenden Ideen von Blockdiagrammen, wie sie oben beschrieben wurden. Aus diesem Grund beschreiben wir zunächst die allgemeinen Prinzipien unabhängig von einer konkreten Sprache oder eines konkreten Werkzeugs. Zur Verdeutlichung der Konzepte werden wir allerdings Beispiele heran ziehen, die in Matlab/Simulink modelliert sind.

Im Wesentlichen bestehen Blockdiagramme aus zwei grundlegenden Modellierungselementen: *Blöcke* und *Verbindungen*. Blöcke sind die atomaren Modellierungselemente und somit in gewisser Weise vergleichbar mit einzelnen Befehlen einer Programmiersprache wie Additionen, Divisionen, Zuweisungen oder Verzweigungen. In datenflussorientierten Blockdiagrammen stehen vergleichbare mathematische Operationen in Form von Blöcken, wie beispielsweise Addierern, zur Verfügung. Analoge Konzepte zu Verzweigungen lassen sich über Blöcke wie Schalter umsetzen, mit denen der Datenfluss im Diagramm kontrolliert werden kann.

Im Prinzip stellt jeder Block eine mathematische (Vektor-) funktion dar, die eine Menge von Eingangswerten auf eine Menge von Ausgabewerten abbildet. Dazu besteht jeder Block aus einer Menge mehr oder weniger komplexer Funktionen. Die meisten Werkzeuge stellen enorm große Bibliotheken von Basisblöcken zur Verfügung. Zudem lassen sich auch meist eigene Basisblöcke definieren, indem man die Funktionen, die den Block beschreiben, manuell (meist in Form von Quellcode) zur Verfügung stellt.

Einen speziellen Typ von Blocks stellen *Quellen* dar, die den Eintrittspunkt des Datenflusses darstellen und nur Ausgänge zur Verfügung stellen. Beispiele für Quellen sind Eingangsports von Modulen, aber auch Konstanten oder Signalgeneratoren, die beliebige Signale, wie beispielsweise ein Sinussignal, erzeugen. Analog dazu stellen *Senken* den Endpunkt von Datenflüssen dar und haben entsprechend nur Eingangswerte. Beispiele hierfür sind insbesondere die Ausgangsports von Modulen.

Um den Datenfluss zu schließen, werden die Blöcke über *Verbindungen* miteinander verbunden. Jeder Block stellt dazu für jede benötigte Eingangsvariable einen Eingangsport, und für jede Ergebnisvariable einen Ausgangsport zur Verfügung. Verbindungen verbinden dann einen Ausgangsport eines Blocks mit einem Eingangsport eines anderen Blocks. Dies bedeutet zunächst nur, dass das von einem Block berechnete Ergebnis als Eingabevariable für die Berechnungen eines anderen Blocks dient. Die Verbindungen stellen daher zunächst eine mathematische Verbindung zwischen den Blöcken her, die nicht mit den Verbindungen in

Strukturmodellen zu verwechseln sind. Die Verbindungssemantik in Blockdiagrammen ist mathematisch und nicht technisch zu verstehen, d.h. es werden weder Signale ausgetauscht, noch werden Shared Variables zur Kommunikation genutzt. Der Grund dafür liegt darin, dass viele Blockdiagrammsprachen ihren Ursprung in Ingenieursdisziplinen wie beispielsweise der Regelungstechnik haben und dort primär für Simulationen genutzt wurden. Die Codegenerierung, die die Verwendung der Werkzeuge für die Softwareentwicklung möglich macht, ist eine Weiterentwicklung der Werkzeuge des letzten Jahrzehnts.

Dabei ist allerdings zu beachten, dass sich die genaue Verbindungssemantik von Werkzeug zu Werkzeug unterscheiden kann. Letztlich gehen diese Unterschiede aber meist auf unterschiedliche technische Realisierungen der oben beschriebenen Verbindungssemantik zurück. Nichtsdestotrotz muss man sich bei der Verwendung von Blockdiagrammen stets mit der zugrundeliegenden Semantik vertraut machen, um Modellierungsfehler zu vermeiden.

Um die Basiskonzepte *Blöcke und Verbindungen* zu verdeutlichen, stellt Abb. 7-27 ein Simulink-Modell eines einfachen PID-Reglers dar, der die Geschwindigkeit eines Fahrzeugs regelt.

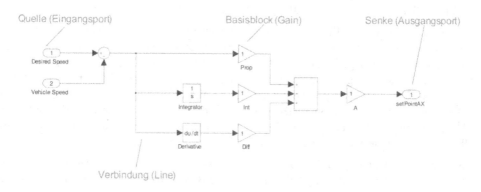

Abb. 7-27: Simulinkmodell eines einfachen PID-Reglers

Die Quellen des Blockdiagramms sind durch die Eingangsports des modellierten Moduls gegeben. Dies sind die Sollgeschwindigkeit (*Desired Speed*) und die Ist-Geschwindigkeit (*Vehicle Speed*) des Fahrzeugs. Das Blockdiagramm an sich entspricht dem typischen Aufbau eines Reglers. Zu Beginn wird also zunächst die Regeldifferenz gebildet, in dem ein Subtraktionsblock die Differenz zwischen Soll- und Istwert bildet. Die Regeldifferenz wird als Eingangswert für drei unterschiedliche Blöcke verwendet, die den Proportional-, den Integral- und den Differentialanteil des Reglers darstellen. Während sich der Proportionalanteil durch eine einfache Multiplikation mit einer Konstanten (*Gain-Block*) realisieren lässt, so müsste bei der Integration in der Programmierung schon auf komplexere Algorithmen, wie beispielsweise ein Simpsonintegral zurückgegriffen werden, um schrittweise das Integral über alle Eingangswerte über der Zeit zu bilden. Ähnlich gilt dies für den Differentialblock. Im Block-Diagramm kommen dazu jeweils einfach spezielle Blöcke zum Einsatz, die die Integration (*Integrator*) bzw. die Differenzierung (*Derivative*) der Eingangswerte über der Zeit vornehmen. Der Anteil, d.h. Gewicht des Integral- und des Differentialanteils wird dann jeweils über einen zusätzlichen Gain-Block eingerechnet. Anschließend werden alle Anteile über einen Addierer aufsummiert und abschließend mit einem allgemeinen Verstärkungswert durch einen Gain-Block multipliziert. Der Ausgangsport des Gain-Blocks ist schließlich dem Ausgangsport der Komponente verbunden, der die Senke des modellierten Datenflusses darstellt.

Dieses Blockdiagramm kann nun mit quasi-kontinuierlichen Signalen über die Eingangsports gespeist werden und wird selbst ein quasi-kontinuierliches Ausgangssignal über den Ausgabeport liefern. Die Eingangssignale sind in diesem Fall Zeitsignale der Soll- und Ist-Geschwindigkeit, die für die Verarbeitung in Software (beispielsweise basierend auf Sensorsignalen) digitalisiert wurden, weshalb wir von einem *quasi*-kontinuierlichen Signal sprechen. Technisch wird aus dem graphischen Modell zwar zunächst ein mathematisches Gleichungssystem erzeugt, das die eigentliche Signalverarbeitung vornimmt. Als Gedankenstütze, um das im Simulinkmodell definierte Verhalten zu verstehen, kann man aber sicherlich den Vergleich zu einer analogen Schaltung heran ziehen. Das Simulinkmodell kann man sich daher in gewisser Art wie das digitale Abbild einer analogen Schaltung vorstellen. In die analoge Schaltung werden die echt kontinuierlichen Eingangssignale in Form von Spannungen eingespeist und beispielsweise über Operationsverstärker transformiert, um ein entsprechendes Spannungssignal als Ausgang zu erzeugen. Das Simulinkmodell lässt sich ähnlich interpretieren, mit dem Unterschied, dass die Signale digital vorliegen und anstelle von Operationsverstärkern die definierten Blöcke die Signale transformieren.

Im Gegensatz zu kontrollflussorientierten Verhaltensmodellen, wie beispielsweise Aktivitäts- und Zustandsdiagramme, kann man bei Blockdiagrammen von vielen Implementierungsaspekten wie beispielsweise der Ausführungsreihenfolge, Konstrukten wie ein „Aufruf" von Blöcken analog zu Funktionsaufrufen, und speziellen Befehlen für den Datenaustausch zwischen Blöcken, abstrahieren. Die zugrunde liegenden Simulatoren und Codegeneratoren sorgen automatisiert dafür, dass die Eingangssignale entsprechend ihrer Abtastrate Wert für Wert eingespeist werden, die Blöcke in der richtigen Reihenfolge ausgeführt werden und die Werte zwischen den Blöcken ausgetauscht werden.

Als weiterer Aspekt zeigt dieses Beispiel zudem auf, dass sich auch Nebenläufigkeit sehr intuitiv in Blockdiagrammen modellieren lässt. Die Berechnung der einzelnen Regleranteile kann beispielsweise vollständig parallel erfolgen. Zu diesem Zweck lassen sich Verbindung einfach aufspalten um einen Ausgangswert eines Blocks an mehrere Blocks weiter zu leiten. Über den Addierer wird der parallele Datenfluss wieder synchronisiert. Datenflussorientierte Blockdiagramme sind inhärent parallel und es werden keine umständlichen Konstrukte zur expliziten Modellierung von Parallelität benötigt.

Analog zu Konzepten wie Bedingungen und Schleifen, mit deren Hilfe sich der Kontrollfluss manipulieren lässt, gibt es auch entsprechende Modellierungselemente, mit deren Hilfe sich der Datenfluss innerhalb von Blockdiagrammen kontrollieren lässt. Sogenannte *Switch-Blöcke* funktionieren dazu wie Schalter mit deren Hilfe sich der Datenfluss umleiten lässt.

Abb. 7-28 zeigt beispielsweise einen Switch-Block, wie er in Simulink zur Verfügung steht. Switch-Blöcke haben einen Kontrollport und mehrere Datenports. Über den Kontrollport wird festgelegt, welcher der Dateneingänge an den Ausgang weitergeleitet wird. Liegt beispielsweise an Port *In1* der Wert «*1*» an, so wird Eingangsport *In2* mit dem Ausgangsport *Out1* verbunden. Liegt an *In1* hingegen der Wert «*2*» an, so wird der Eingang *In3* mit *Out1* verbunden.

Als weiteres Beispiel zeigt Abb. 7-29, wie sich ein Switch-Block verwenden lässt, um ein If-Konstrukt zu modellieren. In diesem Beispiel dient der zweite Eingang als Kontrollport, mit dem die Bedingung verbunden ist. Wenn als Bedingung der Wert «*1*» anliegt, so wird der erste Datenport, d.h. der *If-Wert*, anderenfalls der zweite Datenport, d.h. der *Else-Wert*, mit dem Ausgang verbunden.

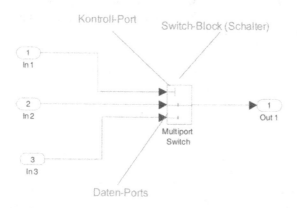

Abb. 7-28:   Switch-Blöcke können zur Kontrolle des Datenflusses verwendet werden.

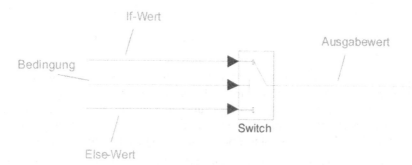

Abb. 7-29:   Verwendung eines Switch-Blocks um ein If-Konstrukt zu modellieren.

Ein solches Konstrukt sollte allerdings nur in sehr einfachen Fällen eingesetzt werden. Beispielsweise wenn unterschiedliche Konstanten in Abhängigkeit von einer Bedingung ausgewählt werden müssen.

Um komplexere Kontrollflusselemente zu modellieren, werden von den meisten datenflussorientierten Blockdiagrammsprachen spezielle Modellierungskonstrukte zur Verfügung gestellt. Als Beispiel zeigt Abb. 7-30 wie Simulink-Konstrukte genutzt werden können, um eine if-Anweisung umzusetzen. Simulink stellt dazu einen speziellen *if-Block* zur Verfügung, um die Bedingung und optional eine Liste von else-if-Bedingungen zu modellieren.

Die Ausgänge des *if-Blocks* werden dann mit speziellen *Aktionsblöcken* verbunden. Diese Aktionsblöcke sind spezielle hierarchische Blöcke, wie sie weiter unten noch detaillierter erläutert werden. Dies bedeutet, dass innerhalb der Aktionsblöcke eigene Subblockdiagramme definiert werden können. Wird die if-Bedingung zu wahr evaluiert, so wird der *If-Action-Block* ausgeführt. Anderenfalls wird der *Else-Action-Block* ausgeführt. Da aber immer nur ein Ergebnis an den Ausgangsport *Out1* weitergeleitet werden soll - entweder das Ergebnis der If-Action-Blocks oder das Ergebnis des Else-Action-Blocks - kommt zusätzlich ein sogenannter *Merge*-Block zum Einsatz. Ein *Merge*-Block leitet immer den aktuellsten Eingansgwert weiter. Wird also der *If-Action-Block* ausgeführt ist dessen Ergebnis der aktuellste Eingang des *Merge*-Blocks und wird entsprechend an den Ausgangsport weitergeleitet. Wird stattdessen der *Else-Action-Block* ausgeführt ist dessen Ergebnis aktueller und wird entsprechend durch den *Merge*-Block weitergeleitet.

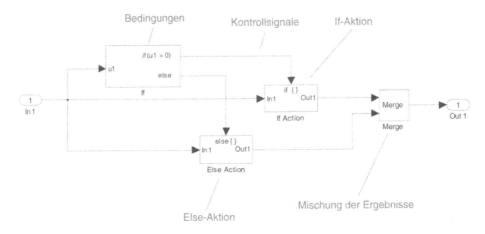

Abb. 7-30:   Modellierungskonstrukte für If-Bedingungen in Blockdiagrammen

Ähnliche Konstrukte stehen auch zur Modellierung komplexerer Kontrollflusskonstrukte, wie beispielsweise *Switch*-Konstrukte oder Schleifen zur Verfügung. Kontrollfluss lässt sich allerdings in den datenflussorientierten Blockdiagrammen nur sehr unintuitiv modellieren und sollte daher nach Möglichkeit vermieden werden. Stattdessen bieten die meisten Werkzeuge die Möglichkeit Blockdiagramme mit Zustandsdiagrammen zu kombinieren.

Ein weiteres Element von Blockdiagrammen ist die Hierarchiebildung. Wie auch beispielsweise in Zustandsdiagrammen, lässt sich die Modellkomplexität durch die hierarchische Modellierung signifikant reduzieren. Genauso wie sich wieder verwendbare Programmfragmente in Programmiersprachen in Funktionen und Bibliotheken kapseln lassen, so können Blockdiagramme in wieder verwendbaren hierarchischen Einheiten gekapselt werden.

Wie Basisblöcke definieren auch hierarchische Blöcke Ports über die sie durch Verbindungen mit anderen Blöcken verbunden werden können. Während allerdings das Verhalten von Basisblöcken beispielsweise über einen Satz von mathematischen Funktionen beschrieben ist, so wird das Verhalten eines hierarchischen Blocks durch ein weiteres Blockdiagramm beschrieben, das den Datenfluss von den Eingangsports des hierarchischen Blocks zu dessen Ausgangsports definiert. Da sich hierarchische Blöcke aufgrund der identischen Schnittstelle genauso verwenden lassen wie Basisblöcke, können leicht fast beliebig tief geschachtelte Hierarchien gebildet werden.

Während allerdings die Semantik von Basisblöcken meist wohl definiert ist bzw. zumindest definiert sein sollte, so ist dies bei hierarchischen Blöcken häufig nicht der Fall. Umso komplexer ein hierarchischer Block wird, umso schwieriger ist es dessen Semantik geschlossen aus einer Black-Box-Sicht zu beschreiben. Dann ist es häufig unumgänglich in einen Block „hinein" zu schauen, um dessen Funktionsweise zu verstehen. Dadurch wird das Prinzip des „Information Hiding" verletzt und das tatsächliche Potential zur Komplexitätsreduktion verringert sich. Aus diesem Grund sollten Blockdiagramme nicht zu groß und zu komplex werden. Wird ein Verhaltensmodell zu komplex, ist dies meist ein Indiz dafür, dass die modellierte Komponente immer noch zu komplex ist und stattdessen im Rahmen der Strukturmodellierung in Teilkomponenten dekomponiert werden sollte.

Zur Veranschaulichung der Konzepte stellt Abb. 7-31 ein weiteres Simulink-Beispiel dar. In Simulink lassen sich hierarchische Blöcke über sogenannte *Subsysteme* umsetzen. Im Beispiel wird das oben beschriebene Blockdiagramm eines PID-Reglers in einem Subsystem gekapselt. Die Schnittstelle des Subsystems wird über Eingangs- und Ausgangsports definiert. Die interne Realisierung ist durch ein Blockdiagramm gegeben, das identisch zu dem obigen Beispiel aus Abb. 7-27 ist. Der einzige Unterschied liegt darin, dass nun nicht mehr die Ports der Komponenten, sondern die Ports des Subsystems als Quellen und Senken verwendet werden.

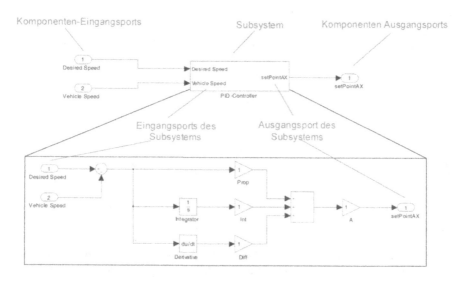

Abb. 7-31:   Beispiel der Hierarchiebildung in Simulink

Im übergeordneten Blockdiagramm wird das Subsystem genauso verwendet wie ein Basisblock und dessen Ein- und Ausgänge werden mit den Ports der Komponenten verbunden.

Der Nutzen der Hierarchisierung lässt weiter verbessern, indem man *maskierte Subsysteme* verwendet. Dies bedeutet, dass die interne Realisierung für den Nutzer eines Subsystems verborgen bleibt. Stattdessen hat er die Möglichkeit über eine Dialogmaske und den dort einstellbaren Parametern ein Subsystem für seine Zwecke anzupassen. Betrachtet man sich das Beispiel des PID-Reglers, so kann dieser leicht angepasst werden, in dem man dem Nutzer des Subsystems die Möglichkeit gibt, jeweils den Anteil des Proportional-, Integral- und Differentialanteils, sowie die Gesamtverstärkung über Parameter in einer Dialogbox anzupassen. Eine Anpassung des internen Blockdiagramms des Subsystems ist dann nicht mehr nötig.

Ohne an dieser Stelle die konkrete Umsetzung der Maskierung auszuführen, zeigt Abb. 7-32 erneut den PID-Regler als maskiertes Subsystem. Verwendet man das Subsystem *PID-Controller*, so bleibt dessen interne Realisierung zunächst im Verborgenen.

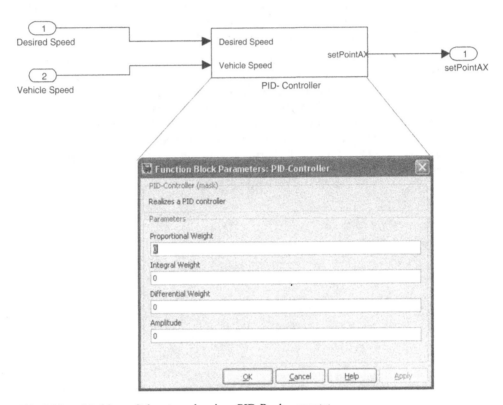

Abb. 7-32:   Maskiertes Subsystem, das einen PID-Regler umsetzt.

Stattdessen steht dem Nutzer des Subsystems eine Dialogbox zur Verfügung, die zum einen die Funktion des Subsystems beschreibt und die Möglichkeit bietet komfortabel die Reglerparameter einzustellen. Über diese Konstrukte lässt sich die Komplexität der Modelle verringern und die Wiederverwendung von ausdrucksstarken Verhaltensblöcken erleichtern.

8 Methodik

Die in Kapitel 7 vorgestellten Modellierungstechniken bieten uns die Grundlagen, sozusagen das Handwerkszeug, um die Applikationssoftware eingebetteter Systeme modellbasiert entwickeln zu können. Wie jedes andere Werkzeug ist es allerdings für die Entwicklung wichtig zu verstehen, wie die Modellierungstechniken im Rahmen eines Entwicklungsprozesses methodisch eingesetzt werden. Daher werden wir uns in diesem Kapitel mit der Anwendung der Modelle im Entwicklungsprozess von den Anforderungen bis zur Implementierung auseinander setzen.

Abschnitt 8.1 führt dazu zunächst das Vorgehensmodell ein, das wir in diesem Kapitel als Referenz verwenden wollen. In den nachfolgenden Abschnitten befassen wir uns dann detaillierter mit den Aufgaben der einzelnen Entwicklungsphasen. Dabei werden wir über die einzelnen Phasen schrittweise ein einfaches Fallbeispiel entwickeln, um den Zusammenhang der einzelnen Phasen zu verdeutlichen. Als Fallbeispiel betrachten wir dazu ein Geschwindigkeits- und Abstandsregelungssystem (GAR) für das in Abb. 8-1 gezeigte Konzeptfahrzeug ConceptCar[8].

Abb. 8-1: Konzeptfahrzeug ConceptCar, das als Fallbeispiel untersucht wird

8.1 Referenzvorgehensmodell

Um komplexe Softwaresysteme entwickeln zu können, ist es notwendig die Software ingenieurmäßig zu entwickeln. Dies bedeutet insbesondere auch, dass die Entwicklung einem klaren Vorgehensmodell folgt. Dabei wird die Entwicklung in verschiedene Entwicklungs-

---

[8] Das Konzeptfahrzeug ConceptCar ist ein X-By-Wire Versuchsträger im Maßstab 1:5, der am Fraunhofer IESE in Kaiserslautern entwickelt wurde und als offene Forschungs- und Ausbildungsplattform für die Entwicklung eingebetteter Softwaresysteme im Automobil zur Verfügung steht.

phasen aufgeteilt, die schrittweise durchlaufen werden. Das Vorgehensmodell, das uns im Rahmen dieses Buchs als Referenz dienen soll, ist in Abb. 8-2 dargestellt. Es gibt sicherlich verschiedenste alternative Vorgehensmodelle, die sich ebenso gut für die Entwicklung eingebetteter Softwaresysteme nutzen lassen. Die einzelnen Entwicklungsphasen unseres Referenzvorgehensmodells werden sich allerdings in sehr ähnlicher Form in fast jedem Entwicklungsprozess wiederfinden. Das vorgestellte Referenzvorgehensmodell ist daher als *ein* Beispiel zu sehen, wie man bei der Entwicklung eingebetteter Systeme vorgehen kann. Dieses Beispiel dient uns vor allem als roter Faden, der uns durch die Anwendung der Modellierungstechniken in den einzelnen Entwicklungsphasen führen wird.

Bei unserem Referenzvorgehensmodell handelt es sich um ein so genanntes *Spiralmodell*, in dem das System iterativ entwickelt wird. In jeder Iteration wird eine Teilfunktion oder ein Teilsystem, ein so genanntes *Inkrement* entwickelt.

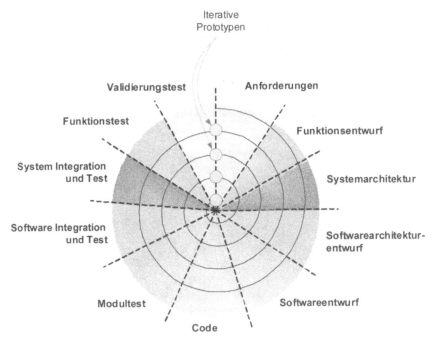

Abb. 8-2:   Referenzvorgehensmodell

Dazu werden alle Entwicklungsphasen durchlaufen bis am Ende eines Durchlaufs ein vollständig entwickeltes und getestetes Inkrement als *iterativer Prototyp* zur Verfügung steht. Im nächsten Durchlauf wird dieser Prototyp um ein weiteres Inkrement ergänzt und das System so schrittweise immer weiter ausgebaut bis letztlich das System mit dem vollen Funktionsumfang zur Verfügung steht.

Wichtiger als das zugrunde liegende Prozessmodell sind uns an dieser Stelle allerdings die durchlaufenen Phasen, da sich diese Phasen in verschiedenen Prozessmodellen, wie beispielsweise auch dem Wasserfallmodell, erfassen lassen. Abstrahiert man vom konkreten Prozess, lassen sich die Phasen und die erzeugten Ergebnisse auch in der bekannten Form eines V-Modells darstellen (Abb. 8-3). Wir verstehen dabei das V-Modell allerdings nicht als

Prozess- sondern als Produktmodell, das angibt welche wichtigen Zwischenschritte in der Entwicklung zu durchlaufen sind und welche Entwicklungsartefakte darin entstehen.

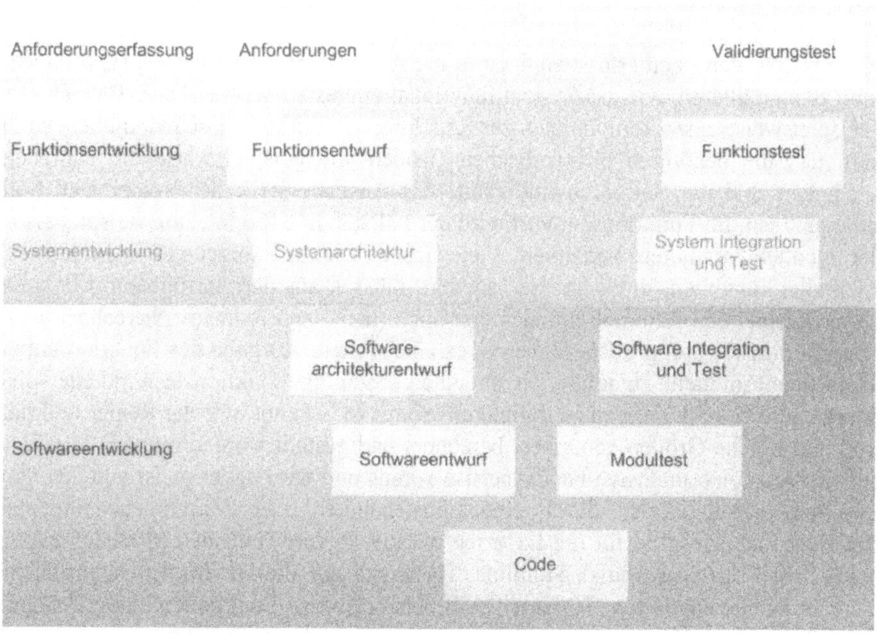

Anforderungserfassung   Anforderungen   Validierungstest

Funktionsentwicklung   Funktionsentwurf   Funktionstest

Systementwicklung   Systemarchitektur   System Integration und Test

                          Software-   Software Integration
                          architekturentwurf   und Test

Softwareentwicklung   Softwareentwurf   Modultest

                                            Code

Abb. 8-3:   V-Modell als Produktmodell des Lebenszyklus

Wie in Abb. 8-3 dargestellt, unterteilen wir die Entwicklung in vier große Teilbereiche. Die *Anforderungserfassung* dient dazu zunächst die Anforderungen des Kunden systematisch zu erfassen. Die *Funktionsentwicklung* beschäftigt sich mit der funktionalen Konzeption des Systems durch die Fachexperten, d.h. handelt es sich beispielsweise um ein Regelungssystem, so ist die Funktionsentwicklung die Phase, in denen Regelungstechniker den Regler konzipieren und die notwendigen Berechnungsmodelle aufstellen und prototypisch prüfen. Die eigentliche Umsetzung dieser Funktionen erfolgt dann durch Entwicklungsexperten. Bei großen Systemen erfolgt dazu zunächst die *Systementwicklung*, in der das Gesamtsystem definiert wird, das die beschriebene Funktion realisieren soll. Dies beinhaltet die Software, Hardware (z.B. die verwendeten Mikrokontroller/Steuergeräte), Elektrik (z.B. die Anschlüsse an die Spannungsversorgung oder die Verkabelung der Sensorik) und die mechanischen Komponenten (z.B. Ventile und Pumpen zum hydraulichen Stellen von Bremsmomenten an Rädern eines Automobils), sowie alle beteiligten Steuergeräte und deren Vernetzung falls es sich um ein verteiltes System handelt. Da wir uns in diesem Buch auf die Softwareentwicklung konzentrieren möchten, werden wir diese Phase nicht tiefer beleuchten, sondern betrachten direkt die Umsetzung der Funktion durch Software in der *Softwareentwicklung*. Ausgehend von den funktionalen Modellen der Domänenexperten, ist es die Aufgabe der Softwareentwicklungsexperten in dieser Phase ein Softwaresystem zu entwickeln, das nicht nur die von den Domänenexperten modellierten Funktionen umsetzt, sondern auch allen nicht-funktionalen Anforderungen von der Antwortzeit, über die Erweiter- und Wartbarkeit bis zur Zuverlässigkeit gerecht wird.

Betrachtet man sich diese Teilbereiche genauer, so beginnt der Entwicklungslebenszyklus mit der Erfassung der *Anforderungen*. Dabei geht es darum zu erfassen, *was* das System tun soll und *wie gut* es dies tun soll. Dazu werden die Anforderungen häufig natürlichsprachlich definiert. Ergänzt werden diese textuellen Anforderungen beispielsweise durch Anwendungsfälle und Szenarien.

Sobald die Anforderungen erfasst sind, ist es die Aufgabe des *Funktionsentwurfs* zu verstehen und zu modellieren, wie das System funktional umgesetzt werden kann. Betrachtet man sich beispielsweise einen Tempomaten zur Regelung der Fahrzeuggeschwindigkeit, so identifiziert man die benötigen physikalischen Größen wie beispielsweise die Fahrzeuggeschwindigkeit und die Sollgeschwindigkeit. Als Ausgabe stellt der Regler eine Sollbeschleunigung ein. Im Funktionsentwurf wird der vollständige Regler, zum Beispiel als PID-Regler mit allen Parametern konzipiert. Viele Größen wie die Fahrzeuggeschwindigkeit lassen sich allerdings nicht direkt messen sondern müssen aus den verfügbaren Messgrößen wie zum Beispiel den Radumdrehungen erst noch (meist approximativ) berechnet werden. Analog gilt dies für Stellgrößen. Daher ist es eine weitere Aufgabe des Funktionsentwurfs alle Berechnungsmodelle zu definieren, um eine vollständige funktionale Wirkkette von den Sensoren bis zu den Aktuatoren zu definieren. Somit ist bekannt, wie der Regler funktionieren soll und welche Größen gemessen, berechnet und gestellt werden müssen. Der Funktionsentwurf setzt eine intensive Fachexpertise voraus und wird daher meist von den Domänenexperten, beispielsweise durch Regelungstechniker oder Maschinenbauingenieure, durchgeführt und erfolgt in für die Experten intuitiv zu verwendenden Modellierungssprachen wie beispielsweise Matlab/Simulink. Basierend auf diesem Modell lassen sich die Funktionen bereits ausführen. So lassen sich beispielsweise Funktionen eines Systems im Automobil bereits auf einem leistungsfähigen Prototyprechner im Fahrzeug ausführen, um sehr frühzeitig zu validieren, ob die modellierte Funktion die Anforderungen des Kunden erfüllt. Der Funktionsentwurf abstrahiert dabei allerdings soweit als mögliche von Implementierungsdetails. Daher kann für jede einzelne Funktion ein separates Modell definiert werden. So kann es beispielsweise ein Modell für den Tempomaten und ein separates Modell für einen Notbremsassistenten geben, auch wenn diese Funktionen später in einem gemeinsamen Softwaresystem integriert werden sollen. Der Funktionsentwurf formalisiert also implementierungsunabhängig das notwendige Domänenwissen, auf Basis dessen die Softwareentwicklung starten kann. Gerade für die Entwicklung eingebetteter Systeme ist es von entscheidender Bedeutung, dass dadurch eine formale Schnittstelle zwischen Domänen- und Softwareexperten ermöglicht wird.

Auch wenn die Tatsache, dass sich die funktionalen Modelle bereits ausführen lassen, dazu verführt zu glauben, die Softwareentwicklung wäre bereits abgeschlossen, so beginnt an dieser Stelle erst die eigentliche Softwareentwicklung. Während sich der Funktionsentwurf rein um die funktionale Umsetzung dreht, geht es in den nachfolgenden Schritten um die technische Realisierung des Systems.

In vielen komplexen Systemen erfolgt nach dem Funktionsentwurf zunächst die *Systemarchitektur*, da das System meist nicht nur aus Software, sondern auch aus Mechanik und Elektronik besteht. Außerdem werden viele komplexe Funktionen durch mehr als ein Steuergerät realisiert, sodass in der Systemarchitektur auch die Topologie des Steuergerätenetzwerks modelliert werden muss. An dieser Stelle wollen wir von diesen Aspekten allerdings aus didaktischen Gründen abstrahieren und gehen davon aus, dass die Funktion direkt in Software implementiert wird und Aspekte wie die Verteilung der Software auf mehrere Steuergeräte im Rahmen der Softwarearchitektur berücksichtigt werden.

Um die im Funktionsentwurf modellierte Funktionalität technisch in Software zu realisieren, erfolgt ein vollständiger Softwareentwicklungszyklus, die nach dem Funktionsentwurf mit der *Softwarearchitekturentwurf* beginnt. Aus Sicht der Softwareentwicklung stellt der Funktionsentwurf eine Art Kombination aus formalisierter Anforderungsbeschreibung und formalisiertem Domänenwissen dar. Anhand des Funktionsentwurfs weiß der Softwarearchitekt, welche Signale gemessen, berechnet und gestellt werden. Außerdem beschreibt der Funktionsentwurf wie die Berechnungsmodelle und die Regler, Steuerungen etc. funktionieren. Darauf basierend erfolgt daher zunächst die Aufteilung der einzelnen Regler, Berechnungsmodelle und Signalaufbereitungen in wieder verwendbare Komponenten, um eine möglichst wartbare, erweiterbare und änderbare Softwarearchitektur zu erhalten. Da die im Funktionsentwurf definierten Funktionen auch in separaten Modellen vorliegen können, werden diese im Rahmen der Softwarearchitektur in ein System integriert. Beispielsweise benötigen sowohl die Funktion Tempomat als auch die Funktion Notbremsassistent eine Fahrzeuggeschwindigkeit. Im Rahmen der Softwarearchitektur wird daher entschieden, ob es sinnvoll ist, nur eine gemeinsame Komponente zur Bestimmung der Fahrzeuggeschwindigkeit vorzusehen, die von beiden Reglern genutzt wird. Das bedeutet, dass eine Funktion von mehreren Softwarekomponenten realisiert wird und eine Softwarekomponente zur Realisierung mehrerer Funktionen beitragen kann. Das System wird dabei soweit strukturell verfeinert, bis die Komponenten direkt durch die Definition eines Verhaltensmodells realisiert werden können. Diese Basiskomponenten, die nicht weiter verfeinert werden, bezeichnen wir auch als *Unit* oder *Modul*.

Neben dieser Abbildung von Funktionen auf sinnvolle Komponenten, wird je nach Abstraktionsebene auch die technische Architektur festgelegt. Beispielsweise wird festgelegt, ob die Software direkt auf dem Mikrokontroller ausgeführt wird, ob ein Betriebssystem zum Einsatz kommt, ob eine Separierung von Plattform- und Funktionssoftware vorgesehen ist, etc. Würde man zudem die funktionalen Modelle des Funktionsentwurfs unverändert als Ganzes ausführen, wären diese zu komplex, die Antwortzeiten des Systems wären entsprechend viel zu lange und die realisierbaren Abtastraten viel zu gering. Die Architektur gibt daher häufig zudem die Aufteilung des Systems auf mehrere Rechenknoten (*Deployment*) vor. In manchen Fällen wird auch die Verteilung auf mehrere Tasks innerhalb eines Rechenknotens (*Tasking*) in der Architektur definiert.

Sowohl das Deployment und insbesondere auch das Tasking können allerdings auch im *Softwareentwurf* festgelegt werden. Die Grenze wie detailliert die Architektur definiert wird und ab wann der Softwareentwurf beginnt ist meist sehr schwammig und sehr stark vom konkreten Projektkontext abhängig.

Hat ein Fahrzeug beispielsweise spezielle, dedizierte Steuergeräte, die die Fehlererkennung und -behandlung im System umsetzen, würde man dies bereits in der Architektur festlegen. Ebenfalls in der Architektur würde man festlegen, wenn es im gesamten System nur eine Komponente geben soll, die zentral die wichtigen Fahrzeugparameter wie Geschwindigkeit etc. bestimmt und auf die alle anderen Steuergeräte zurückgreifen müssen. Diese Aspekte würden im Deployment der Architektur modelliert werden, da sie das System als Ganzes betreffen. Erfolgt die Verteilung allerdings auf Steuergeräte mit homogenen Aufgaben, um zum Beispiel die Ausführungszeiten und die Speicherplatzausnutzung zu optimieren, würde man dies tendenziell eher im Entwurf modellieren. Analog gilt dies beim Tasking. Da aufgrund der meist geringen Leistungsfähigkeit von Steuergeräten nur sehr feingranulare Tasks definiert werden, ist diese Aufgabe in den meisten Fällen Teil des Entwurfs. Dies sind allerdings nur Anhaltspunkte und die exakte Trennung zwischen Architektur sollte flexibel und nicht zu formell gehandhabt werden.

Im Rahmen des *Softwareentwurfs* werden die Modelle soweit verfeinert, dass sich daraus Code generieren lässt. Zum einen ist es dazu nötig die in der Architektur nicht weiter verfeinerten Komponenten bis auf Modulebene zu verfeinern und das Verhalten der einzelnen Module zu modellieren. Dazu können verschiedenste Verhaltensmodelle zum Einsatz kommen. Typische Beispiele sind Zustandsdiagramme zur Modellierung von zustandsbasiertem Verhalten. Blockdiagramme, wie sie beispielsweise von Matlab/Simulink zur Verfügung gestellt werden, können dazu genutzt werden um quasi-kontinuierliches Verhalten wie Regler, Filter etc. zu modellieren. Alternativ werden einzelne Module auch im Rahmen einer modellbasierten Entwicklung direkt codiert. Müssen beispielsweise PWM-Signale abgetastet oder generiert werden, so lässt sich dies leichter programmieren als modellieren. Zudem ist für einige Module ein direkter Zugriff auf Hardwarekomponenten unvermeidbar, sodass sich diese leichter und übersichtlicher programmieren als modellieren lassen.

Neben der hierarchischen Verfeinerung und der Verhaltensmodellierung, müssen auch die Architekturmodelle erweitert werden, um eine Codegenerierung zu ermöglichen. Initial sind diese Modelle im Architekturentwurf plattformunabhängig und es ist notwendig diese um Komponenten zu erweitern, die beispielsweise die Anbindung an Bussysteme oder die Ausführungsplattform realisieren. Betrachten wir uns als Beispiel zwei Komponenten, die über einen CAN-Bus vernetzt sind, dann ist es notwendig zu modellieren, welche Signale über welchen Bus ausgetauscht werden, welche Nachrichten-IDs die jeweiligen Signale erhalten und wie die Daten codiert werden. Zusätzlich kann es nötig sein ein spezielles Protokoll festzulegen. Ein anderes Beispiel ist die Integration auf die Hardware. Während in Architektur-Deploymentdiagrammen meist nur eine Softwarekomponente über einen Pfeil abstrakt mit einer Hardware verbunden wird, müssen im Softwareentwurf alle Komponenten zugefügt werden, die zum Beispiel die Anbindung an E/A-Systeme, wie zum Beispiel A/D-Wandler, oder die Anbindung an Interrupts etc. realisieren.

Sobald der Entwurf abgeschlossen ist, sind die Modelle soweit verfeinert, dass sich daraus Code generieren lässt. Die *Codierung* beschränkt sich dann auf etwaige Codeoptimierungen, sowie ggf. weitere notwendige Erweiterungen um den Code in die Ausführungsplattform zu integrieren.

Nach der Codierung folgen *Integration und Test.* Nachdem die einzelnen Module entwickelt wurden, müssen diese schrittweise zum einem Gesamtsystem integriert werden. In dieser Phase steht auch das Testen der Software im Fokus. Die Testphase, die wir in diesem Buch nicht weiter verfeinern werden, setzt sich aus vier Teilphasen zusammen. Aufgabe der *Modultests* ist es die einzelnen Module zu testen. Die Testfälle werden dabei sowohl anhand der Schnittstelle der Module (Black-Box-Testen), als auch auf Basis der Modulimplementierung (White-Box-Testen) ermittelt. Der Fokus bei der Phase *Softwareintegration* und *Test* liegt zunächst darin die einzelnen Module zu integrieren und zu überprüfen, ob die einzelnen Module korrekt miteinander interagieren. Dazu werden die Module schrittweise gemäß der Softwarearchitektur zusammengefügt. Nach jedem Integrationsschritt wird zudem geprüft, ob sich durch die Integration neue Fehlerbilder in den zuvor bereits getesteten Systemteilen ergeben haben. Betrachtet man sich die Systementwicklung, erfolgt im nächsten Schritt die Phase *Systemintegration und Test,* in der zusätzlich die einzelnen Steuergeräte, sowie die Hardware-, Elektrik- und mechanischen Komponenten gemäß der Systemarchitektur integriert und als Ganzes getestet werden. Sobald das System vollständig integriert ist, wird das Verhalten im *Funktionstest* gegen die funktionalen Modelle getestet, um zu prüfen, ob die technische Realisierung die Funktionsentwürfe korrekt umsetzt. Abschließend erfolgen die *Validierungstests*, in denen das fertige System gegen die Anforderungen gestestet wird. Neben den funktionalen Anforderungen steht hier auch die Prüfung der nicht-funktionalen Eigenschaften, wie beispielsweise Antwortzeiten, im Mittelpunkt. Zudem wird das System hier auch häufig vom Kunden begutachtet, da sich viele Eigenschaften nur schwer formalisieren lassen. Betrachtet man beispielsweise Software für Automobile, die von einem Zulieferer entwickelt wird, so muss sich das System in zahlreichen Erprobungs-fahrten beim Fahrzeughersteller beweisen, bevor es eine Abnahme erhält.

8.2   Anforderungen

Betrachten wir uns nun die einzelnen Entwicklungsphasen im Detail, so ist es zu Beginn der Systementwicklung zunächst von zentraler Bedeutung, die Anforderungen an das System zu erfassen. Häufig haben Auftraggeber ein sehr ungenaues und teils auch widersprüchliches Bild davon, welche Aufgaben das System erfüllen soll. Identifiziert man unvollständige, missverständliche oder widersprüchliche Anforderungen erst in späteren Entwicklungspha-sen, so führt dies häufig zu sehr kostenintensiven Änderungen. Gleichzeitig muss man aller-dings bedenken, dass Anforderungen im Wesentlichen beschreiben sollten, *was* das System tun soll und *wie gut* es dies tun sollte. Das *Was* wird dabei durch die *funktionalen Anforde-rungen* ausgedrückt, während das *Wie gut* durch sogenannte *nicht-funktionale* (auch *extra-funktional* genannte) Anforderungen definiert wird. Dabei sollte man vermeiden, dass die Anforderungen vorgeben, *wie* diese umgesetzt werden können, da dies bereits die ersten Schritte der Entwicklung sind. Vorgezogene Entwicklungsentscheidungen sind dabei zwar nicht immer vermeidbar und in manchen Fällen auch durchaus sinnvoll. Allerdings schrän-ken diese den Lösungsraum unnötig ein und sollten daher vermieden werden.

Die geeignete Erfassung und Spezifikation der Anforderungen ist also offensichtlich ein nicht-trivialer Schritt. Dies gilt insbesondere, da in dieser Phase in Gesprächen mit dem Kunden dessen vagen Anforderungen formalisiert werden müssen, ohne dabei allerdings be-reits zu viele Umsetzungsvorgaben zu machen.

Ein zentrales Element der Anforderungsspezifikation ist nach wie vor die textuelle Beschrei-bung der Anforderungen. Während früher insbesondere handelsübliche Textverarbeitungs-oder Tabellenkalkulationswerkzeuge verwendet wurden, setzen sich mittlerweile immer mehr spezielle Werkzeuge zur Anforderungsspezifikation durch. Aus Sicht der modellba-sierten Entwicklung, werden diese textuellen Anforderungen häufig durch verschiedene Modelle ergänzt. Dabei können die Modelle zum einen das Verständnis verbessern, zum an-deren tragen sie aber auch zur Formalisierung der Anforderungen bei, wodurch sich Unklar-heiten und Widersprüche leichter vermeiden lassen.

Ein häufig verwendetes Diagramm der Anforderungserfassung ist das *Anwendungsfalldia-gramm*. Dieses Diagramm modelliert die außerhalb des Systems sichtbaren Möglichkeiten das System zu nutzen. Zudem legt es die Systemgrenze fest und zeigt die Interaktion des Sy-stems mit Nutzern und anderen Teilsystemen auf.

Abb. 8-4 zeigt das Anwendungsfalldiagramm des Geschwindigkeits- und Abstandsrege-lungsystems (GAR), das uns im weiteren Verlauf dieses Kapitels als Fallstudie begleiten wird. Dabei ist es zunächst wichtig die *Systemgrenze* festzulegen. Alle Modellierungsele-mente innerhalb der Systemgrenze sind Teil des Systems, das entwickelt wird. Liegen die Modellierungselemente außerhalb der Systemgrenzen, so bedeutet dies, dass das System zwar mit diesen Elementen interagiert, diese aber kein Bestandteil des zu entwickelnden Systems sind.

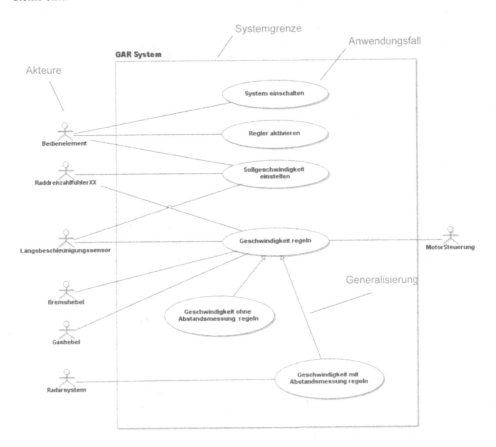

Abb. 8-4:   Anwendungsfalldiagramm des Fallbeispiels "GAR-System"

Innerhalb der Systemgrenze werden vor allem die *Anwendungsfälle* des Systems modelliert, die definieren, wie das System genutzt werden kann. Die Interaktionspartner außerhalb der Systemgrenze werden über *Akteure* modelliert. Diese können zum einen Personen, wie die Nutzer des Systems darstellen. Dabei modelliert man allerdings keine einzelnen Personen, sondern die Rollen, die die Personen einnehmen. Da eingebettete Softwaresysteme in technische Systeme integriert sind, interagiert die Software in vielen Fällen nicht direkt mit Nutzern, sondern mit anderen Teilsystemen, die ebenfalls als Akteure modelliert werden.

Betrachtet man sich das Geschwindigkeits- und Abstandsreglungssystem (*GAR-System*), so gibt es im Wesentlichen vier Anwendungsfälle. Die primäre Aufgabe des Systems wird durch den Anwendungsfall *Geschwindigkeit regeln* ausgedrückt. Das bedeutet, das System hat die Aufgabe die Geschwindigkeit eines Fahrzeugs auf einen voreingestellten Sollwert einzuregeln. Dieser Anwendungsfall lässt sich durch zwei spezifische Ausprägungen weiter detaillieren, was im Modell durch eine *Generalisierungsbeziehung* ausgedrückt wird. Dabei wird unterschieden zwischen den Anwendungsfällen *Geschwindigkeit ohne Abstandsmessung regeln* und *Geschwindigkeit mit Abstandsmessung regeln*. Im ersten Fall agiert das System wie ein einfacher Tempomat. Im zweiten Fall, erfolgt zusätzlich eine Abstandsmessung zum Vordermann. Erkennt das Radarsystem ein Hindernis vor dem Auto, so wird die Geschwindigkeit automatisch angepasst, um den notwendigen Sicherheitsabstand einzuhalten. Um als Teil des Anwendungsfalls *Geschwindigkeit regeln* die Geschwindigkeit des Fahrzeugs zu bestimmen, nutzt das System die Werte des *Längsbeschleunigungssensors* und der *Raddrehzahlfühler* der vier Räder, die jeweils als Akteure modelliert sind. Um die Geschwindigkeit beeinflussen zu können, interagiert das System zudem mit der *MotorSteuerung*. Zusätzlich sind noch Interaktionen mit dem *Bremshebel* und dem *Gashebel* modelliert, da sich das System bei jedem Fahrereingriff deaktivieren soll. Für die Abstandsregelung wird zur Abstandsmessung zudem auf ein *Radarsystem* zurückgegriffen.

Zur Nutzung des Systems kann der Fahrer das *System einschalten* und den *Regler aktivieren*, d.h., das System beginnt mit der Regelung. Zudem kann der Fahrer natürlich auch die *Sollgeschwindigkeit einstellen*. Dabei interagiert allerdings nicht der Nutzer direkt mit dem System. Stattdessen erfolgt die Interaktion mit dem *Bedienelement*, d.h. ein weiteres Teilsystem, das die eigentliche Interaktion mit dem Fahrer übernimmt.

Wie die Beschreibung der Anwendungsfälle schon zeigt, ist es notwendig diese neben der Darstellung im Anwendungsfalldiagramm detaillierter zu beschreiben. Dazu erfolgt zum einen eine detaillierte textuelle Beschreibung für jeden Anwendungsfall. Zusätzlich werden die Anwendungsfälle über *Szenarien* verfeinert. Ein solches Nutzungsszenario stellt dabei einen möglichen Ablauf dar, wie das System agiert. Die Szenarien sind dabei nicht vollständig, sondern stellen repräsentative, exemplarische Abläufe dar, die das Verständnis der Anforderungen an das System vervollständigen sollen. Eine sehr verbreitete Möglichkeit Szenarien darzustellen ist die Modellierung mit Sequenzdiagrammen (siehe Abschnitt 7.3.1). Abb. 8-5 stellt beispielsweise ein mögliches Szenario des Anwendungsfalls *Sollgeschwindigkeit einstellen* dar.

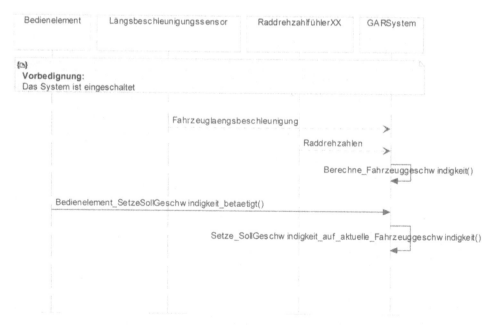

Abb. 8-5:   Sequenzdiagramm des Szenarios *„Sollgeschwindigkeit setzen"*

Über Sequenzdiagramme werden die wesentlichen Abläufe eines Szenarios und die dabei erfolgende Interaktion des Systems mit den Akteuren modelliert. Die durch Lebenslinien repräsentierten Kommunikationspartner im Sequenzdiagramm beschränken sich dabei auf das System selbst, sowie auf die beteiligten Interaktionspartner, wie sie im Anwendungsfalldiagramm als Akteure definiert wurden.

Am Anfang des Sequenzdiagramms wird zunächst die Vorbedingung des Szenarios definiert. In diesem Fall gehen wir davon aus, dass das System bereits eingeschaltet ist. Anhand der Radgeschwindigkeiten und der Längsbeschleunigung berechnet das System zunächst die Fahrzeuggeschwindigkeit. Bei entsprechender Betätigung des Bedienhebels wird dann die aktuelle Fahrzeuggeschwindigkeit als Sollgeschwindigkeit übernommen. Dabei handelt es sich bei den Aktionen des Systems, wie beispielsweise der Aktion *Berechne_Fahrzeuggeschwindigkeit*, nicht um eine konkrete Funktion einer Komponente, sondern sie beschreibt lediglich auf einem abstrakten Niveau einen notwendigen Verarbeitungsschritt, den das System im Rahmen dieses Szenarios durchführen muss. Die genaue Realisierung und weitere mögliche interne Details werden an dieser Stelle vernachlässigt, da das Diagramm modellieren soll, *was* das System im Szenario macht und nicht *wie* es dies umsetzt.

Als weiteres Beispiel stellt Abb. 8-6 ein Szenario des Anwendungsfalls *Geschwindigkeit mit Abstandsmessung regeln* dar. Dabei gehen wir davon aus, dass die Sollgeschwindigkeit bereits gesetzt und der Regler aktiv ist. Das Sequenzdiagramm beschreibt dann die wesentlichen Arbeitschritte, die zur Regelung der Geschwindigkeit notwendig sind. Da es sich bei der Regelung um einen kontinuierlich durchgeführten Vorgang handelt, sind die Abläufe als Schleife modelliert.

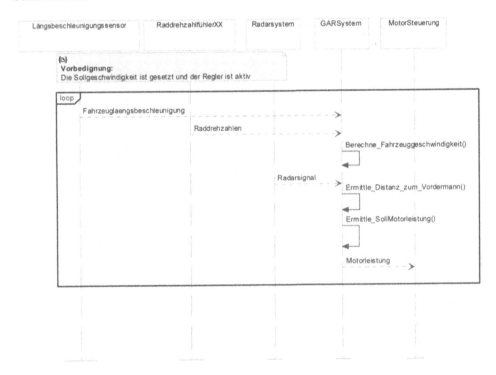

Abb. 8-6:   Sequenzdiagramm des Szenarios „Geschwindigkeit mit Abstandsmessung regeln"

Prinzipiell stellt das Sequenzdiagramm die Interaktion mit den beteiligten Sensoren, sowie der Motorsteuerung dar und unterteilt den Regelvorgang in die wesentlichen Arbeitsschritte. Die genaue Funktion des Reglers lässt sich mit einem Sequenzdiagramm nicht darstellen. Während sich komplexe Kommunikationsszenarien und Nutzungsabläufe in interaktiven Systemen, wie beispielsweise einer Textverarbeitung, intuitiv in Sequenzdiagrammen darstellen lassen, sind kontinuierliche Abläufe, wie beispielsweise der in Abb. 8-6 dargestellte Regelvorgang, weniger gut für die Darstellung in Sequenzdiagrammen geeignet.

Insgesamt sind Sequenzdiagramme allerdings sehr hilfreich die Anwendungsfälle zu verfeinern, die wesentlichen Arbeitsläufe darzustellen und dadurch Unklarheiten und Missverständnisse möglichst frühzeitig identifizieren zu können.

8.3   Funktionsentwurf

Die Definition von Szenarien mit Sequenzdiagrammen, wie sie im vorherigen Abschnitt dargestellt wurde, zeigt recht schnell, dass sich insbesondere regelungstechnische und signalverarbeitende Aufgaben nur schwer darstellen lassen. Im ersten Schritt der eigentlichen Entwicklung ist es daher zunächst wichtig im Rahmen des Funktionsentwurfs zu verstehen und zu definieren, wie das System prinzipiell funktionieren soll und kann. Dazu werden die einzelnen, über die Anwendungsfälle definierten Funktionen des Systems modelliert. Im Fokus steht dabei das rein funktionale Verhalten. Von der Strukturierung des Systems in Komponenten wird an dieser Stelle abstrahiert. Die Strukturierung des Systems wird im Rahmen der eigentlichen Softwareentwicklung betrachtet, die mit der Softwarearchitektur beginnt (siehe auch Abschnitt 8.1).

Betrachtet man sich unser GAR-System als Beispiel, so geht es zunächst darum zu verstehen, wie sich die geforderten Funktionalitäten regelungstechnisch umsetzen lassen. Zunächst ist es wichtig zu verstehen, wie die zentralen Regler konzipiert werden müssen. Hier wird sich herausstellen, dass man dies über PID-Regler realisieren kann. Als Eingangssignale benötigt man dazu die aktuelle Fahrzeuggeschwindigkeit des Fahrzeugs sowie die Distanz zum Vordermann. Dazu muss man die (physikalischen) Berechnungsmodelle festlegen, wie sich aus den verfügbaren Sensorsignalen (wie beispielsweise dem Radarsignal) der Abstand zum Vordermann berechnen lässt. Analog dazu muss man sich überlegen, wie sich die Sollbeschleunigung als Ausgang des Reglers stellen lässt. Während dies in unserem Fallbeispiel recht leicht möglich ist, so erfordert beispielsweise das Stellen von Bremskräften in echten Fahrzeugen komplexe Hydraulikmodelle, die Bremsmomente auf die aufwendige Ansteuerung von Pumpen und Ventilen zur Kontrolle des Bremsdrucks abbilden.

Da im Funktionsentwurf analysiert und definiert wird, wie die einzelnen Funktionen des Systems funktionieren, steht das Verhalten der Funktionen im Vordergrund, während die Strukturierung Aufgabe der Architekturentwicklung sind. Aus diesem Grund werden im Funktionsentwurf vor allem Verhaltensmodelle eingesetzt. Dabei können alle in Kapitel 7 vorgestellten Verhaltensmodelle zum Einsatz kommen. Eher zustandbasierte Aspekte würde man mit Zustandsdiagrammen definieren; kontinuierliches Verhalten wie Regler mit Blockdiagrammen. Betrachtet man in unserem Beispiel die Anwendungsfälle zum Aktivieren und Einstellen des Systems als eine Funktion, so könnte man dies beispielsweise mit einem Zustandsautomaten darstellen, um die prinzipiellen Systemzustände und die Zustandsübergänge zu erfassen.

Wir wollen uns als anderes Beispiel, die mit dem Anwendungsfall „Geschwindigkeit mit Abstandsmessung regeln" definierte Funktion genauer betrachten. Dabei handelt es sich offensichtlich um eine Regelungsaufgabe, die sich am besten mit Blockdiagrammen (siehe Abschnitt 7.4.3) beschreiben lässt.

Abb. 8-7 zeigt den Gesamtaufbau des Funktionsmodells der Funktion *Geschwindigkeits- und Abstandsregelung (GAR)*. Das Funktionsmodell wurde im Beispiel mit Matlab/Simulink modelliert. Prinzipiell besteht das Modell zunächst aus drei Subsystemen. Neben der eigentlichen Funktion, die sich im Subsystem *GAR-Regler* verbirgt, muss zum einen ein *Umgebungsmodell* definiert werden. Das Umgebungsmodell modelliert das Verhalten der Strecke, d.h. in unserem Fall des Fahrzeugs. Dieses Modell ist unerlässlich, wenn man das Modell später simulieren möchte, da sich das Verhalten eines Reglers nur sinnvoll untersuchen lässt, wenn die Rückkopplung über die Strecke gegeben ist. Zusätzlich benötigt man ebenfalls zur Simulation ein Modell des *Simulationsszenarios*. In diesem Modell werden die externen Eingaben in das System vorgegeben. Im Beispiel sind dies die vom Fahrer gesetzte Sollgeschwindigkeit sowie ein Radarsignal, aus dem der Abstand zum Vordermann bestimmt wird.

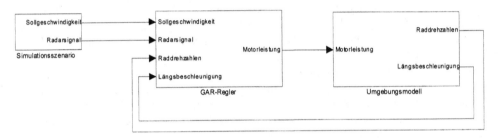

Abb. 8-7:   Simulinkmodell der Funktion GAR

Betrachten wir uns die eigentliche Funktion wie in Abb. 8-8 dargestellt, so muss darin zunächst die Ableitung der *Fahrzeuggeschwindigkeit* aus den *Raddrehzahlen* und der *Längsbeschleunigung* sowie die Berechnung der *Distanz* zum Vordermann aus dem *Radarsignal* modelliert werden. Außerdem muss der eigentliche *Regler* modelliert werden. Dessen Ausgabe ist eine *Sollbeschleunigung*, die im letzten Schritt noch in eine *Motorleistung* umgerechnet werden muss.

Betrachten wir uns den Regler etwas detaillierter, so ist ein mögliches Modell in Abb. 8-9 dargestellt. Dabei handelt es sich um zwei in Serie geschaltete Regler. Der *Abstandsregler* berechnet zunächst auf Basis des Geschwindigkeitsverlaufs, der aktuellen vom Fahrer vorgegebenen Sollgeschwindigkeit und der aktuellen Distanz zum Vordermann eine neue *AngepassteSollgeschwindigkeit*. Aus dieser angepassten Sollgeschwindigkeit und der aktuellen Fahrzeuggeschwindigkeit wird die Regeldifferenz berechnet, die dann dem *PID-Geschwindigkeitsregler* als Eingabe dient.

Die interne Umsetzung des *PID-Geschwindigkeitsreglers* ist in Abb. 8-10 dargestellt. Dabei handelt es sich um einen typischen PID-Regler, der sich aus einem *Proportionalanteil*, einem *Integrator* und einem Differentialanteil *(Derivative)* zusammensetzt. Die einzelnen Anteile werden mit ihren jeweiligen Gewichten multipliziert, summiert und die Summe abschließend mit dem Verstärkungsfaktor multipliziert.

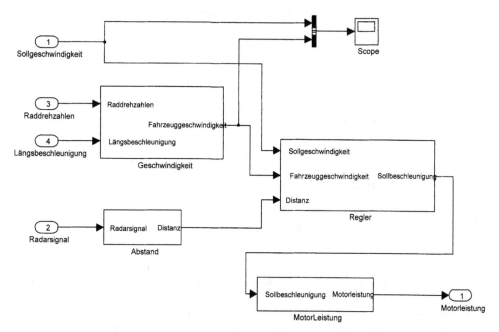

Abb. 8-8:   Simulinkmodell der Gesamtfunktion zur Geschwindigkeits- und Abstandsregelung

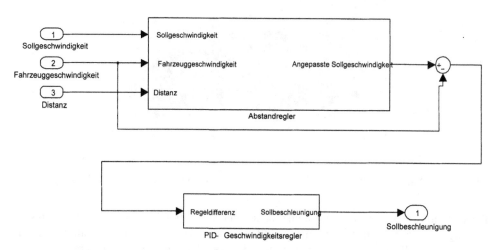

Abb. 8-9:   Simulinkmodell des Reglers der GAR-Funktion

Sobald auch die anderen Subsysteme der in Abb. 8-8 dargestellten Gesamtfunktion in analoger Weise definiert wurden und somit die komplette Kette von den Eingängen bis zu den Ausgängen der Funktion modelliert ist, lässt sich das Verhalten der Funktion in einer *Simulation* evaluieren. Dazu werden Eingaben durch das Simulationsszenario generiert, die Funktion berechnet die Ausgaben und übergibt diese an das Umgebungsmodell, in dem wiederum die resultierenden Sensorwerte bestimmt werden und dem Funktionsmodell als Eingabe übergeben werden.

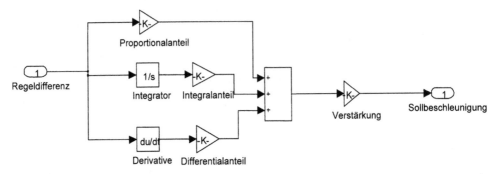

Abb. 8-10:   Simulinkmodell des PID-Geschwindigkeitsreglers

Abb. 8-11 zeigt das Ergebnis einer solchen Simulation. Dabei wurde im Wesentlichen die Sprungantwort des Reglers simuliert. Im Simulationsszenario wird dazu die Sollgeschwindigkeit von null auf 30 km/h angehoben. Wie sich erkennen lässt gleicht der Regler die Ist-Geschwindigkeit des Fahrzeugs an, wobei es in der aktuellen Reglerparametrierung noch zu einem Überschwinger kommt, sodass diese noch entsprechend angepasst werden sollte.

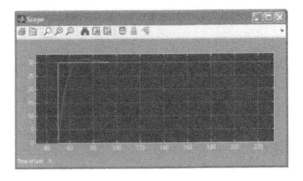

Abb. 8-11:   Simulationsergebnis nach Ausführung des Funktionsmodells der GAR-Funktion

Die Funktionsmodellierung in Kombination mit der Simulation bietet offensichtlich ein sehr mächtiges Werkzeug um bereits in sehr frühen Phasen das funktionale Verhalten wie beispielsweise die Regler und deren Parametrierung zu evaluieren und zu optimieren.

Da Werkzeuge wie Matlab-Simulink auch direkt die Codegenerierung unterstützen, ist es neben der Simulation sogar möglich direkt prototypischen Code zu generieren, der auf speziellen Echtzeitrechnern im Fahrzeug ausgeführt werden kann. Dadurch lassen sich die Machbarkeit und die optimale Auslegung der Funktion sogar im Fahrzeug untersuchen, wodurch die Simulationsergebnisse durch zusätzliche Ergebnisse aus der tatsächlichen Ausführung im technischen System ergänzt werden können.

8.4   Softwarearchitektur

Nachdem im Funktionsentwurf das funktionale Verhalten der einzelnen Systemfunktionieren modelliert, analysiert und optimiert wurde, beginnt mit der Softwarearchitektur die eigentliche Softwareentwicklung. Während für den Funktionsentwurf insbesondere Domänenexperten benötigt werden, so erfordert die Softwareentwicklung insbesondere bei komplexen Systemen Softwareingenieure.

Diese nutzen zum einen die Anforderungen als Eingabe, die beschreiben was das System tun soll und wie gut es dies tun soll. Zum anderen nutzen sie die Funktionsmodelle, die das Wissen der Domänenexperten formalisieren und dabei definieren, wie sich das System funktional verhalten soll, welche Aufgaben dazu ausgeführt werden müssen (bspw. Geschwindigkeitsbestimmung, Regelung etc.), welche Signale dafür als Eingabe benötigt werden (bspw. Radarsignal) und welche Stellwerte gestellt werden müssen (bspw. Motorleistung).

Auf Basis dieser Dokumente ist es die Aufgabe der Softwarearchitektur das System geeignet zu strukturieren. Dabei liegen neben der sinnvollen Umsetzung der Funktionen insbesondere auch nicht-funktionale Eigenschaften im Interesse der Entwickler. Die Gestaltung der Architektur hat zum einen entscheidenden Einfluss auf nicht-funktionale Systemeigenschaften wie beispielsweise die Performanz, Speicherverbrauch oder die Ausfallsicherheit. Zum anderen hat die Softwarearchitektur auch einen zentralen Einfluss auf Softwareeigenschaften wie Wiederverwendung, Wartbarkeit oder Erweiterbarkeit, die bei heutigen Systemen ebenfalls von entscheidender Bedeutung sind.

Die Entwicklung einer Architektur, die diesen diversitären und teils widersprüchlichen Anforderungen gerecht wird, erfordert eine große Erfahrung und Kompetenz in der Softwareentwicklung. Die in der Praxis häufig anzutreffende Meinung mit einem funktionalen Simulinkmodell sei die Softwareentwicklung doch bereits abgeschlossen, ist daher nur in den seltensten Fällen zutreffend und führt insbesondere bei der Komplexität heutiger Systeme zu signifikanten Problemen in der Erfüllung der funktionalen und der nicht-funktionalen Anforderungen an das System. Spätestens bei Weiterentwicklungen von Systemen sind hohe Zusatzkosten und Verzögerungen der Entwicklung die Folge.

Die Entwicklung einer geeigneten Architektur ist daher eine sehr komplexe Aufgabe, die sich in verschiedene Teilaufgaben gliedert. Unter anderem aus diesem Grund wird eine Architektur meist über verschiedene *Sichten* dargestellt. Das bedeutet es werden unterschiedliche Diagramme verwendet, die jeweils eine andere Sichtweise auf die Architektur ermöglichen.

An dieser Stelle wollen wir uns allerdings im Wesentlichen auf die statische Strukturierung des Systems, sowie die dynamische Interaktion der einzelnen Systemkomponenten fokussieren. Abb. 8-12 zeigt daher zunächst als Übersicht die Gesamtarchitektur der Software, die auf dem Steuergerät ausgeführt wird. Wie eingangs erwähnt, gliedert sich die Software im Wesentlichen in drei Ebenen. Die unterste Ebene bildet das *Betriebssystem*, das Aufgaben wie das Scheduling, sowie rudimentäre Treiber zur Interruptbehandlung und zur Ansteuerung der einzelnen Geräteschnittstellen zur Verfügung stellt.

Darauf basierend koordiniert die *Plattformsoftware* den gesamten Zugriff auf hardwarenahe Funktionen, wie Kommunikationsschnittstellen oder Ein-Ausgabe-Komponenten. Der eigentlichen Anwendung, in unserem Fall dem *GARSystem*, steht dadurch eine hardwareunabhängige, logische Schnittstelle zu Sensoren und Aktuatoren zur Verfügung.

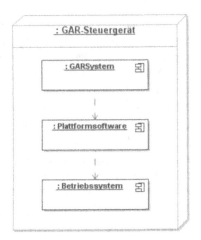

Abb. 8-12:   Strukturierung der Gesamtsoftware auf dem GAR-Steuergerät

Abb. 8-13 zeigt als ersten Schritt der Strukturierung der Applikation die Zerlegung der Komponente *GARSystem* in die einzelnen Teilkomponenten. Bei der Strukturierung wurde darauf geachtet, dass sich das System in die einzelnen Teilaufgaben gliedert, die zur Umsetzung des Systems erforderlich sind. Die Komponente *Nutzerschnittstellen* übernimmt daher als erste Aufgabe die Interaktion mit allen Eingabegeräten, die der Fahrer bedient. In der Komponente *Zustandserfassung* wird der aktuelle Zustand des Fahrzeugs ermittelt. Für unseren Anwendungsfall bedeutet dies, dass die Fahrzeuggeschwindigkeit und die Distanz zum Vordermann bestimmt werden. Die eigentliche Regelung erfolgt dann in der Komponente *GARRegler*. Die Ausgaben des Reglers werden von der Komponente *Aktuatoransteuerung* umgewandelt, um die eigentlichen Aktuatoren, in unserem Fall den Motor, anzusteuern.

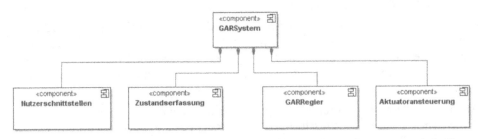

Abb. 8-13:   Klassendiagramm zur Modellierung der Dekomposition des GAR-Systems in Teilkomponenten

Im nächsten Schritt ist es wichtig die Schnittstellen der einzelnen Komponenten zu definieren. Dazu werden die Ein- und Ausgangsports der Komponenten definiert. Dabei ist es wichtig den Ports einen Datentyp zuzuordnen. Dazu werden häufig Standardtypen wie beispielsweise *Integer* oder *Double* verwendet. Die eigentliche Semantik der Ports ist dann allerdings lediglich über den Namen der Ports gegeben. Dies ist eine gravierende Fehlerquelle in der Entwicklung eingebetteter Systeme, da semantisch inkompatible Ports miteinander verbunden werden. Typische Fehler liegen beispielsweise in unterschiedlichen Einheiten. Während beispielsweise die Fahrzeuggeschwindigkeit in [km/h] berechnet wird, erwartet eine nutzende Komponente den Wert in [m/s]. Ein anderes Beispiel könnte sein, dass eine Fahrzeuggeschwindigkeit, die lediglich für den Tacho im Cockpit gedacht war und entsprechend ungenau berechnet wird, als Eingang für eine kritische Funktion wie das GAR-System genutzt wird. Da die Qualität, wie beispielsweise die Genauigkeit, dafür nicht ausreicht, kann dies zu schwerwiegenden Fehlern führen.

Im Sinne einer ingenieurmäßigen Entwicklung, ist es daher wichtig ein geeignetes Typsystem (vgl. Kapitel 7) zu definieren. Wie in Abb. 8-14 gezeigt, lässt sich ein solches Typsystem mit Hilfe eines Klassendiagramms darstellen. Für unser Beispiel unterscheiden wir zunächst zwischen *Istwerten* und *Stellwerten*. Beispiele für Stellwerte sind die *SollFahrzeugLängsbeschleunigung* und die *Sollmotorleistung*. Beispiele für Istwerte sind die *Fahrzeuglängsbeschleunigung* und die *Fahrzeuggeschwindigkeit*. Da letztere in unterschiedlichen Qualitäten vorliegen kann, kann dieser Typ beispielsweise noch in die Subtypen *Fahrzeugreferenzgeschwindigkeit*, *RadbasierteFahrzeugGeschwindigkeit*, und *BeschleunigungsbasierteFahrzeugGeschwindigkeit* verfeinert werden. Geschwindigkeiten, die auf Basis von Radgeschwindigkeiten berechnet werden, sind mit verschiedenen Fehlern behaftet. Beispielsweise sind diese durch Radschlupf beeinflusst, wenn die Räder blockieren oder durchdrehen. Berechnet man die Fahrzeuggeschwindigkeit auf Basis der Längsbeschleunigung, so ergeben sich wiederum andere Fehlerbilder. So kann die Beschleunigung beispielsweise bei Steigungen und Gefällen durch die Erdbeschleunigung verfälscht werden.

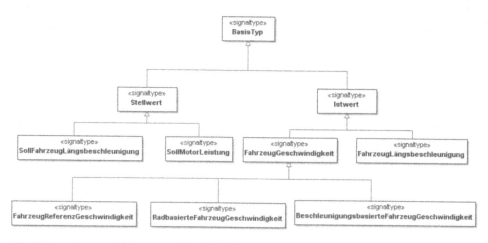

Abb. 8-14:   Auszug des Typsystems des GAR-Systems

Um trotzdem eine Fahrzeuggeschwindigkeit zu erhalten, die als ausreichend exakt angenommen werden kann (*FahrzeugReferenzgeschwindigkeit*), werden verschiedene Werte wie die einzelnen Raddrehzahlen, die Längsbeschleunigung und teils noch viele weitere Größen in Kombination betrachtet.

Über ein solches Typsystem wird also zum einen die Semantik der ausgetauschten Signale gestärkt, sodass es beispielsweise nicht möglich ist die Soll- und die Ist-Längsbeschleunigung zu verwechseln. Zum anderen lassen sich damit auch unterschiedliche Qualitätsabstufungen von Signalen darstellen. Nehmen wir beispielsweise an, dass eine Komponente ein Signal vom Typ *RadbasierteFahrzeugGeschwindigkeit* liefert. Benötigt eine weitere Komponente nun irgendeine Geschwindigkeit, so kann ihr Eingang entsprechend mit dem Typ *FahrzeugGeschwindigkeit* belegt werden. Da dieser die radbasierte bestimmte Geschwindigkeit beinhaltet, wäre die Verbindung erlaubt. Benötigt eine Komponente allerdings eine sehr genaue Geschwindigkeit   vom Typ *FahrzeugReferenzgeschwindigkeit*, so wäre eine Verbindung ungültig, da die Typen inkompatibel sind.

Im nächsten Schritt wird ein Kompositionsstrukturdiagramm erzeugt (siehe Abb. 8-15), in dem die einzelnen Subkomponenten miteinander verbunden und somit ihre statische Interaktion definiert werden. An dieser Stelle wird noch einmal der prinzipielle Aufbau des Systems etwas klarer. Im Prinzip wird eine Verarbeitungskette von der Eingabeverarbeitung über den eigentlichen Regler bis zur Aktuatoransteuerung gebildet. Bei den Eingaben haben wir in diesem Fall zum einen die Sensorsignale, die es uns erlauben den aktuellen Zustand des Fahrzeugs zu bestimmen. Zum anderen wird die Schnittstelle zu den unterschiedlichen Bedienelementen, wie dem Bedienelement des GAR-Systems, aber auch dem Bremspedal und dem Gaspedal hergestellt und alle Interaktion durch ein einzelnes Signal zusammengefasst.

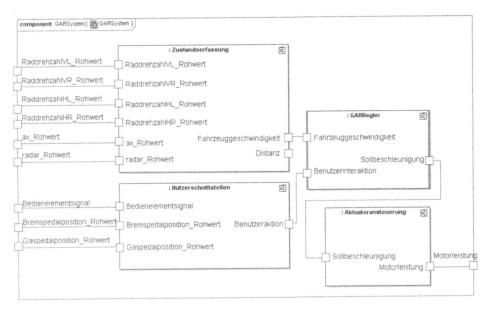

Abb. 8-15:   Kompositionsstrukturdiagramm zur Modellierung der internen Strukturierung des
              GAR-Systems

In unserem Fall nutzt nur ein einzelner Regler diese Eingabesignale. Gewöhnlich hat ein solches System eine Vielzahl an Funktionen, die in unterschiedlichen Reglern umgesetzt werden. Müsste in unserem Beispiel eine Funktion *Notbremsassistent* zugefügt werden, so würde eine zusätzliche Reglerkomponente entstehen. Diese würde allerdings nicht ihre eigene Geschwindigkeits- und Distanzberechnung umsetzen, sondern die bereits vorhandenen Signale der Komponente *Zustandserfassung* nutzen.

Analog gilt dies für die Sollbeschleunigung. Da in unserem Fallbeispiel des Modellfahrzeugs der Motor sowohl zum Beschleunigen als auch zum Bremsen genutzt wird, kann die Komponente *Aktuatoransteuerung* sowohl positive als auch negative Beschleunigungen umsetzen und könnte daher neben unserem *GARRegler* beispielsweise auch von einer neuen Komponente zur Umsetzung des Notbremsassistenten genutzt werden.

Damit ist die statische Struktur unseres Beispielsystems auf der obersten Hierarchieebene zunächst vollständig beschrieben. Bevor wir allerdings die einzelnen Komponenten weiter verfeinern, ist es zunächst notwendig die *dynamische Interaktion* der Komponenten miteinander zu beschreiben. Dies dient zum einen dazu, das Verständnis des Systems zu verbessern und die Spezifikation zu vervollständigen. Bei diesem Schritt werden zum anderen allerdings auch Fehler und Unvollständigkeiten in der Struktur identifiziert.

Zur Modellierung der Interaktion können alle Interaktionsmodelle eingesetzt werden, wie sie in Kapitel 7 vorgestellt wurden. Zur Ableitung der Interaktionen nutzt man die Szenarien, die im Rahmen der Anforderungserfassung für die einzelnen Anwendungsfälle definiert wurden. Diese werden auf die verfeinerte Struktur detailliert und gegebenenfalls mit weiteren Details erweitert. Zudem kann es sinnvoll sein, neue Szenarien abzuleiten, die spezielle Interaktionen aus der (eher technischen) Sicht der Architektur abbilden.

Abb. 8-16 zeigt als Beispiel das Sequenzdiagramm, das das auf die Architektur verfeinerte Szenario „Geschwindigkeit mit Abstandsmessung regeln" (vgl. Abb. 8-6) darstellt. In den Sequenzdiagrammen der Anforderungsanalyse wurden lediglich die externen Akteure und das System selbst als Kommunikationspartner über Lebenslinien dargestellt. Nachdem das System in der Architektur in seine Teilkomponenten verfeinert wurde, wird auch das Sequenzdiagramm entsprechend verfeinert und die Lebenslinie des Gesamtsystems durch die Lebenslinien der entsprechenden Teilkomponenten ersetzt.

Um das Sequenzdiagramm zu erstellen, ist es beispielsweise möglich das Szenario „durchzuspielen". Man nimmt das bestehende Szenario der Anforderungsanalyse als Ausgangspunkt und überlegt sich zunächst ob diese Schritte noch sinnvoll erscheinen. Da wir weiterhin davon ausgehen, dass wir sowohl die Längsbeschleunigung als auch die Raddrehzahlen zur Umsetzung des Szenarios benötigen, werden die ersten Schritte übernommen. Während in der Anforderungsphase allerdings die Signale zunächst nur allgemeinsprachlich formuliert wurden, nutzen wir in dieser Phase bereits die konkreten, aus den Namen der Ports abgeleiteten Bezeichner *ax_Rohwert* und *RaddrehzahlXX_Rohwert*. Anhand der Architektur lässt sich erkennen, dass diese Werte von der Komponente *Zustanderfassung* entgegen genommen werden. Hätten wir keine Komponente identifizieren können, die diese Signale entgegen nimmt, hätten wir durch die Szenarien einen Fehler in der Architektur gefunden. Die im Sequenzdiagramm der Anforderungsphase definierten Aufgaben der Berechnung von Distanz und Geschwindigkeit werden entsprechend von der *Zustandserkennung* übernommen und über die Datenflusssignale *Fahrzeuggeschwindigkeit* und *Distanz* ausgegeben. Auch hier lassen sich Unvollständigkeiten in der Architektur identifizieren, wenn zur Umsetzung des Szenarios notwendige Aufgaben nicht durch eine der definierten Komponenten übernommen werden können.

In analoger Weise lässt sich das Sequenzdiagramm fortführen und auch alle weiteren Szenarien auf die Architekturebene verfeinern. Am Ende muss für jedes Szenario der komplette Datenfluss von den Sensoren bis zu den Aktuatoren auf Basis der definierten Verbindungen geschlossen werden können. Anderenfalls sind die Schnittstellen der Komponenten unvollständig oder inkonsistent; oder aber es fehlen noch Komponenten oder Verbindungen.

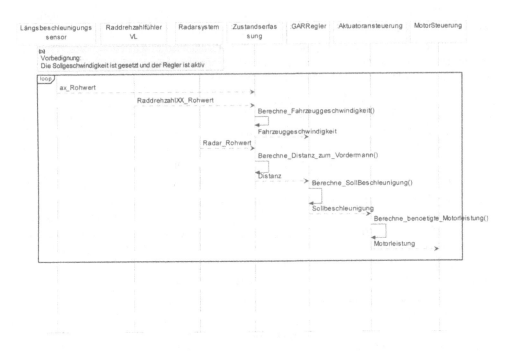

Abb. 8-16: Sequenzdiagramm des auf die Architektur verfeinerten Szenarios „Geschwindigkeit mit Abstandsmessung regeln"

Gleichzeitig müssen alle Teilaufgaben, wie beispielsweise das Berechnen der Geschwindigkeit oder die Berechnung der Sollgeschwindigkeit auf die zuständigen Komponenten verteilt worden sein. Auch dadurch lässt sich die Vollständigkeit der Architektur bewerten.

Durch die Sequenzdiagramme wird die Architektur also nicht nur um die wichtige Information angereichert, wie die Komponenten dynamisch miteinander interagieren um die Funktionen umzusetzen. Gleichzeitig dient die Erstellung der Sequenzdiagramme auch einer ersten Prüfung, ob die Architektur die Anforderungen vollständig und effizient umsetzen kann. Alternativ zur nachträglichen Prüfung werden Sequenzdiagramme auch teils konstruktiv eingesetzt, um die notwendigen Komponenten und deren Verbindungen basierend auf den Szenarien zu identifizieren. Dabei wird die Architektur also szenariobasiert, iterativ erstellt.

8.5 Softwareentwurf

Wie eingangs bereits erwähnt ist der Übergang zwischen Softwarearchitektur und Softwareentwurf meist nur unscharf definiert. In unserem einfachen Fallbeispiel gehen wir davon aus, dass nun die wesentlichen Komponenten des Systems definiert sind und widmen uns somit dem Softwareentwurf.

Wie eingangs bereits erwähnt, gliedert sich der Entwurf dabei im Wesentlichen in drei Aufgaben. Zunächst wird die Struktur des Systems soweit verfeinert, bis die einzelnen Komponenten nicht mehr sinnvoll weiter strukturell verfeinert werden können. Im zweiten Schritt erfolgt dann die Verhaltensmodellierung für die einzelnen Module des Systems. Die dritte Aufgabe besteht letztlich im plattformspezifischen Entwurf, in dem das Modell soweit erweitert wird, um darauf basierend Code für die Zielplattform generieren zu können.

8.5.1   Strukturelle Verfeinerung

Im ersten Schritt des Entwurfs ist es notwendig die in der Architektur definierten Komponenten so lange weiter strukturell zu verfeinern bis deren Komplexität ausreichend gering ist, um ihr Verhalten modellieren zu können. Das Vorgehen ist dabei analog zu den Schritten, wie wir sie im vorherigen Abschnitt beschrieben haben. Daher zeigt Abb. 8-17 zunächst die Dekomposition der Komponenten *GARRegler* in zwei weitere Subkomponenten. Während die Komponente *Geschwindigkeitsregler* den eigentlichen Regler beinhaltet, so übernimmt eine separate Komponente die *Zustandskontrolle*, d.h. die Komponente steuert beispielsweise, ob das System eingeschaltet ist, regeln soll oder ob es sich deaktivieren soll, weil die Bremse betätigt wurde.

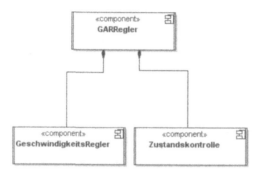

Abb. 8-17:   Dekomposition der Komponenten GARRegler in Subkomponenten

Abb. 8-18 zeigt das zugehörige Kompositionsstrukturdiagramm, das die interne Struktur der Komponente festlegt. Zunächst ermittelt die *Zustandskontrolle* anhand der Benutzerinteraktion den aktuellen Zustand des Systems. Dies bedeutet die Komponente verwaltet den Zustand, ob das System beispielsweise eingeschaltet ist oder gerade am Regeln ist. Dazu nutzt sie zusätzlich die Fahrzeuggeschwindigkeit, da das System zum einen nur in einem bestimmten Geschwindigkeitsintervall aktiv sein kann. Außerdem wird darauf basierend die Sollgeschwindigkeit ermittelt. Als Ergebnis entstehen die Steuerungssignale *ReglerAktiv*, *NutzeDistanz* sowie die *Sollgeschwindigkeit*, die von dem eigentlichen *Geschwindigkeitsregler* als Eingabe verwendet werden. Zusätzlich nutzt dieser zur eigentlichen Regelung die *FahrzeugGeschwindigkeit* sowie die *Distanz* zum Vordermann und berechnet daraus die neue *SollBeschleunigung*.

Auf diese Weise lassen sich auch die weiteren Komponenten des Systems verfeinern und erneut sollten die Interaktionsdiagramme auf die Ebene des Entwurfs verfeinert werden, um die *dynamische Interaktion* zu definieren und Problemstellen möglichst frühzeitig zu identifizieren. Allerdings werden nicht einfach die Lebenslinien der Komponenten auf Architekturebene durch ihre Subkomponenten ersetzt. Dies würde dem Prinzip des „Information

Hiding" widersprechen und die Modelle würden zudem sehr schnell sehr komplex werden. Stattdessen kann man separate Sequenzdiagramme für die einzelnen Komponenten (bspw. der Komponente *GARRegler*) definieren, die sich auf die Interaktion der Subkomponenten (bspw. *Zustandskontrolle* und *GeschwindigkeitsRegler*) beschränken.

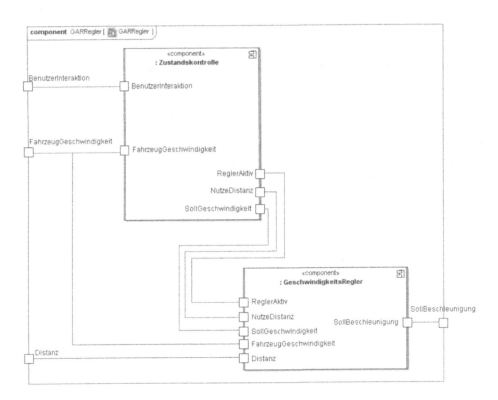

Abb. 8-18:   Kompositionsstrukturdiagramm der Komponente GARRegler

8.5.2   Verhaltensentwurf

Sind die statische Struktur und die dynamische Interaktion definiert und wurden die Komponenten soweit dekomponiert, dass sie eine beherrschbare Komplexität erreicht haben, so wird im nächsten Schritt des Entwurfs das Verhalten der Komponenten modelliert. Wenn wir uns als Beispiel die Komponente *Zustandskontrolle* aus Abb. 8-18 anschauen, so zeigt Abb. 8-19 den Zustandsautomaten, der das Verhalten der Komponente modelliert. Dieser legt fest, wie auf Basis der Benutzerinteraktion und der aktuellen Geschwindigkeit der Zustand des Systems ermittelt und darauf basierend die Steuerungssignale für den *GeschwindigkeitsRegler* bestimmt werden.

In der Initialisierung werden zunächst die Steuersignale auf «0» gesetzt, sodass der Regler inaktiv ist. Gleichzeitig wird die *Sollgeschwindigkeit* auf den Standardwert «0» gesetzt. Sobald der Fahrer das System über das Bedienelement einschaltet, erhält die Komponente *Zustandskontrolle* eine Nachricht *Benutzerinteraktion* mit dem Parameter *aktion,* der die Aktion *BA_EINSCHALTEN* codiert. Daraufhin nimmt der Zustandsautomat den Zustand *WarteAufSollGeschwindigkeit* ein, da der Fahrer zunächst die Sollgeschwindigkeit setzen muss, bevor er den Regler benutzen kann. Sobald die Sollgeschwindigkeit über das Bedienelement eingestellt wird, geht der Automat in den zusammengesetzten Zustand *Eingeschaltet* über. Aufgrund der darin definierten internen Transition kann der Fahrer jederzeit die Sollgeschwindigkeit ändern, solange sich das System innerhalb dieses zusammengesetzten Zustands befindet.

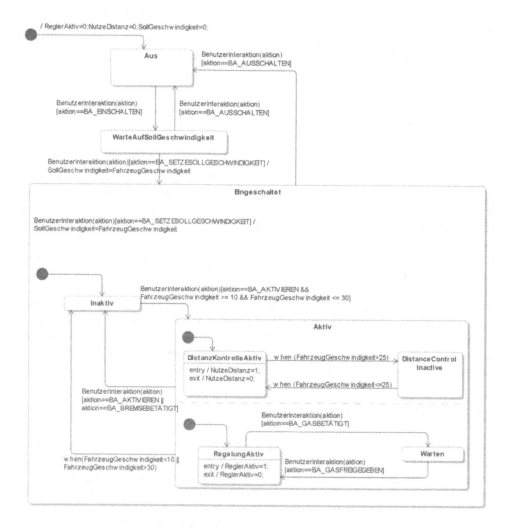

Abb. 8-19:   Zustandsautomat der Komponente *Zustandskontrolle*

Innerhalb des zusammengesetzten Zustands *Eingeschaltet* wird zunächst der Initialzustand *Inaktiv* eingenommen, d.h. der Regler ist nun zwar bereit, greift aber noch nicht regelnd ein. Erst wenn der Fahrer den Regler explizit aktiviert, wird der Zustand *Aktiv* eingenommen. Die über die Bedingung der Transition modellierte Randbedingung dazu ist, dass die Geschwindigkeit des Modellfahrzeugs zwischen zehn und dreißig Kilometern pro Stunde liegt, da der Regler nur für diesen Geschwindigkeitsbereich ausgelegt ist. Wird dieser Geschwindigkeitsbereich über- oder unterschritten, wird der Regler deaktiviert. Dies wird über ein mit dem Schlüsselwort *when* dargestelltes Change-Event modelliert, das wie in Kapitel 7 beschrieben ausgelöst wird, sobald die in Klammern angegebene Bedingung erfüllt ist. Neben einer automatischen Deaktivierung aufgrund der Geschwindigkeit, wird das System auch deaktiviert, sobald der Fahrer die Bremse nutzt. Zudem kann der Fahrer das System natürlich auch manuell deaktivieren.

Der zusammengesetzte Zustand *Aktiv* ist als paralleler Zustandsautomat mit *ODER*-Zuständen modelliert. Einer der parallelen Automaten modelliert die Aktivierung der Geschwindigkeitsregelung, der andere die Aktivierung des Abstandsreglers. Während der Regler insgesamt bei Geschwindigkeiten zwischen zehn und 30 km/h aktiv sein kann, wird die Abstandsregelung bereits bei Geschwindigkeiten über 25 km/h abgeschaltet. Die Aktivierung der Geschwindigkeitsregelung hängt hingegen insbesondere von der Benutzung des Gaspedals ab. Sobald der Fahrer Gas gibt, wird im Gegensatz zur Bremse das System nicht direkt deaktiviert, sondern es pausiert nur solange bis der Fahrer nicht mehr manuell eingreift und wird danach die Regelung direkt wieder aufnehmen. Die (De-) Aktivierung von Abstands- und Geschwindigkeitsregler wird in beiden Fällen durch die Eintritts- und Austrittsfunktionen der Zustände *DistanzKontrolleAktiv* bzw. *RegelungAktiv* modelliert.

Auf Basis dieses Zustandsdiagramms ist das gesamte zustandsbasierte Verhalten des GAR-Systems erfasst und wird in wenige Steuersignale kodiert, die im eigentlichen Regler als Eingabe genutzt werden. Das entsprechende Blockdiagramm, das das Verhalten der Komponenten *GeschwindigkeitsRegler* definiert, ist in Abb. 8-20 dargestellt. In großen Teilen konnte dazu das Blockdiagramm des Reglers aus dem Funktionsentwurf wiederverwendet werden. Die wesentlichen Änderungen beziehen sich auf die Steuerungssignale, die im Funktionsentwurf noch nicht berücksichtigt wurden. Das Steuersignal *NutzeDistanz* steuert einen Switch-Block an und steuert damit, ob die ursprünglich vom Fahrer vorgegebene *Sollgeschwindigkeit* oder die vom Abstandsregler *AngepassteSollgeschwindigkeit* als Eingabe für den *PID-Geschwindigkeitsregler* verwendet wird. Das Steuersignal *ReglerAktiv* schaltet auf die analoge Weise entweder den Standardwert «0» oder aber die vom Regler berechnete *Sollbeschleunigung* auf den Ausgang.

8.5.3   Plattformspezifischer Entwurf

Sobald das System strukturell vollständig verfeinert ist und das Verhalten modelliert ist, ist die Modellierung auf Applikationsebene abgeschlossen. Im Sinne der modellbasierten Entwicklung handelt es sich dabei aber zunächst noch um ein plattformunabhängiges Modell. Dies bedeutet, dass sich das System zwar simulieren lässt. Die Codegenerierung für eine konkrete Zielplattform, beispielsweise für einen Mikrocontroller, ist allerdings nicht möglich. Dazu ist es zum einen nötig die Verhaltensmodelle anzupassen. Zum anderen müssen die Strukturmodelle um plattformspezifische Aspekte erweitert werden.

Bei der *Anpassung der Verhaltensmodelle* auf plattformspezifische Aspekte werden insbesondere die Möglichkeiten und Einschränkungen der Hardware berücksichtigt, um Fehler zu vermeiden und die Performanz des Systems zu optimieren. Es ist beispielsweise nötig zu berücksichtigen, dass viele Modelle zwar mit Fließkommaarithmetik arbeiten, viele eingebettete Hardwareplattformen allerdings keine Fließkommaeinheit zur Verfügung stellen, sodass Algorithmen auf Fließkommabasis zu sehr langen Ausführungszeiten führen würden. Teilweise ist es auch nicht unüblich komplexe Berechnungsfunktionen über Wertetabellen zu approximieren, die zur Laufzeit sehr effizient und somit schnell ausgelesen werden können. Die Modelle können aber auch angepasst werden, um spezielle Hardwaremechanismen, wie sie beispielsweise von Digitalen Signalprozessoren (DSP) zur Verfügung gestellt werden, optimal zu nutzen.

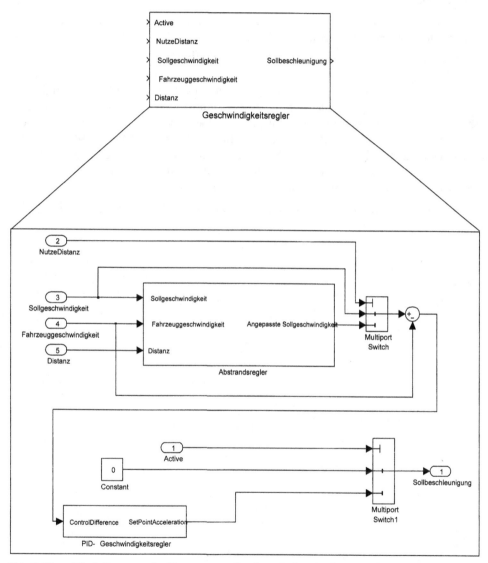

Abb. 8-20:   Blockdiagramm der Komponente *GeschwindigkeitsRegler*

Neben der Anpassung der Verhaltensmodelle ist insbesondere auch eine *Anpassung und Verfeinerung der Strukturmodelle* nötig. Bislang definieren die Modelle, welche Komponenten es gibt und wie diese miteinander verbunden sind. Würde man daraus nun Code generieren, so könnte zwar problemlos für die einzelnen Verhaltensmodelle Code generiert werden. Aus den im Beispiel modellierten Zustandsdiagramm und Blockdiagramm würde allerdings nur

Applikationsocde, d.h. einzelne Funktionen generiert werden, die das reine Verhalten der einzelnen Komponenten umsetzen. Der Plattformcode, der diese einzelnen Codeblöcke aber nun tatsächlich zum richtigen Zeitpunkt aufruft und die Kommunikation zwischen den einzelnen Komponenten herstellt, kann allerdings bislang noch nicht generiert werden. Um diesen Plattformcode zu erzeugen und den Applikationscode zu integrieren, muss zunächst noch das Modell erweitert werden.

Wie genau diese Erweiterungen aussehen, hängt aktuell noch sehr stark vom eingesetzten Werkzeug und dessen Codegenerator ab. In manchen Fällen bleiben die Modelle sogar unverändert und es wird lediglich Applikationscode generiert. Der Plattformcode muss dann manuell entwickelt werden.

Eine modellbasierte Lösung besteht darin das Strukturmodell durch den Einsatz von *Stereotypen* und *Tagged-Values* um plattformspezifische Informationen zu erweitern (siehe auch Kapitel 7) Über Stereotypen kann die Semantik einzelner Modellierungselemente verfeinert werden. Mit Tagged-Values können zusätzliche Attribute für ein Modellierungselement definiert werden. Für die Plattformspezifische Modellierung ist es insbesondere von Bedeutung diese Konstrukte zu nutzen, um die Verbindungs- und die Ausführungssemantik zu konkretisieren, da diese Grundvoraussetzung für die Codegenerierung sind.

Abb. 8-21 zeigt als sehr einfaches Beispiel ein plattformspezifisches Modell unseres GAR-Systems.

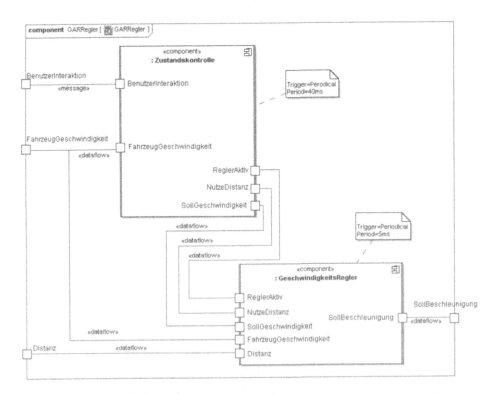

Abb. 8-21:   Plattformspezifisches Strukturmodell des GAR-Systems

Zur Definition der *Verbindungssemantik* haben wir Stereotypen definiert, mit denen die Verbindungen zwischen Komponenten verfeinert werden. Der Stereotyp *«messsage»* gibt dabei an, dass es sich um eine nachrichtenbasierte Kommunikation handelt. Der Codegenerator kann dies als Eingabe nutzen und wird entsprechenden Code generieren, der nach vorgegebenen Vorlagen eine nachrichtenbasierte Kommunikation umsetzt. Analog gilt dies für den Stereotyp *«dataflow»*, der Verbindungen auf eine datenflussorientierte Verbindungssemantik verfeinert.

Der erste Schritt die *Ausführung der Komponenten* zu regeln, liegt darin die Komponenten als aktive Komponenten zu definieren, d.h. dass jede Komponente zunächst unabhängig voneinander ausgeführt werden kann. Um dies zu verfeinern definieren *Tagged Values* zum einen die Art der Ausführung. Dies könnte beispielsweise *episodisch* erfolgen, sobald eine Nachricht ankommt oder sich Eingangswerte ändern. In unserem Fall werden beide Komponenten *periodisch* ausgeführt. Dazu ist es zusätzlich notwendig die Periode anzugeben. Während beispielsweise eine Ausführung der *Zustandskontrolle* alle 40ms ausreicht, so muss der *GeschwindigkeitsRegler* an sich alle fünf Millisekunden ausgeführt werden.

Die Angabe dieser Werte ist ein nicht zu unterschätzendes Problem, das einige Erfahrung benötigt und die Einhaltung verschiedenster Randbedingungen erfordert. Zum Beispiel ergibt sich die Ausführungsrate von Komponenten häufig aus einzuhaltenden Abtastraten oder maximalen Antwortzeiten. Gleichzeitig machte es beispielsweise keinen Sinn, wenn zwar der Regler alle fünf Millisekunden ausgeführt würde, die Distanz- und Geschwindigkeitswerte allerdings nur alle zehn Millisekunden aktualisiert werden. Zudem muss auch die Ausführungsreihenfolge beachtet werden, sodass beispielsweise zunächst die neuen Geschwindigkeits- und Distanzwerte berechnet werden, bevor der Regler rechnet. Da die Berücksichtigung all dieser Abhängigkeiten für einen Entwickler meist zu komplex ist, ist dies eine wichtige Aufgabe, die meist durch entsprechende Analysewerkzeuge unterstützt werden. Teils übernehmen auch Generatoren die Aufgabe einen geeigneten Schedule, d.h. ein definiertes Ausführungsschema, für die einzelnen Komponenten zu berechnen. Die genaue Beschreibung dieser Verfahren würde an dieser Stelle zu weit führen. Wichtig ist allerdings, dass man sich stets dieser Problematik bewusst ist und die notwendigen Angaben im Modell formalisiert spezifiziert. Dies bedeutet, dass man sich bei einer vollständigen Autocodegenerierung genau über die Ausführungsmodelle des Werkzeugs bewusst sein muss bzw. dass man bei der manuellen Erzeugung des Plattformcodes die verschiedenen Randaspekte berücksichtigt.

8.6   Code

Um nun im letzten Schritt den eigentlichen Code zu erhalten, kommen in der modellbasierten Entwicklung vor allem Codegeneratoren zum Einsatz. Die Codegeneratoren erzeugen zwar bereits heute teils sehr effizienten Code. Wie im vorherigen Abschnitt erwähnt sind die Möglichkeiten der Codegenerierung allerdings häufig auf die Generierung von plattformunabhängigem Applikationscode beschränkt. Die Integration in die Plattform erfolgt meist durch manuelle Codierung oder durch die manuelle Vorgabe von Vorlagen, die vom Codegenerator als Schablonen zur Plattformintegration genutzt werden.

Die Codegenerierung und die Integration in die Plattform sind also sehr vielfältig lösbare Probleme, die gleichzeitig eine Vielzahl von Detailproblemen aufwerfen. Um trotzdem einen Eindruck zu vermitteln, wie man letztlich von den Modellen zu einem ausführbaren eingebetteten Softwaresystem kommt, stellen wir im Folgenden anhand von sehr vereinfachten Codefragmenten die prinzipielle Vorgehensweise vor.

Betrachten wir uns zunächst den plattformunabhängigen *Applikationscode*, so erzeugen die meisten Codegeneratoren für eingebettete Systeme plattformunabhängigen ANSI-C Code. Der konkrete Aufbau des generierten Codes variiert dabei stark von Generator zu Generator. In den meisten Fällen werden allerdings für die einzelnen Komponenten jeweils die Header-Dateien und die C-Dateien generiert. Die in der Header-Datei definierten Schnittstellen bieten dabei meist standardisierte Funktionen, um die Eingabedaten zu setzen, die Funktion auszuführen und die Ausgabedaten auszulesen. Häufig kommen noch Funktionen hinzu, mit denen sich Parameter setzen lassen oder die Funktionen initialisiert und deinitialisiert werden können.

Um diesen Vorgang zumindest exemplarisch für einen Codegenerator zu verdeutlichen, zeigt Abb. 8-22 den Code einer Header-Datei, der aus der Simulinkkomponente *GeschwindigkeitsRegler* aus unserem Fallbeispiel generiert wurde. Der Datenaustausch mit einer Simulinkkomponente erfolgt über globale Variablen. Dazu gibt es jeweils eine Datenstruktur, die alle Eingangs- bzw. Ausgangssignale zusammenfassen. Die Datenstruktur mit den Eingabesignalen heißt in unserem Beispiel *ExternalInputs_GeschwindigkeitsRegler*, die Datenstruktur mit den Ausgabesignalen heißt analog dazu *ExternalOutputs_GeschwindigkeitsRegler*. Die einzelnen Ports sind als Elemente der Struktur definiert. Um den Zugriff zu ermöglichen werden jeweils Variablen für die Ein- und Ausgänge angelegt: *GeschwindigkeitsRegler_U* für die Eingangssignale und *GeschwindigkeitsRegler_Y* für die Ausgangssignale. Um also beispielsweise den Wert des Eingangssignals *Distanz* auf den Wert «10» zu setzen, könnte man dies über den Ausdruck

```
GeschwindigkeitsRegler_U.Distanz = 10;
```

ausdrücken.

Die berechnete Sollbeschleunigung könnte man analog dazu über

```
mySollbeschleunigung=
GeschwindigkeitsRegler_Y.Sollbeschleunigung;
```

in eine Variable auslesen und weiter verarbeiten.

Vor der eigentlichen Ausführung der Funktion, ist es zunächst notwendig die Funktion zu initialisieren. Dazu ruft man die Funktion *GeschwindigkeitsRegler_initialize()* auf. Um den Regler nun tatsächlich auszuführen setzt man zunächst wie oben beschrieben die aktuellen Eingabewerte und ruft dann die Funktion *GeschwindigkeitsRegler_step ()* auf. Die Ergebnisse werden in der Ausgabestruktur *GeschwindigkeitsRegler_Y* abgelegt, aus der sie ausgelesen und weiter verarbeitet werden können. Dabei ist zu beachten, dass die Funktion *step* jeweils nur einen Berechnungsschritt auslöst. Geht man also davon aus, dass der Regler mit einer Taktrate von 200Hz ausgeführt wird, so müssen alle fünf Millisekunden die Werte der Eingabesignale aktualisiert, die *step*-Funktion aufgerufen und die Ausgabewerte ausgelesen und weiterverarbeitet werden. Dabei ist es wichtig die Funktion auch tatsächlich in den Intervallen aufzurufen, die zuvor im Simulinkmodell spezifiziert wurden. Geht beispielsweise ein diskreter Integrator im Regler davon aus, dass zwischen zwei Aufrufen genau fünf Millisekunden vergehen, so werden die Algorithmen für dieses Intervall generiert und Abweichungen führen zu Berechnungsfehlern.

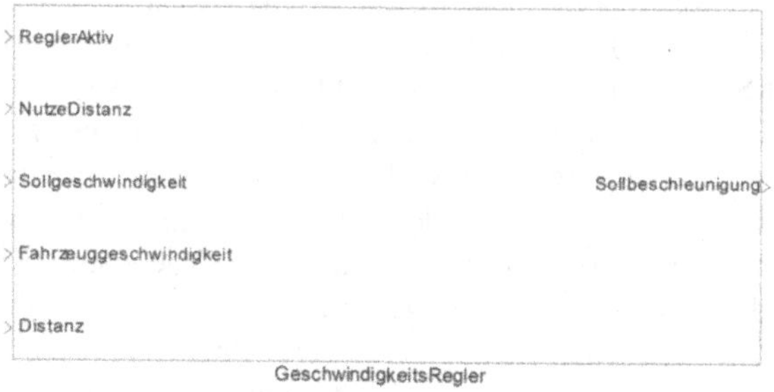

```
/*
 * File: GeschwindigkeitsRegler.h
 *
 */
[ ...]
/* External inputs */
typedef struct {
    int32_T ReglerAktiv;
    int32_T NutzeDistanz;
    int32_T Sollgeschwindigkeit;
    int32_T Fahrzeuggeschwindigkeit;
    int32_T Distanz;
} ExternalInputs_GeschwindigkeitsRegler;

/* External outputs */
typedef struct {
    int32_T Sollbeschleunigung;
} ExternalOutputs_GeschwindigkeitsRegler;

[ ...]

extern ExternalInputs_GeschwindigkeitsRegler
GeschwindigkeitsRegler_U;

/* External outputs (root outports fed by signals with auto
storage) */
extern ExternalOutputs_GeschwindigkeitsRegler
GeschwindigkeitsRegler_Y;

/* Model entry point functions */
extern void GeschwindigkeitsRegler_initialize(void);
extern void GeschwindigkeitsRegler_step(void);
extern void GeschwindigkeitsRegler_terminate(void);

[ ...]
```

Abb. 8-22:   Aus einem Simulinksystem generierte C-Header-Datei

Der regelmäßige Aufruf der einzelnen Komponenten und der Datentransport durch die Komponenten ist eine zentrale Aufgabe der *Plattformsoftware*. Gehen wir zunächst davon aus, dass nur eine Applikationskomponente auf dem Steuergerät ausgeführt wird und uns kein Betriebssystem zur Verfügung steht, zeigt Abbildung 12.23 beispielhaft in vereinfachter Form, wie sich diese in eine *main*-Routine, also in ein Programm einbinden lässt, das sich nach dem Kompilieren auf dem Steuergerät ausführen lässt. Wie viele eingebettete Systeme hat die main-Routine primär eine Endlosschleife, da die Software laufen soll, solange das Gerät eingeschaltet ist. Notwendige Initialisierungen, wie beispielsweise das Parametrisieren von Interrupts oder Bustreibern, die normalerweise vor der Endlosschleife durchgeführt werden, sind an dieser Stelle vernachlässigt. In der Endlosschleife wartet die Software auf einen *trigger*. Dieses Flag wird von einer separaten Interruptroutine gesetzt. Dazu wird ein Hardwaretimer genutzt, der im vorgegebenen Ausführungstakt einen Timerinterrupt auslöst. Nachdem das Flag zurückgesetzt wurde, werden zunächst die Eingaben für die Applikationskomponente verarbeitet. Dazu werden die aktuellen Werte wie oben beschrieben in die Eingangsdatenstruktur des Applikationscodes geschrieben. Die Eingabewerte können beispielsweise über einen CAN-Bus empfangen werden. Das Entgegennehmen der CAN-Nachrichten erfolgt dabei in aller Regel in einer separaten Interruptroutine, die ausgelöst wird, sobald eine CAN-Nachricht empfangen wird. Alternativ können die Eingabewerte auch Sensorwerte sein, die an dieser Stelle entsprechend erfasst werden. Danach wird der Applikationscode durch Aufrufen der *step*-Funktion ausgeführt und anschließend die Ausgaben verarbeitet. Beispielsweise können die Werte über den CAN-Bus versendet werden. Alternativ könnte sich hinter dieser Routine beispielsweise auch die Ansteuerung von Aktuatoren verbergen.

Abb. 8-24 zeigt nun zur Erweiterung dieses Konzeptes ein Beispiel mit drei Komponenten, die in die Plattformsoftware integriert werden sollen. Wir gehen dabei davon aus, dass der Applikationscode für alle drei Komponenten jeweils separat erzeugt wird und der generierte Code dem oben beschriebenen Aufbau folgt, wie er von Simulink generiert wird. *Komponente1* soll dabei mit einer Periode von 40ms, *Komponente2* und *Komponente3* mit einer Periode von zehn Millisekunden ausgeführt werden. Außerdem gehen wir davon aus, dass alle Verbindungen zwischen den Komponenten einer Datenflusssemantik folgen.

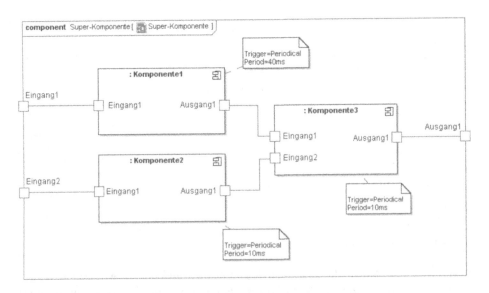

Abb. 8-24:   Erweitertes Beispielmodell, für das Plattformcode generiert werden soll.

```
int main () {

    [...]

    while (1) {
            //prüfe ob der Trigger für eine neue Periode gesetzt wurde
            //der Trigger wird durch eine Timer-Interrupt-Routine gesetzt

        if (trigger) {
                trigger = 0; //setze den Trigger zurück
                process_inputs(); //hole die Eingaben vom CAN-Bus
                            //und schreibe diese in die
                            //Eingabevariablen des Modells
                simulink_step(); //führe das Modell aus
                process_outputs(can); //schreibe die Ausgabedaten
                            //auf den CAN-Bus

                // Prüfe ob während der Verarbeitung bereits ein
                // neuer Trigger gesetzt wurde
                if (trigger) {
                        //Falls ja, bedeutet dies, dass die
                        //Ausführungszeit für die Funktion
                        //die Ausführungsperiode überschreitet.
                        //Der Ausführungstakt muss dann entweder
                        //verlangsamt werden, oder die Funktion
                        //beschleunigt werden.
                }
        }
    }

    [...]

    return 0;
}
```

Abb. 8-23:   Vereinfachte Plattformintegration für eine einzelne Applikationskomponente

Die Bestimmung der Ausführungsreihenfolge der einzelnen Komponenten kann in der Praxis eine nicht-triviale Aufgabe darstellen, insbesondere wenn bspw. zyklische Abhängigkeiten bestehen. In unserem einfachen Beispiel ergibt sich die Ausführungsreihenfolge anhand des Datenflusses recht einfach zu *Komponente2* → *Komponente1* → *Komponente3*. Berücksichtigt man zusätzlich die unterschiedlichen Ausführungstakte der einzelnen Komponenten, so ergibt sich beispielsweise ein Ausführungsschema wie in Abb. 8-25 dargestellt. Dies ist allerdings nicht mit einem Schedulingplan zu verwechseln, da es sich dabei nicht um eigenständige Tasks oder Prozesse handelt, sondern lediglich die Aufrufreihenfolge der einzelnen Komponenten festgelegt ist.

Erweitern wir anhand dieser Informationen den Plattformcode, so ließe sich als sehr einfache Lösung der in Abb. 8-26 gezeigte Code generieren, der natürlich viele Detailaspekte ignoriert, letztlich aber die prinzipielle Funktionsweise darstellt. Da wir auch weiterhin davon ausgehen, dass uns kein Betriebssystem zur Verfügung steht, wird der Ablauf wie auch schon bei der Einzelkomponente durch einen periodischen Trigger gesteuert. Die Periode des Triggers ergibt sich dabei aus dem kleinsten gemeinsamen Nenner der Ausführungsperioden der einzelnen Komponenten. In unserem Beispiel sind dies also zehn Millisekunden. Um längere Perioden zu erfassen, zählt der *triggerCount* die ausgelösten Trigger mit.

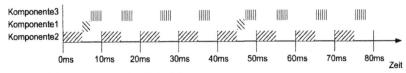

Abb. 8-25:   Ausführungsschema des Beispielsystems

```
int main () {

    [...]

    while (1) {
                    //prüfe ob der Trigger für eine neue Periode gesetzt wurde
                    //der Trigger wird durch eine Timer -Interrupt-Routine gesetzt

            if (trigger) {
                    //alle 10ms
                    trigger = 0;          //setze den Trigger zurück
                    triggerCount ++;      //zähle die Anzahl der Trigger
                    process_inputs();     //hole die Eingaben vom CAN -Bus / Sensoren etc.
                                          //und schreibe diese in die Eingabevariablen
                                          //von Komponente 1 und Komponente 2

                    Komponente 2_step();            //führe Komponente 2 aus
                    transferKomponente 2Outputs();  //Kopiere die Ausgaben von Komponente  2
                                                    //in die Eingänge von Komponente  1 bzw.
                                                    // Komponente 3

                    if (triggerCount %4==0){
                            //alle 40ms
                            Komponente 1_step();            //führe Komponente 1 aus
                            transferKomponente 1Outputs();  //Kopiere die Ausgaben von Komponente  1
                                                            // in die Eingänge von Komponente  3
                    }

                    Komponente 3_step();            //führe Komponente 3 aus


                    process_outputs(can); //verarbeite die Ausgabedaten  von Komponente 3,
            }
    }

    [...]

    return 0;
}
```

Abb. 8-26:   Für das Beispielssystem generierter Plattformcode

Alle zehn Millisekunden werden dann zunächst wiederum alle Eingänge der Superkomponente verarbeitet (beispielsweise vom CAN-Bus oder von Sensoren ausgelesen) und in die Eingangsdatenstrukturen von *Komponente1* und *Komponente2* kopiert. Danach wird gemäß der Ausführungsreihenfolge zunächst *Komponente2* ausgeführt. Anschließend werden deren Ausgänge entsprechend der Systemstruktur an *Komponente1* und *Komponente3* weitergeleitet. Dazu werden Ausgangswerte aus der Ausgangsdatenstruktur ausgelesen und den entsprechenden Elementen der Eingangsdatenstruktur der Empfängerkomponente zugewiesen.

Im Anschluss erfolgt die Ausführung von *Komponente1*. Da diese allerdings eine Ausführungsperiode von 40ms hat, erfolgt die Ausführung und der Transport der Ausgabedaten nur bei jedem vierten Trigger. Da die Eingänge der Komponente wesentlich häufiger aktualisiert werden, werden die Eingangswerte in unserem einfachen Kommunikationsmodell einfach überschrieben und die Komponente verwendet daher immer nur den letzten, also den aktuellsten Wert.

Danach wird *Komponente3* ausgeführt. Da der Wert für *Eingang1* von *Komponente1* geliefert wird, wird dieser nur bei jeder vierten Ausführung von *Komponente3* aktualisiert und bleibt in der Zwischenzeit konstant. Solche unterschiedlichen Aktualisierungsraten der Eingänge sind in vielen Fällen sinnvoll. Beispielsweise sind Steuereingänge, wie wir sie auch im GAR-Fallbeispiel für den Regler genutzt hatten, sehr träge und müssen daher nicht mit der gleichen Frequenz wie beispielsweise die eigentlichen Regelgrößen aktualisiert werden.

Zum Abschluss werden noch die Ausgänge von *Komponente3* verarbeitet, die gleichzeitig die Ausgänge des generierten Systems sind. Wie auch im Beispiel mit der Einzelkomponente, können die Ausgaben daher beispielsweise über einen Bus verschickt werden oder zur Aktuatoransteuerung genutzt werden.

Auch wenn dieses Codebeispiel einige Details wie beispielsweise den Umgang mit Zyklen, die Integration in bestehende Scheduler oder die Garantie von Echtzeiteigenschaften vernachlässigt, so stellt er doch die wesentlichen Elemente dar, die notwendig sind, um aus den einzelnen Applikationscodemodulen, die von den Werkzeugen generiert werden, zu einer auf einem Steuergerät ausführbaren Software zu kommen.

Literaturverzeichnis

[ABR09] A. Angermann, M. Beuschel, M. Rau, und U. Wohlfarth , *MATLAB - Simulink - Stateflow: Grundlagen, Toolboxen, Beispiele*, 2009

[ATT08] *EAST-ADL 2.0-Specification*, ATTEST-Consortium, 2008, www.attest.org

[Bäh02] H. Bähring, *Mikrorechner-Technik, Band II: Busse, Speicher, Peripherie und Mikrocontroller*, Springer-Lehrbuch, 3. Auflage, Berlin, 2002

[Ben90] K. Bender, *PROFIBUS, der Feldbus für die Automation*, Carl Hanser-Verlag, München, 1990

[BHK04] Marc Born, Eckhardt Holz, Olaf Kath, *Softwareentwicklung mit UML2 - Die neuen Entwurfstechniken UML2, MOF und MDA*, Addision-Wesley, , 2004.

[BKKN03]Ch. Borgelt, F. Klawonn, R. Kruse, and D. Nauck. Neuro-Fuzzy-Systeme. Vieweg, 2003

[Bus99] Peter Busch, *Elementare Regelungstechnik*, Vogel Fachbuch, 1999

[CKN86] D. Del Corso, H. Kirrman, J.D. Nicoud, *Microcomputer Buses and Links*, Academic Press, Inc., London, 1986

[Dou04] B.P. Douglass, *Real Time UML: Advances in the UML for Real-time Systems*, Addison-Wesley Longman, 2004

[EJL03] J. Eker, J. W. Janneck, E. A. Lee, J. Liu, X. Liu, J. Ludvig, S. Neuendorffer, S. Sachs, Y. Xiong, *Taming Heterogeneity---the Ptolemy Approach*, Proceedings of the IEEE, January 2003

[Ets02] K. Etschberger, *CAN Controller-Area-Network - Grundlagen, Protokolle, Bausteine, Anwendungen*, 3. Aufl., Carl Hanser Verlag, München, 2002

[Fem94] W. Fembacher, *Datenaustausch in der industriellen Produktion*, Carl Hanser-Verlag, München, 1994

[FGH06] P. Feiler, D.Gluch, J. Hudak (SEI), *The Architecture Analysis & Design Language: An Introduction*, 2006, www.aadl.info

[Hau86] J.S. Haugdahl, *Inside the Token-Ring*, Elsevier Science Publishers (North-Holland), Amsterdam, 1986

[HeL94] E. Herter, W. Lörcher, *Nachrichtentechnik: Übertragung, Vermittlung und Verarbeitung*, Carl Hanser-Verlag, München, 1994

[HeP94] J.L. Hennessy, D.A. Patterson, *Rechnerarchitektur: Analyse, Entwurf, Implementierung, Bewertung*, Verlag Vieweg Lehrbuch, Wiesbaden, 1994

[HeS05] E. Hering and H. Steinhart. Taschenbuch der Mechatronik. Fachbuchverlag Leipzig, 2005

[Hel94] G Held, *Ethernet Networks: Design, Implementation, Operation, Management*, John Wiley&Sons Inc., New York, 1994

[Ker95] H. Kerner, *Rechnernetze nach OSI*, 3. Aufl., Addison-Wesley Publishing Comp., Bonn, 1995

[Kop77] H. Kopetz, *Real-Time Systems: Design Principles for Distributed Embedded Applications*, Kluwer International Series in Engineering & Computer Science, Springer Netherlands, April 1997

[Kor08] A. Korff, *Modellierung von eingebetteten Systemen mit UML und SysML*, Spektrum Akademischer Verlag, 2008

[Ise99]   R. Isermann, *Mechatronische Systeme*, Springer-Verlag, 1999

[KoB94]   W.P. Kowalk, M. Burke, *Rechnernetze*, B.G. Teubner-Verlag, Stuttgart, 1994

[Lan04]   R. Langmann, *Taschenbuch der Automatisierung*, Fachbuchverlag Leipzig, 2004

[Law97]   W. Lawrenz (Hrsg.), *CAN - Controller Area Network, Grundlagen und Praxis*, 2. Aufl., Hüthig-Verlag, Heidelberg, 1994

[Lun07]   J. Lunze, *Regelungstechnik 1: Systemtheoretische Grundlagen, Analyse und Entwurf einschleifiger Regelungen*, Springer Verlag, 6th edition, February 2007

[Mar07]   P. Marwedel, *Eingebettete Systeme*, Springer, 2007

[Mil97]   O. Mildenberger, *Übertragungstechnik: Grundlagen analog und digital*, Vieweg-Lehrbuch, Wiesbaden, 1997

[Mit07]   H.B. Mitchell, *Multi-Sensor Data Fusion: An Introduction*, Springer, 1st edition, September 2007

[OMG09] OMG-Group, *OMG Unified Modeling LanguageTM (OMG UML), Superstructure, Version 2.2*, OMG Document Number: formal/2009-02-02, 2009, http://www.omg.org/spec/UML/2.2/Superstructure

[Pau95]   R. Paul, *Elektrotechnik und Elektronik für Informatiker, Band 1 und 2*, B.G. Teubner-Verlag, Stuttgart, 1995

[PeD96]   L.L. Peterson, B.S. Davie, *Computer Networks: A Systems Approach*, Morgan Kaufmann Publishers, San Francisco, 1996

[Rec02]   J. Rech, *Ethernet. Technologien und Protokolle für die Computervernetzung*, Heise-Verlag, 2002

[Rec04]   J. Rech, *Wireless LANs*, Heise-Verlag, 2004

[RQZ07] Chris Rupp; Stefan Queins; Barbara Zengler , *UML 2 glasklar. Praxiswissen für die UML-Modellierung*, Hanser Fachbuch, 3. Auflage, 2007

[San04] W. Schanz. *Sensoren - Sensortechnik für Praktiker*, Hüthig, 2004

[SiS92]   W. Schiffmann, R. Schmitz, *Technische Informatik 1 + 2*, Springer-Lehrbuch, Berlin, 1992

[Sne94]   G. Schnell (Hrsg.), *Bussysteme in der Automatisierungstechnik*, Verlag Vieweg, Wiesbaden, 1994

[Spi92]   M. Spinks, *Microprocessor System Design*, Butterworth-Heinemann Ltd, Oxford, 1992

[Sru04]   E. Schrüfer. *Elektrische Messtechnik*, 8. Auflage. Hanser, 2004

[StR82]   K. Steinbuch, W. Rupprecht, *Nachrichtentechnik - Band II: Nachrichtenübertragung*, Springer-Verlag, Berlin 1982

[Sus91]   H.W. Schüßler, *Netzwerke, Signale und Systeme - Band 2: Theorie kontinuierlicher und diskreter Signale und Systeme*, Springer-Verlag, Berlin, 1991

[Sus10]   Hans W. Schüßler. *Digitale Signalverarbeitung 2*. Springer Verlag, 2010

[Tan00]   A.S. Tanenbaum, *Computer-Netzwerke*, 3. Aufl., Prentice Hall, 2000

[Tro05]   F. Troester. *Steuerungs-und Regelungstechnik fuer Ingenieure*, Oldenburg, 2005

[Unb07] H. Unbehauen. *Regelungstechnik I + II*, Vieweg, 2007

[Zob07]   Dieter Zöbel. *Echtzeitsysteme*, Springer Verlag, 2007.

Index